山东省"十四五"职业教育规划教材
高等院校"互联网+"系列精品教材

省级精品课和
课程思政示范课
配套教材

电工电子技术
（第3版）

主　编　田　玉

副主编　王世桥

电子工业出版社·
Publishing House of Electronics Industry
北京·BEIJING

美丽中国——广西桂林漓江风光

内 容 简 介

本书按照教育部新的职业教育教学改革要求及新的课程改革成果进行编写。本书采用任务驱动模式，以项目任务为载体，体现知识与技能点，实现职业素质和职业能力的培养。本书包含 9 个项目：直流电路的连接、测试与分析；正弦交流电路的连接、测试与分析；变压器和电动机的认识、拆装与检测；三相异步电动机控制电路的安装与分析；三极管放大电路的制作、调试与分析；集成运放电路的制作、调试与分析；直流稳压电源电路的制作、调试与分析；组合逻辑电路的制作、调试与分析；时序逻辑电路的制作、调试与分析。由 17 个任务驱动，教、学、做、考、评一体，理虚实创结合，有机融入课程思政，践行党的二十大精神。每个任务由任务单引入，按照课前、课中、课后环节设计任务要求，学生根据任务要求制定实施方案，针对实施中发现的问题进行相关知识学习与相关技能训练，进行教、学、做、评一体化训练；老师根据任务单中的知识与能力、过程与方法、立德树人任务目标对学生进行综合评价，并对其创新能力、独创精神、突出事迹进行增值评价。

本书配有大量数字化融媒体资源：微课视频、VR 仿真、动画、3D 电器结构、Multisim 虚拟仿真、课程思政案例、在线测试题及答案等，对本书知识点全覆盖，扫一扫二维码后可阅览或下载相应资源；还建有网络课程学习平台，有助于开展信息化线上、线下混合式教学，提高本课程的教学质量与效果。

本书为高等职业本专科院校相应课程的教材，也可作为开放大学、成人教育、自学考试、中职学校、培训班的教材，以及工程技术人员的参考书。

图书在版编目（CIP）数据

电工电子技术 / 田玉主编. —3 版. —北京：电子工业出版社，2023.6

高等院校"互联网+"系列精品教材

ISBN 978-7-121-38041-9

Ⅰ. ①电⋯　Ⅱ. ①田⋯　Ⅲ. ①电工技术－高等学校－教材②电子技术－高等学校－教材　Ⅳ. ①TM②TN

中国版本图书馆 CIP 数据核字（2019）第 269617 号

责任编辑：陈健德（E-mail:chenjd@phei.com.cn）

印　　刷：三河市良远印务有限公司

装　　订：三河市良远印务有限公司

出版发行：电子工业出版社

　　　　　北京市海淀区万寿路 173 信箱　邮编：100036

开　　本：787×1 092　1/16　印张：15.75　字数：404 千字

版　　次：2010 年 1 月第 1 版

　　　　　2023 年 6 月第 3 版

印　　次：2025 年 7 月第 3 次印刷

定　　价：66.00 元

本书按照教育部新的职业教育教学改革要求及新的课程改革成果进行修订。本书的教学目标体现岗位需求导向，教学内容体现工作任务导向，编写主体体现多元组合，教学方法体现学生发展本位，教材功能多元立体，教材形式采用活页方式。本书从岗位需求出发、以职业能力为本位设置内容，通过分析工作任务和职业能力形成系统化的职业能力清单，并以各条职业能力为核心构建学习单元，将职业能力落实到操作过程中，使专业课程开发和项目选择的逻辑关系更贴合企业。大量数字化资源，提高学生的学习兴趣，方便开展线上、线下混合式教学，方便学生自主学习、个性化学习、多样化学。本书具有以下特点：

（1）本书为立体化多媒体教材，配有大量微课视频、VR 仿真、动画、3D 电器结构、Multisim 虚拟仿真、课程思政案例、在线测试题及答案、自测题及答案等资源，对本书知识点全覆盖，扫一扫二维码后可阅览或下载相应资源。本书创造了一个同时具备虚拟工程体验功能、教学实施功能、学习效果评测功能和实时互动交流功能的多功能信息化教学环境，为学生创设了一个虚实结合、情景交融的学习环境。

（2）本书践行党的二十大精神，挖掘数十个课程思政教学案例，自然切入思政教育，融知识学习、能力培养、价值塑造于一体，培养德技并修的工匠人才。

（3）本书按翻转课堂模式设计，方便教师开展线上、线下混合式教学，以学生为主体，以教师为主导，课前先导学习、课中内化培能、课后拓展提高，促进学生自主学习和主动学习，实现以理解、记忆为基础，以应用、分析、评价为提升，以创造为目的的低阶、中阶、高阶层层递进的科学育人，培养高科技时代具有创新能力的智造型工匠人才。

（4）本书将理论教学、虚拟实训环节相结合，用数字化仿真手段实施实验、实训操作，强化学材功能，适应应届生源的个性化线上学习，以及退役军人、下岗职工、农民工等非传统生源的个性化培养变革，以适应职业教育的分层次、个性化培养，满足产业转型升级、经济结构调整、人才培养模式转变的需要。

（5）本书具有学习笔记功能，由学生记录学习过程中的重难点、学习体会、学习收获、任务问题等内容。活页式装订方便抽取组合，夹入学生完成的任务实施报告和任务拓展成果。

（6）本书教、学、做、考、评一体化，注重过程性评价、多主体评价、增值性评价，对学生进行知识与能力、过程与方法、立德树人的全面培养和评介。

（7）本书编者与新兴产业领军企业资深专家合作，适时引入新技术、新知识、新内容，将产业升级与改造形势下所需新质生产力的职业能力、职业素养引入教材。

（8）岗课赛证融连，设计反映职业资格、（4X）技能认证、职业技能大赛的典型任务，培养学生的职业能力和适应性。

（9）本书叙述语言准确、简练，将问题化难为简，易于理解，知识点分门别类、条理清晰、便于记忆，既便于教师教学，又便于学生学习。

（10）本书使用图表总结相同类型的知识项目，通过"提示""思考题"体现重难点及注意事项，通过图片体现电气结构及应用，通过"知识拓展"反映知识延伸，使本书的模式生动，认知环境更为直观。

本书由烟台工程职业技术学院田玉教授任主编并负责全书的策划与统稿，由王世桥任副主编。本书编写团队由行业企业专家、职教专家、专业带头人和骨干教师组成，团队成员有歌尔股份有限公司李高峰，烟台正海科技股份有限公司周庆明，山东博锐机器人科技有限姜海清，烟台工程职业技术学院孙彩玲、邱军海、周维华、刘永强、仇清海、赵惠英、杨伟丽、史丰荣、李明、杨敏，曲惠君、金丽辉、刘晓东、李江、蒋家响、徐玲、张益铭。

为适应职业教育发展和改革，欢迎读者提出宝贵意见，以推动教材更新与升级。

本书提供 VR 仿真、flash 动画、3D 立体结构、课程思政案例、微课视频、电子教学课件、自测题参考答案等资源，扫一扫书中的二维码阅览或下载相应资源，也可登录华信教育资源网（http://www.hxedu.com.cn）免费注册后进行下载，如有问题请在网站留言或与电子工业出版社联系（E-mail：hxedu@phei.com.cn）。

编　者

扫一扫下载后看
书中的 VR 仿真
和教学动画

目　录

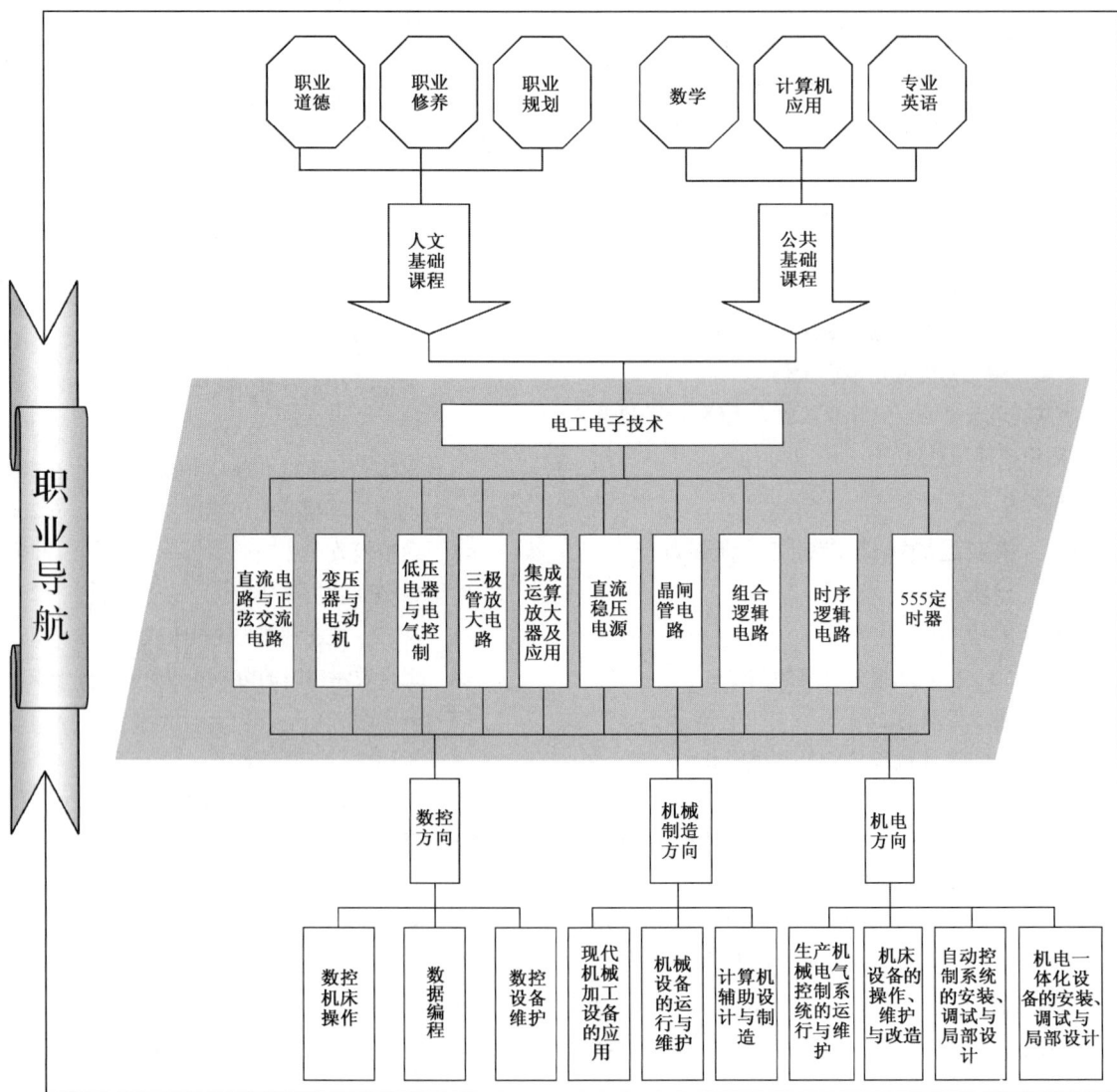

项目 1

直流电路的连接、测试与分析

知识重点	1. 电流、电压的正方向、参考方向、电功率计算；2. 电阻的欧姆定律及各种特殊电阻；3. 电阻、电容、电感的伏安特性、工作特性、识别与检测；4. 电压源、电流源的伏安特性、等效变换；5. 基尔霍夫定律
知识难点	1. 电流源；2. 叠加定理、戴维南定理
教学设计	本项目主要围绕直流电路的连接、测试与分析开展教学活动，以两地控制照明灯电路的安装、电路元器件的识别与检测、电桥测温电路的连接、叠加定理与戴维南定理的虚拟仿真 4 个任务为载体，以工作过程为导向，以教学目标为引领，充分利用信息化教学手段，采用"教、学、做、评"一体化模式，突出对学生实践能力和创新能力的培养。整个教学过程依托教学平台、仿真设计软件等信息化技术手段，将实际应用项目转换为典型教学项目，创造一个同时具备工程体验功能、教学实施功能、学习效果预测功能和实时互动交流功能的多功能信息化教学环境，力求做到"学做合一"，实现"做中教、做中学"，调动学生的积极性和主动性，促进学生自主学习和主动学习，实现建构性学习

推荐教学方式	1. 采用翻转课堂模式，充分利用教学资源库和网络课程学习平台里的教学资源，开展"课前导预习、课上导学习、课后导拓展"的教学活动。
	    2. 依托网络课程学习平台有效地整合本书提供的视频、图文、动画、仿真等教学资源，为学生创设虚实结合、情景交融的学习环境，为课堂的顺利进行提供保障。
	    3. 充分利用本书提供的视频、图文、动画、仿真等教学资源，把难点知识变得直观易懂。
	    4. 通过仿真与实操相结合的方式，使学习场景更贴近实际工作场景，为学生进入工作岗位打好坚实基础

推荐学习方式	1. 课前充分利用本书提供的视频、图文、动画、仿真等教学资源自主学习，并将学习疑难问题记录在活页笔记上。
	    2. 课中依靠学习小组的协作性进行知识与能力的学习与训练，在老师的指导下内化知识、培养技能、提升素质，在执行任务过程中，分析任务、研究任务、制定方案，在方案实施过程中研究问题、解决问题，学习与训练系统性地完成任务的方法与能力。
	    3. 课后主动拓展，提升应用实践能力

任务1 两地控制照明灯电路的安装

1. 任务目标

任务载体	两地照明控制灯电路的安装	学　时	4	任务成绩	
学生姓名		日　期		班　级	
实训场所				组　号	
参考器材	2只双联开关，1只小灯泡，适量连接导线，直流电源				
知识目标	1. 了解电路的概念、组成及分类；2. 掌握物理量的定义及参考方向				
能力目标	1. 能根据要求设计电路，绘制电路图；2. 能装接电路；3. 能测量电流与电压				
职业素养	1. 培养独立与合作解决问题的能力；2. 培养实事求是、严肃认真、客观公正的良好品质；3. 培养自我控制与管理能力、评价（自我、他人）能力、时间管理能力；4. 培养交流与表达能力、讨论与辩论能力、演讲与演示能力				
立德树人	1. 激发科技报国的热情与使命感；2. 增强认同与遵守法律法规的意识				

2. 任务准备（课前）

学习背景知识：

（1）扫一扫下面二维码认识电路及主要物理量，在学习知识的同时了解我国电气行业的成就，培育学生的国家荣辱观，增强认同与遵守法律法规的意识。

扫一扫看微课视频：认识电路

扫一扫看微课视频：电路的物理量

（2）扫一扫下面二维码完成参考题。

扫一扫看认识电路参考题

扫一扫看认识电路参考题答案

扫一扫看电路物理量参考题

扫一扫看电路物理量参考题答案

（3）扫一扫下面二维码进行万用表认识与使用的VR仿真。

扫一扫下载后进行VR仿真：认识数字万用表面板

扫一扫下载后进行VR仿真：认识指针式万用表面板

扫一扫下载后进行VR仿真：用指针式万用表测电流

扫一扫下载后进行VR仿真：用指针式万用表测直流电压

扫一扫下载后进行VR仿真：用指针式万用表测电阻

扫一扫下载后进行VR仿真：用指针式万用表测交流电压

扫一扫下载后进行VR仿真：数字万用表的使用

（4）扫一扫下面二维码进行两地控制照明电路接线的VR仿真。

扫一扫下载后进行VR仿真：两地控制照明电路接线

3. 计划与实施（课中、课后）

知识内化	(1) 电路的物理量计算；(2) 参考方向的应用分析	
任务实施	根据作业要求制定作业计划与方案	楼梯灯 楼上开关 楼梯 楼下开关
	根据作业要求制定作业步骤，明确各项操作规程和安全注意事项，进行人员分工等	
	明确任务要求：用 2 只双联开关在楼梯上下控制楼梯灯	
	完成任务内容：(1) 根据要求设计电路，绘制电路图；(2) 装接电路；(3) 测量电流与电压	
	撰写任务实施报告：任务实施的方案、过程、收获、问题、改进措施等	

4. 任务评价

项目	评价要素	评价标准	自评 0.2	互评 0.3	师评 0.5	权重	小计
知识考核	(1) 课前在线测试、在线讨论； (2) 课中、课后分析与计算	(1) 会计算电路的物理量； (2) 会分析参考方向的应用				0.4	
职业素养	(1) 出勤； (2) 工作态度； (3) 劳动纪律； (4) 团队协作精神	(1) 遵守企业规章制度、劳动纪律； (2) 按时、按质完成工作任务； (3) 积极主动承担工作任务，勤学好问； (4) 保证人身安全与设备安全； (5) 工作岗位 7S 管理				0.1	
专业能力	(1) 设计电路； (2) 连接电路并测量电流、电压	(1) 实现电路功能； (2) 测量数据正确				0.5	
创新能力	(1) 独特见解； (2) 创新建议	(1) 方案的可行性及意义； (2) 建议的可行性				附加	
思政培养	(1) 外在表现； (2) 内在提升	(1) 激发科技报国的热情与使命感； (2) 增强认同与遵守法律法规的意识				附加	
合计							

5. 课后拓展提高

1. 任务实施报告：任务实施的方案、过程、收获、问题、改进措施等（可另附页）。

2. 任务拓展：

(1) 能力提升：用两只双控开关和一只多控开关设计三地控制一只灯的电路。

(2) 思政深化：小王开车强行加塞并线，后车小李下车后与小王论理争执未果，最后二人大打出手。请分别分析二人的责任，并分别从小王和小李的角度思考自己该怎么做。

自18世纪发现电能以来，电能的应用越来越广泛。无论是在人们的日常生活中还是在工业生产中，应用电能工作的电气设备随处可见。每一种电气设备都要构成一定形式的电路才能完成其电气功能。虽然电路的形式各异，但都要遵循相同的规律与定律。学习使用电路的基本定律分析电路是电气工程技术人员的基本技能。

1.1 认识电路

 扫一扫看教学课件：认识电路

 扫一扫看课程思政：自豪感和使命感

1. 电路的组成和分类

由于用电器实现的电气功能各不相同，因此它们的电路也不相同，但它们的组成部分是相似的。图1-1所示为手电筒的电路图，它是一个最简单的电路。电路中用到了3种电气元件，即电池（电源）、电灯（负载）、开关（控制元件），把它们串联起来就可以使电灯发光，用于照明。

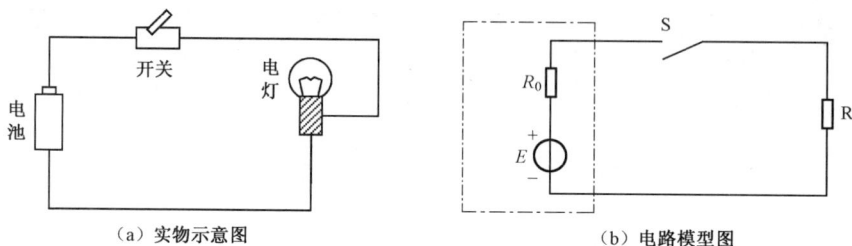

（a）实物示意图　　　　　　　　　　（b）电路模型图

图1-1　手电筒的电路图

1）电路的概念

电路是各种电气元件按一定方式组合起来构成的总体。

2）电路的组成

（1）电源：为电路提供电能。常用的电源有干电池、蓄电池、发电机等。

（2）负载：或称用电器。它从电源中取用电能，将其转换为其他形式的能，如电灯、电动机等。

（3）控制元件及连接导线。控制元件一般是各种形式的开关。

3）电路的分类

电路根据其功用大体可分为以下两类。

（1）用于电能传输、分配与转换，如日常生活中的照明用电电路。发电厂发出的电能通过电缆传输到用电单位，经过分配送给照明灯具，将电能转换为光能和热能。这种电路的特点是工作电压高、传输电能大，常被称为强电电路。

（2）用于信息传递和处理，如电视机的电路。电视台发出的信号被电视机的接收电路接收，电视机将其处理后，输出图像信号和声音信号。这种电路的特点是工作电压小、电流小、传输电能少，常被称为弱电电路。

2. 理想的电气元件

在图1-1（a）中画出的是实际的电气元件。为了分析问题方便，我们将主要电磁性质一致的电气元件归类抽象为一种理想的电气元件。

例如，白炽灯、电炉丝等实际电气元件，虽然它们的结构、外形不一样，但都是将电能

转换为其他形式的能消耗掉了，所以将它们归类为一种理想的电气元件——电阻。

几种实际电气元件的归类如图 1-2 所示。

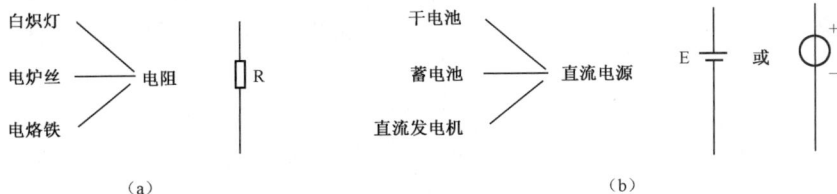

图 1-2 几种实际电气元件的归类

3. 电路模型

电路模型是由理想电气元件构成的电路，如图 1-1（b）所示的手电筒的电路模型图。应该指出的是，电路模型中的导线也是理想化的导线，电阻为 0，电路模型具有普遍的适用意义。

1.2 电路的基本物理量

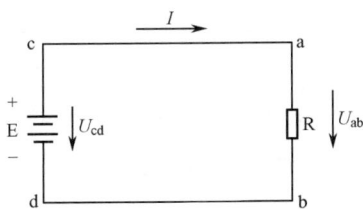

电路的基本物理量有电流、电压、电位、电功率等。

1. 电流

电路中，在电源电场力的作用下，电荷的定向移动被称为**电流**。

（1）电流强度（简称电流）：单位时间内流过导体某一截面的电荷量，表达式为

$$I = \frac{Q}{t} \tag{1-1}$$

在国际单位制中，电荷 Q 的单位为库 [仑][1]（C），时间 t 的单位为秒（s），电流 I 的单位为安[培]（A）。

（2）电流方向：规定电流的实际正方向为正电荷的移动方向。

在图 1-3 所示的电路中，电流的实际正方向如图中箭头所示。

图 1-3 电路中的电流、电压

> **提示**
>
> （1）电路中形成电流的电荷有的是负电荷，有的是正电荷。
>
> （2）规定的电流实际正方向并非实际电路中所有电荷的实际流动方向，只是为了分析方便而采取的统一规定。

（3）电流的参考方向。在简单电路中，很容易判断电流的实际正方向，但在复杂电路中很难直接判断，这时可先假定一个电流方向，称之为电流的参考方向。当假定的电流的参考方向与电流的实际正方向相同时，电流为正值，反之为负值，如图 1-4 所示。

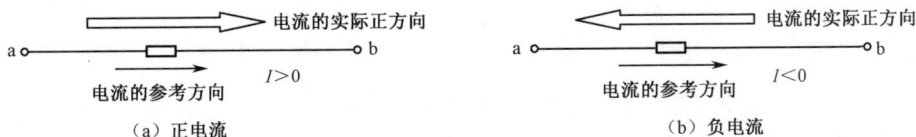

（a）正电流　　　　　　　　　　　　　（b）负电流

图 1-4 电流的参考方向

---

① 方括号内的字可省略。

2. 电压

在图 1-4 所示的电路中，电场力推动正电荷从 a 点移动到 b 点时，是要做功的。规定电场力推动单位正电荷从电路中的 a 点移动到 b 点所做的功为电压，用 U_{ab} 表示：

$$U_{ab} = \frac{W}{Q} \qquad (1-2)$$

式中，Q 为电场力移动的总电荷量；W 为电场力对总电荷做的功。

在国际单位制中，功 W 的单位为焦[耳]（J），电荷 Q 的单位为库[仑]（C），电压 U 的单位为伏[特]（V）。

1）电压的实际正方向

规定电压的实际正方向为电场力推动正电荷从一点移动到另一点的方向，在图 1-3 中，a、b 两点间的电压实际正方向如图中箭头所示，c、d 间的电压实际正方向应与 a、b 间的电压实际正方向一致。c、d 间的电压为电源端电压。

【实例 1-1】在图 1-5 所示的电路中标出电路各元件端电压的实际正方向（$E_1 > E_2$）。

解 由于 $E_1 > E_2$，E_1 提供电能，E_2 吸收电能，电流方向由 E_1 的极性确定，根据 E_1 对外电路提供的电场力方向确定各元件端电压的实际正方向如图 1-5 所示。值得注意的是，电源 E_1 虽然在其内部正电荷由负极流向正极，但是其作用力是电源内力，电场力推动正电荷从正极经外电路流向负极，所以其电压方向由正极指向负极。

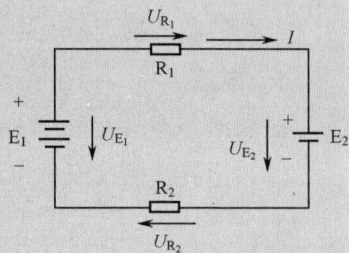

图 1-5 实例 1-1 图

提示

（1）电源无论是提供电能还是吸收电能，其端电压的实际正方向总是由正极指向负极。

（2）电阻的电压、电流的实际正方向总是相同的。

2）电压的参考方向

与电流相似，在简单电路中可以直接确定电压的实际正方向，但在复杂电路中一般不能直接确定电压的实际正方向，需要假定一个电压方向，称之为电压的参考方向。当假定的电压的参考方向与电压的实际正方向相同时，电压为正值，反之为负值。

提示

（1）电源根据极性可以直接确定电压的实际正方向，不需要标参考方向。

（2）电阻的电压与电流的参考方向一般标成一致的，其被称为关联参考方向，并且通常将电压的参考方向省略不标。

【实例 1-2】如图 1-6 所示，各段电路中电流、电压的参考方向均已标明。已知 $I_1 = 4\,\text{A}$，$I_2 = -1\,\text{A}$，$I_3 = 5\,\text{A}$，$U_1 = -10\,\text{V}$。

（1）指出哪一段电路中电流、电压的参考方向是关联参考方向，哪一段电路中电流、电压的参考方向是非关联参考方向。

（2）指出各段电路中电流的实际方向。

（3）确定 ab 段电压的实际方向。

解　（1）I_2 和 U_2、I_3 和 U_3 的参考方向都是关联参考方向，I_1 和 U_1 的参考方向是非关联参考方向。

（2）I_1、I_3 为正值，表明它们的实际方向与图示的参考方向相同。I_2 为负值，表明其实际方向与图示的参考方向相反，是流入 a 点的。

（3）U_1 为负值，表明其实际方向与图示的参考方向相反，该段电压的实际方向是从 b 点指向 a 点的。

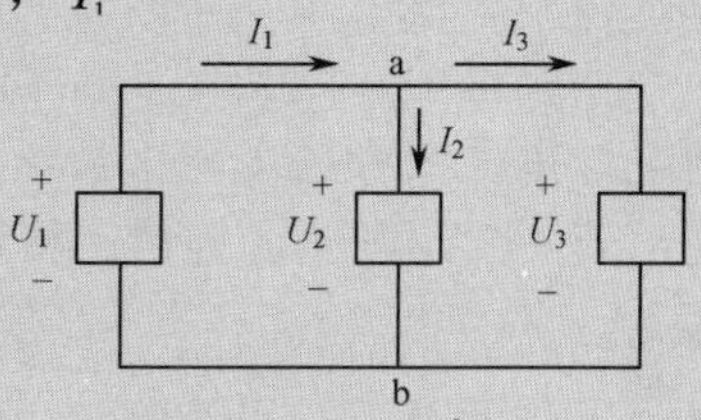

图1-6　实例1-2图

3. 电位

在电路中选定一个参考点，其他各点相对于参考点的电压被称为该点的电位，电位用 V 表示，其单位也是伏[特]（V），如 a、b 点的电位为 V_a、V_b。规定参考点的电位为 0。

> **提示　参考点与电位差**
>
> （1）在电力电路中常将大地作为参考点，电路符号为 ⏚；在电子电路中常将多条支路汇集的公共点或机壳作为参考点，电路符号为 ⊥。
>
> （2）电路中两点之间的电压等于两点的电位之差，即 $U_{ab}=V_a-V_b$，所以电压又称电位差。
>
> （3）在同一电路中当将不同的点作为参考点时，各点的电位不同，但两点间的电压不变。

4. 电动势

在电源内部，正电荷受到电场力与电源内力的作用，当二力平衡时，电源两电极上的电荷数量不变。当电源与外电路接通时，如图 1-3 所示，正极上的正电荷在电场力的作用下沿外电路移动到负极，正极上的正电荷数量减少，内电场力减弱，正电荷在电源内力的作用下从负极移向正极，电源内力推动单位正电荷从电源负极移动到正极所做的功被定义为电动势 E。

电源端电压 U 指的是电场力做的功，被外电路负载所吸收，电源的电场能减少，减少的部分被电源电动势表示的电源内力做的功所补充，所以电源端电压与电动势在忽略内部消耗的情况下是相同的，即 $U=E$。

> **提示　电动势的方向**
>
> 规定电动势的方向为电源内力推动正电荷移动的方向，总是由负极指向正极，与电源端电压的方向相反。

5. 电功率

一段电路或某一电路元件吸收（消耗）或提供电能的速率被称为电功率。在直流电路中，电功率用 P 表示：

$$P=\frac{W}{t}=\frac{U \cdot Q}{t}=U \cdot I \tag{1-3}$$

功率的国际单位为瓦（W）。

一般规定，元件吸收电能时电功率为正；元件提供或释放电能时电功率为负。

电阻总是吸收（消耗）电能。电源可能提供也可能吸收电能，当电源电压与电流的实际正方向相反时，电源提供电能；当电源电压与电流的实际正方向相同时，电源吸收电能。

一般规定，当电压与电流的参考方向相同时，$P=UI$，若 $P>0$，则电源吸收电能，若 $P<0$，则电源提供或释放电能；当电压与电流的参考方向相反时，$P=-UI$，若 $P>0$，则电源吸收电能，若 $P<0$，则电源提供或释放电能。

疑难汇总、学习随笔、小结

任务2　电路元器件的识别与检测

1. 任务目标

任务载体	电路元器件的识别与检测	学　时	6	任务成绩	
学生姓名		日　期		班　级	
实训场所				组　号	
参考器材	万用表，各种电阻，各种电感，各种电容				
知识目标	1. 掌握电路元器件的伏安特性、能量处理特征、作用；2. 理解电压源、电流源的伏安特性				
能力目标	1. 能熟练使用万用表测量电压、电流及识别元器件；2. 能进行电压源与电流源的变换及合并				
职业素养	1. 培养独立与合作学习的能力，培养获取新知识、新技术的能力；2. 培养独立与合作解决问题的能力；3. 培养制定计划的能力，培养客观评估工作结果的能力				
立德树人	培育科学信念和勇于创新、乐于奉献的精神				

2. 任务准备（课前）

学习背景知识：

（1）扫一扫下面二维码进行电阻的识别、电容电感的识别，同时培育学生尊重科学、敢于创新、吃苦耐劳、乐于奉献的精神。

扫一扫看微课视频：电阻　　扫一扫看微课视频：电感　　扫一扫看微课视频：电容

扫一扫看微课视频：电压源与电流源

（2）扫一扫下面二维码完成参考题。

扫一扫看电阻、电感、电容参考题　　扫一扫看电阻、电感、电容参考题答案　　扫一扫看电压源电流源参考题　　扫一扫看电压源电流源参考题答案

（3）扫一扫下面二维码进行元器件识别、测量与检测的 VR 仿真。

	扫一扫下载后进行 VR 仿真：电阻识别		扫一扫下载后进行 VR 仿真：电阻测量		扫一扫下载后进行 VR 仿真：电感测量

	扫一扫下载后进行 VR 仿真：电容识别		扫一扫下载后进行 VR 仿真：电容器检测

3. 计划与实施（课中、课后）

知识内化	（1）电路元器件的伏安特性、能量处理特征、作用的讨论与分析； （2）电压源、电流源之间的相互变换与简化电路；（3）三种元器件参数的读取	
任务实施	根据作业要求制定作业计划与方案	电阻 电容 电感
	根据作业要求制定作业步骤，明确各项操作规程和安全注意事项，进行人员分工等。	
	明确任务要求：用万用表检测电阻、电感、电容的好坏与参数	
	完成任务内容：（1）制定能够判断各种元器件的好坏与参数的方案；（2）用万用表、技术资料、互联网信息进行元器件的识别与检测；（3）分析测量结果	
	撰写任务实施报告：任务实施的方案、过程、收获、问题、改进措施等	

4. 任务评价

项目	评价要素	评价标准	自评 0.2	互评 0.3	师评 0.5	权重	小计
知识考核	（1）课前在线测试、在线讨论； （2）课中、课后分析与计算	（1）能准确分析电路元器件的伏安特性、能量处理特征、作用； （2）能进行电压源、电流源之间的相互变换与简化电路； （3）能正确识别三种元器件及其参数				0.4	
职业素养	（1）出勤； （2）工作态度； （3）劳动纪律； （4）团队协作精神	（1）遵守企业规章制度、劳动纪律； （2）按时、按质完成工作任务； （3）积极主动承担工作任务，勤学好问； （4）保证人身安全与设备安全； （5）工作岗位 7S 管理				0.1	
专业能力	（1）识别元器件的好坏与参数； （2）查找技术资料及互联网信息	（1）识别元器件的操作规范、正确； （2）有效搜索到相关信息数据				0.5	

续表

项目	评价要素	评价标准	自评 0.2	互评 0.3	师评 0.5	权重	小计
创新能力	（1）独特见解； （2）创新建议	（1）方案的可行性及意义； （2）建议的可行性				附加	
思政培养	（1）外在表现； （2）内在提升	（1）提升公民素质与规范行为 （2）塑造乐于奉献的社会主义核心价值观				附加	
合计							

5. 课后拓展提高

1. 任务实施报告：任务实施的方案、过程、收获、问题、改进措施等（可另附页）。

2. 任务拓展：

（1）能力提升：分别用指针万用表和数字万用表进行电容检测，总结二者适用的场合。

（2）思政深化：从电感与电容启示的不计回报、甘于奉献的精神，对自己有什么触动，今后你将怎么看待付出与索取，面对得与失？

　　电路的元器件是构成电工电子电路的基础，电路的基本元器件有无源元件（电阻、电感、电容）和电源元件（电压源、电流源）等。

1.3　电阻

扫一扫看教学课件：电阻

扫一扫看课程思政：科学创新

　　电阻是表示导体对电流起阻碍作用的物理量。任何导体对电流都具有阻碍作用，因此都有电阻。实际的电阻元件是利用某些对电流有阻碍作用的材料做成的，如实验用的电阻器（通常简称电阻）、灯丝、电炉丝等，它们在使用过程中也会表现出其他的电磁特性，如产生磁场等，但人们在研究它们将电能转换成热能时，可以忽略其他次要的性质，只考虑其电阻性质，于是便抽象出电阻元件这一理想元件。观察图1-7所示的几种常用电阻的外形。

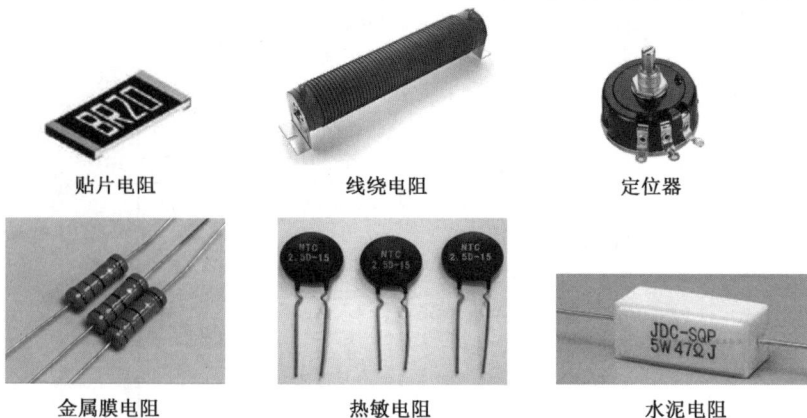

贴片电阻　　　　　　　线绕电阻　　　　　　　定位器

金属膜电阻　　　　　　热敏电阻　　　　　　　水泥电阻

图1-7　常用电阻的外形

　　在电阻元件中，还有几种特殊电阻，如表1-1所示。几种特殊电阻的外形如图1-8所示。

　　电阻按其材料可分为碳膜电阻、金属膜电阻、线绕电阻；按其特性可分为线性电阻、非线性电阻。

表 1-1　几种特殊电阻

名　称	项　目	
	特　性	应　用
热敏电阻	阻值随温度变化而变化，有的随温度升高阻值升高，被称为正温度系数热敏电阻（PTC）；有的随温度升高阻值减小，被称为负温度系数热敏电阻（NTC）	测量温度，如检测汽车发动机冷却水的温度
压敏电阻	阻值随其所受压力引起的变形变化	测量压力，如检测汽车的碰撞程度
光敏电阻	阻值随光照度增强而变小	在汽车上用于检测光线强弱，以控制灯具的点亮与熄灭
湿敏电阻	阻值随湿度增强而变小	加湿器、空调等湿度测量和调节

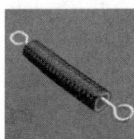 

（a）热敏电阻　　　（b）压敏电阻　　　（c）光敏电阻　　　（d）湿敏电阻

图 1-8　几种特殊电阻的外形

1.3.1　电阻的主要参数

电阻常用的单位为欧姆（Ω），在实际使用中，有时还用到千欧（kΩ）、兆欧（MΩ）。电阻的倒数被称为电导，用 G 表示，即 $G=\dfrac{1}{R}$，电导的单位为西门子（S）。电导也是表征电阻元件特性的参数，它反映的是电阻元件的导电能力。

1. 额定功率

额定功率是指电阻在规定的环境温度和湿度下，假设周围空气不流通，在长期连续工作而不损坏或基本不改变电阻性能的情况下，电阻上允许消耗的最大功率。当超过其额定功率使用时，电阻的阻值及性能将会发生变化，甚至发热冒烟烧毁。因此一般选用电阻的额定功率时要有余量，即选用比实际工作时消耗的功率大 1～2 倍的额定功率。表 1-2 所示为常用电阻的额定功率系列。

表 1-2　常用电阻的额定功率系列

电阻的种类	额定功率系列/W
线绕电阻	0.05；0.125；0.25；0.5；1；2；4；8；10；16；25；40；50；75；100；150；250；500
非线绕电阻	0.05；0.125；0.25；0.5；1；2；5；10；25；50；100

电阻的额定功率符号如图 1-9 所示。

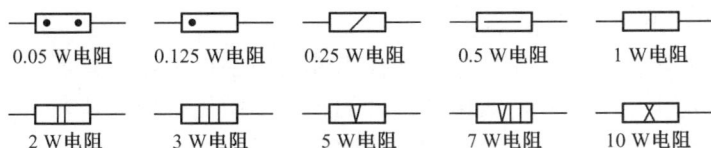

0.05 W电阻　　0.125 W电阻　　0.25 W电阻　　0.5 W电阻　　1 W电阻

2 W电阻　　3 W电阻　　5 W电阻　　7 W电阻　　10 W电阻

图 1-9　电阻的额定功率符号

2. 标称阻值和允许误差

标称阻值简称标称值。标注在电阻上的阻值被称为标称值。电阻的实际值对于标称值的最大允许偏差范围被称为电阻的允许误差，它表示产品的精度。标称值是产品标志的"名义"阻值。通用电阻的标称值系列和允许误差等级如表 1-3 所示。

任何电阻的标称值均是表 1-3 所列数值的 10^n 倍（n 为整数），精密电阻的允许误差为 ±0.05%、±0.2%、±0.5%、±1%、±2%等，其他电阻的允许误差等级分为 I 级、II 级、III 级，如表 1-3 所示。

表 1-3 通用电阻的标称值系列和允许误差等级

系列	允许误差等级	电阻的标称值系列/Ω
E24	I 级：±5%	1；1.1；1.2；1.3；1.5；1.6；1.8；2；2.4；2.7；3.0；3.3；3.6；3.9；4.3；4.7；5.1；6.2；6.8；7.5；8.2；9.1
E12	II 级：±10%	1；1.2；1.5；1.8；2.2；2.7；3.3；3.9；4.7；5.6；6.8；8.2
E6	III 级：±20%	1；1.5；2.2；3.3；4.7；6.8

3. 最高工作电压

最高工作电压是指电阻长期工作不发生过热或电击穿的工作电压限度。

1.3.2 电阻的参数表示方法

电阻的参数表示方法有直标法、文字符号法和色标法。

1. 直标法

直标法是将电阻的主要参数和技术性能用字母和数字直接标注在电阻表面上的方法，这种方法主要用于功率较大的电阻。例如，电阻表面上印有 RXYC-50-T-1K5-+10%，其含义是耐潮被釉线绕可调电阻，额定功率为 50 W，阻值为 1.5 kΩ，允许误差为±10%。对于小于 1 000 Ω 的阻值只标注数值，不标注单位，对于 kΩ、MΩ 只标注 k、M，如图 1-10（a）所示。

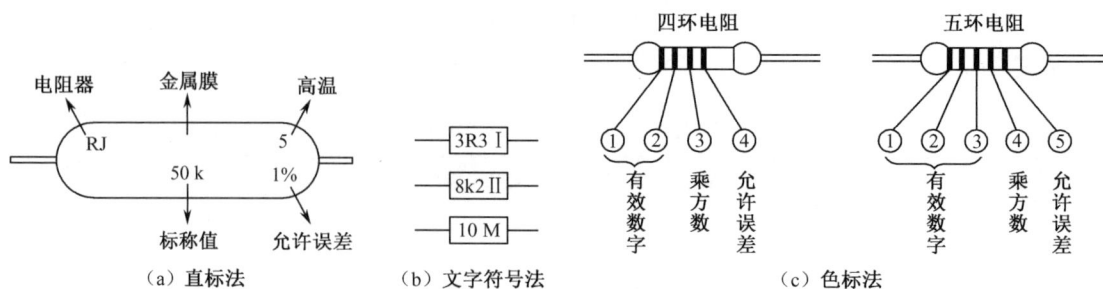

图 1-10 电阻规格标注法

2. 文字符号法

文字符号法是将需要标出的主要参数和技术性能用字母和数字有规律地组合起来的文字符号标注在电阻表面上的方法。随着电子元件的不断小型化，特别是表面安装元件的制造工艺不断进步，电阻的体积越来越小，因此其元件表面上标注的文字符号也进行了相应的改革。一般仅用三位数字标注电阻的阻值，精度等级不再标注出来（一般小于±5%）。具体规定为，元件表面涂以黑色表示电阻，电阻的基本标注单位为欧姆（Ω），其数值大小用三位数字标注，前两位数字表示数值的有效数字，第三位数字表示数值的倍率（乘方数），例如，100 表示其阻值为 $10×10^0=10$（Ω），223 表示其阻值为 $22×10^3= 22$（kΩ）。

对于字母和数字组合表示的阻值，字母 R、k、M 之前的数字表示阻值的整数值，之后的数字表示阻值的小数值，字母表示小数点的位置和阻值的单位，例如，8k2 表示 8.2 kΩ。精度等级标注 I 级或 II 级，III 级不标注，如图 1-10（b）所示。

3. 色标法

色标法又称色环标注法。对于体积很小的电阻和一些合成电阻，其阻值和误差常用色环来标注，如图 1-10（c）所示。色标法有四环和五环两种。

四环电阻的一端有四道色环，第一道色环和第二道色环分别表示电阻的第一位和第二位有效数字，第三道色环表示 10 的乘方数（10^n，n 为颜色所表示的数字），第四道色环表示允许误差（若无第四道色环，则允许误差为±20%）。色环电阻的单位一律为 Ω，表 1-4 所示为色环颜色所表示的有效数字和允许误差。例如，某电阻有四道色环，分别为黄、紫、红、金，则其色环的意义为：①环一为黄色，表示有效数字为 4；②环二为紫色，表示有效数字为 7；③环三为红色，表示乘方数为 10^2；④环四为金色，表示允许误差为±5%。其阻值为 (4 700 ±5%)Ω。

表 1-4　色环颜色所表示的有效数字和允许误差

色别	银	金	黑	棕	红	橙	黄	绿	蓝	紫	灰	白	无色
有效数字	—	—	0	1	2	3	4	5	6	7	8	9	
乘方数	10^{-2}	10^{-1}	10^0	10^1	10^2	10^3	10^4	10^5	10^6	10^7	10^8	10^9	—
允许误差	±10%	±5%	—	±1%	±2%	—	—	±0.5%	±0.2%	±0.1%	—	—	±20%
误差代码	K	J		F	G			D	C	B			M

精密电阻一般用五道色环标注，它用前三道色环表示三位有效数字，第四道色环表示 10^n，第五道色环表示阻值的允许误差。例如，某电阻的五道色环分别为橙、橙、红、红、棕，则其阻值为 $332×10^2±1%$ Ω。

在色环电阻的识别中，找出第一道色环是很重要的，可用如下方法识别：在四环标志中，第四道色环一般是金色或银色，由此可识别出第一道色环；在五环标志中，第一道色环与电阻的引脚距离最短，由此可识别出第一道色环。

采用色环标注的电阻，其颜色醒目、标志清晰，不易褪色，从不同的角度都能看清阻值和允许误差。目前在国际上广泛采用色标法。

1.3.3　电阻的检测

当电阻的参数标志因某种原因脱落或欲知道其精确阻值时，就需要用仪器对电阻的阻值进行测量。对于常用的碳膜、金属膜电阻及线绕电阻的阻值，可用普通指针式万用表的电阻挡直接测量，在具体测量时应注意以下几点。

合理选择量程，先将万用表置于电阻挡选择其功能，由于指针式万用表的电阻挡刻度线是非均匀排布的，因此必须选择合适的量程，使被测电阻的指示值尽可能地位于刻度的 0 刻

度线到全程 2/3 的这一段位置上，这样可提高测量的精度。对于几百千欧的电阻，则选用
"R×10 k"挡来进行测量。

注意调零，所谓"调零"就是将万用表的两支表笔短接，调节"调零"旋钮使指针指向
表盘上的"0 Ω"位置。"调零"是测量电阻之前必不可少的步骤，而且每换一次量程都必须
重新调零。顺便指出，若"调零"旋钮已调到极限位置，但指针仍回不到"0 Ω"位置，说明
万用表内部的电池电压已不足了，应更换新电池后再进行调零和测量。

读数要准确，在观察被测电阻的阻值进行读数时，两眼应位于万用表指针的正上方（万
用表应水平放置），同时注意双手不能同时接触被测电阻的两根引线，以免人体电阻的存在影
响测量的准确性。

1.3.4 电阻的伏安特性

电流和电压的大小成正比的电阻被称为线性电阻。电阻两端的电压与流过的电流之间
的关系，被称为电阻的伏安特性。线性电阻的伏安特性曲线为通过坐标原点的直线，直线
的斜率反映了阻值的大小。线性电阻的伏安特性曲线如图 1-11（a）所示，其欧姆定律的表
达式为

$$U = IR \tag{1-4}$$

电流和电压的大小不成正比的电阻被称为非线性电阻，本书中不特别加以说明的电阻都
是线性电阻。图 1-11（b）所示为二极管（非线性电阻）的伏安特性曲线。

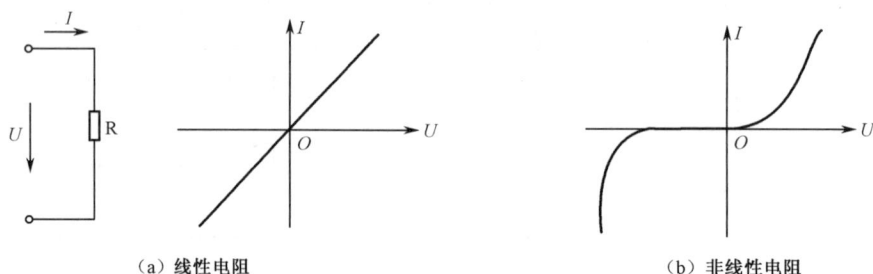

（a）线性电阻　　　　　　　　　　　　　　　　　　　　（b）非线性电阻

图 1-11　电阻的伏安特性曲线

电阻是电路中应用最广泛的电子元件之一，其在电路中起分压、分流、降压、限流、负
载、阻抗匹配及与其他元器件配合实现相应功能等作用。

提示

当电阻的电压、电流的参考方向相反时，其伏安关系式为 $U=-IR$。

拓展知识　电桥电路

图 1-12 所示的电阻网络被称为电桥电路。

（1）电桥的平衡特征：当电桥平衡时，检流计 G 中
的电流 I_g 为 0，c、d 两点的电位相等。

（2）电桥的平衡条件：根据平衡电桥的特征，不难
分析出其平衡条件为 $R_x R_3 = R_2 R_4$，即相对桥臂的电阻乘
积相等。

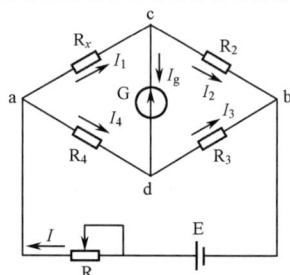

图 1-12　直流电桥电路

（3）电桥的应用：电桥电路常用于测量外界信号，如测量温度、压力等。例如，测量温度时将热敏电阻接于 R_x 的位置，调整桥臂电阻 R_2、R_3、R_4 使电桥平衡，检流计的指数为 0。当 R_x 随温度变化时，电桥的平衡被打破，这时检流计中有电流 I_g 流过，c、d 间有电位差，根据检流计的指示值与 R_x 的对应关系可测得 R_x 的变化，从而间接测得温度的变化量。

1.4 电感

扫一扫看教学课件：电感

扫一扫看课程思政：奉献精神

观察图 1-13 所示的一些常用电感器（通常简称电感）的外形。

（a）工字电感　　（b）小型变压器　　（c）贴片电感　　（d）环形电感

图 1-13　常用电感的外形

由物理学知识可知，有电流通过导线时，导线周围会产生磁场。为了加强磁场，常把导线绕成线圈，如图 1-14 所示，其中磁通 Φ 与电流 i 的方向总符合右手螺旋定则。

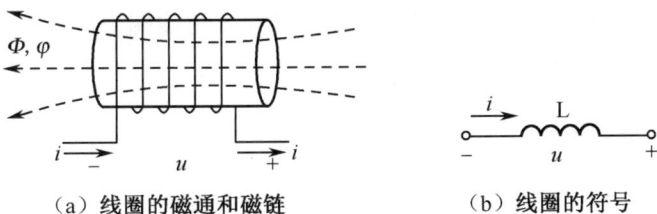

（a）线圈的磁通和磁链　　　　（b）线圈的符号

图 1-14　电感线圈

1.4.1 电感（量）

当线圈中的电流变化时，它周围的磁场也要变化，变化着的磁场，在线圈中将产生感应电动势。这种感应现象被称为自感，相应的元件被称为自感元件。

线圈一般是由许多线匝密绕而成的，与整个线圈相交链的磁通总和被称为线圈的磁链 φ。磁链通常是由线圈的电流产生的，当线圈中没有铁磁材料时，磁链与电流成正比，即

$$L = \frac{\varphi}{i} \tag{1-5}$$

式中，比例系数 L 被称为电感元件的电感系数或电感量，简称电感。电感的单位为亨利，简称亨，用 H 表示，另有毫亨（mH）和微亨（μH）。

如果电感元件的电感为常数，不随通过它的电流的变化而变化，则将其称为线性电感元件。本书中如不特别加以说明，都是指线性电感元件。

电感器、电感线圈等元件也被称为电感。所以，电感一词有时指电感元件，有时则指电感元件的电感量。

1.4.2　电感的主要参数

1. 电感量的标称值和允许误差

电感的电感量也有标称值，单位为 μH、mH 和 H。电感量的误差是指线圈的实际电感量与标称值的差异，对振荡线圈的要求较高，其允许误差为 0.2%～0.5%；对耦合阻流线圈的要求较低，其允许误差一般在 10%～15% 之间。电感的标称电感量和允许误差的常见标注方法有直标法和色标法，其标注方式类似于电阻的。目前大部分国产固定电感将电感量、允许误差直接标注在电感上。

2. 品质因数

电感的品质因数 Q 是线圈质量的一个重要参数。它表示在某一工作频率下，线圈的感抗与其等效直流电阻的比值，Q 值越高，线圈的铜损耗越小；在选频电路中，Q 值越高，电路的选频特性越好。

3. 额定电流

额定电流是指电感在规定的温度下，线圈正常工作时所能承受的最大电流值。对于阻流线圈、电源滤波线圈和大功率的谐振线圈，这是一个很重要的参数。

分布电容是指电感线圈匝与匝之间、线圈与地及屏蔽盒之间存在的寄生电容。分布电容使 Q 值减小、稳定性变差，因此可将多股线作为导线或将线圈绕成蜂房式形状，对于天线线圈则采用间绕法，以减少分布电容的数值。

1.4.3　电感的检测

首先进行外观检查，看线圈有无松散，引脚有无折断、生锈现象。然后用万用表的电阻挡测量线圈的直流电阻，若为无穷大，说明线圈（或线圈与引出线间）有断路；若比正常值小很多，说明有局部短路；若为零，则线圈被完全短路。对于有金属屏蔽罩的电感线圈，还需要检查它的线圈与屏蔽罩间是否短路；对于有磁芯的可调电感，其螺纹配合要好。

1.4.4　电感的伏安特性

当流过电感的电流变化时，其磁链也随之变化，它两端将产生感应电压。如图 1-14 所示，若选 u 与 i 的关联参考方向，根据电磁感应定律与楞次定律，电感的感应电压为

$$u = \frac{\mathrm{d}\varphi}{\mathrm{d}t} = \frac{\mathrm{d}Li}{\mathrm{d}t} = L\frac{\mathrm{d}i}{\mathrm{d}t} \tag{1-6}$$

由式（1-6）可知，在任何时刻，电感的电压都不取决于这一时刻电流的大小，而与这一时刻电流的变化率成正比。当电流不随时间变化时，电感的电压为零。所以，在直流电路中，电感相当于短路，在交流电路中，由于电流不断变化，其电压不为零，所以电感在交流电路中不是短路，这种现象通常被称为通直阻交或通低（频）阻高（频）。电感的这个特性可以用来滤波。当电感线圈中通入电流时，电流在线圈内及线圈周围建立起磁场，并储存磁场能，因此，电感是一种储能元件。

1.4.5 电感储存的磁场能

如果电感从零电流开始充电到 $i(t)$，则在时刻 t 电感所储存的能量为

$$W_{\mathrm{L}} = \frac{1}{2}Li^2(t) \qquad\qquad (1\text{-}7)$$

式（1-7）说明，电感是一种储能元件，其在某一时刻 t 的储能只取决于电感量 L 及在这一时刻流过电感的电流值，并与其电流值的平方成正比。当电流增大时，电感从外界吸收能量；当电流减小时，电感向外界释放能量。但电感在任何时刻不可能释放出多于它吸收的能量，因此，它是一种无源元件。

电感也是构成电路的基本元件，在电路中有阻碍交流电通过的特性。其基本特性是通低频、阻高频，在交流电路中常用于扼流、降压、谐振等。

扫一扫看
教学课件：
电容

1.5 电容

由物理知识可知，任何两个彼此靠近且相互绝缘的导体都可以构成电容元件（通常简称电容）。这两个导体被称为电容的极板，它们之间的绝缘物质被称为介质。在电容的两个极板间加上电源后，极板上分别积聚起等量的异性电荷，在介质中建立起电场，并且储存电场能。将电源移去后，由于介质绝缘，电荷仍然聚集在极板上，电场继续存在。所以，电容是一种能够储存能量的元件，这就是电容的基本电磁性能。但在实际中，当电容两端的电压变化时，介质中往往有一定的介质损耗，而且介质也不可能完全绝缘，因此存在一定的漏电流。如果忽略电容的这些次要性能，就可以用一个代表其基本性能的理想二端元件作为模型，电容元件就是实际电容的理想化模型。

观察图 1-15 所示的几种常见电容的外形。

(a) 电解电容　　　(b) 陶瓷电容　　　(c) 贴片电容　　　(d) 可变电容

图 1-15 常见电容的外形

1.5.1 电容（量）

电容元件是一个理想的二端元件，它的表示符号如图 1-16 所示，其中 $+q$ 和 $-q$ 代表该元件正、负极板上的电荷量。若规定电容元件上电压的参考方向为由正极板指向负极板，则在任何时刻都有如下关系。

$$C = \frac{q}{u} \qquad\qquad (1\text{-}8)$$

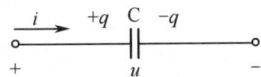

图 1-16 电容元件的表示符号

式中，C 是用以衡量电容元件容纳电荷本领大小的一个物理量，被称为电容元件的电容量，简称电容。

在国际单位制中，电容的单位为法（拉），符号为 F；1F=1 C/V。电容元件的电容往往比 1F 小得多，因此，常采用微法（μF）和皮法（pF）作为其单位，其换算关系为

$$1\ \text{F}=10^6\mu\text{F}=10^{12}\ \text{pF}$$

如果电容元件的电容为常量，不随它所带电荷量的变化而变化，这样的电容元件为线性电容元件。本书中不特别加以说明时，所说的电容元件都是指线性电容元件。

电容元件、电容量简称电容。所以，电容一词有时指电容元件，有时则指电容元件的电容量。

1.5.2　电容的分类

电容的种类很多，按介质不同，可分为空气介质电容、纸介电容、有机薄膜电容、瓷介电容、玻璃釉电容、云母电容、电解电容等；按结构不同，可分为固定电容、半可变电容、可变电容等。

1.5.3　电容的主要参数

1. 标称容量

电容上标注的电容量值，被称为标称容量。固定电容的标称容量系列如表 1-5 所示，任何电容的标称容量都满足表中标称容量系列再乘以 10^n（n 为正整数或负整数）。

表 1-5　固定电容的标称容量系列

电容的类型	允许误差	标称容量系列
高频纸介电容、云母电容、玻璃釉电容、高频（无极性）有机薄膜介质电容	±5%	1；1.1；1.2；1.3；1.6；11.8；2；2.2；2.4；2.7；3；3.3；3.6；3.9；4.3；4.7；5.1；5.6；6.2；6.8；7.5；8.2；9.1
纸介电容、金属化纸介电容、复合介质电容、低频（有极性）有机薄膜介质电容	±10%	1；1.5；2；2.2；3.3；4；4.7；5；6；6.8；8.2
电解电容	±20%	1；1.5；2.2；3.3；4.7；6.8

电容的标称容量的标注方法如下。

1）直标法

直标法是在产品的表面上直接标注产品的主要参数和技术性能的方法，如在产品的表面上直接标注（33±5%）μF、32 V。

2）文字符号法

文字符号法是将主要参数和技术性能用字母与数字有规律地组合起来的文字符号标注在产品的表面上的方法。采用文字符号法时，将容量的整数部分写在容量单位标志符号的前面，将小数部分写在容量单位标志符号的后面，如将 3.3 pF 标注为 3p3，将 1 000 pF 标注为 1n，将 6 800 pF 标注为 6n8，将 2.2 μF 标注为 2μ2。

3）数字标注法

体积较小的电容常用数字标注法，一般用三位整数标注，第一位、第二位表示有效数字，第三位表示有效数字后面零的个数，单位为 pF，但是当第三位为 9 时表示 10^{-1}，如 243 表示容量为 24 000 pF，而 339 表示容量为 $33×10^{-1}$ pF（3.3 pF）。

4）色标法

电容的色标法在原则上与电阻的色标法类似，其容量单位为 pF。

2. 允许误差

电容的标称容量与其实际容量之差，再除以标称容量所得的百分比，就是允许误差。其一般分为 8 个等级，如表 1-6 所示。

表 1-6　允许误差

级别	01	02	I	II	III	IV	V	VI
允许误差	1%	±2%	±5%	±10%	±20%	+20%～-30%	+50%～-20%	+100~-10%

允许误差的标注方法一般有三种：将电容的允许误差直接标注在电容上；用罗马数字 I、II、III 分别表示±5%、±10%、±20%；用英文字母表示允许误差，用 J、K、M、N 分别表示±5%、±10%、±20%、±30%，用 D、F、G 分别表示±0.5%、±1%、±2%，用 P、S、Z 分别表示（+100%,-20%）、（+50%,-20%）、（+80%,-20%）。

3. 额定耐压

额定耐压是指在规定温度范围内，电容正常工作时能承受的最大电压。固定电容的耐压系列值有 1.6 V、4 V、6.3 V、10 V、16 V、25 V、32 V*、40 V、50 V、63 V、100 V、125 V*、160 V、250 V、300 V、400 V、450 V*、500 V、1 000 V 等（带*号表示只限于电解电容使用）。耐压值一般直接标注在电容上，但有些电解电容在正极根部用色点来表示耐压值，如 6.3 V 用棕色点表示，10 V 用红色点表示，16 V 用灰色点表示。电容在使用时不允许超过这个耐压值，若超过此值，电容就可能损坏或被击穿，甚至爆裂。

4. 绝缘电阻

绝缘电阻是指加到电容上的直流电压和漏电流的比值，又称漏阻。漏阻越低，漏电流越大，介质的耗能越大，电容的性能越差，其寿命也越短。

1.5.4　电容的检测

对电容进行性能检测，应视其型号和容量的不同而采取不同的方法。

（1）对 5 000 pF 以上的电容：可用模拟万用表电阻挡最高挡判别，用两表笔分别接触电容的两根引线（注意双手不能同时接触电容的两极），如果刚开始时指针向右摆动较大，然后逐渐向左回摆，电容的容量越大，指针摆动幅度越大，指针复原的速度越慢。如果刚开始时指针不摆动，说明电容已开路；如果刚开始时指针向右摆动后不再向左复原，说明电容已击穿；如果刚开始时指针向右摆动后只有少量的向左回摆，说明电容漏电，指针稳定后的读数即为漏电电阻。

对 5 000 pF 以下的电容：用模拟万用表无法看出充电过程，要用具有测量电容功能的数字万用表进行检测。

（2）对电解电容进行检测时，首先要注意极性，黑表笔接电容正极，红表笔接电容负极。容量为 1～47 μF 的电容可用 1 kΩ 电阻挡进行检测，大于 47 μF 的电容可用 100 Ω 电阻挡进行检测。用两表笔分别接触电容的两根引线（注意双手不能同时接触电容的两极），如果刚开始时指针向右摆动较大，然后逐渐向左回摆，直至停在某个位置，此时的读数即为电容的漏电阻，一般为几百 kΩ，说明电容正常；如果所测的漏电阻很小或为 0，说明电容漏电严重或已击穿；如果刚开始时指针不动，将表笔对调后再进行检测，指针仍不动时说明电容的容量消失或断路。

对失掉正、负极标志的电解电容，可先假定某极为正极，让其与万用表的黑表笔相接，另一个电极与万用表的红表笔相接，同时观察并记住表针向右摆动的幅度；将电容放电后，将两只表笔对调后重新进行上述测量。在哪一次测量中，表针最后停留的摆动幅度较小，说明该次对其正、负极的假设是对的。

1.5.5　电容的伏安特性

由式（1-8）可知，当作用于电容的电压变化时，电容极板上的电荷也随之变化，电路中就会有电荷转移，于是该电容电路中出现电流。而且当电压变化越快时，电荷移动也越快，电流越大，若取电压与电流的关联参考方向，则

$$i = C\frac{\mathrm{d}U}{\mathrm{d}t} \tag{1-9}$$

式（1-9）为电容上电压与电流的伏安关系式。它表明，电容在任何时刻的电流值不取决于该时刻电容的电压值，而取决于此时电压的变化率，故称电容为动态元件。其电压变化越快，电流越大；电压变化越慢，电流越小；当电压不随时间变化时，电流等于零，这时电容相当于开路。当电容接交流电压时，由于电压不断变化，其电荷不断移动，电流不为零，故电容有隔直通交或通高（频）阻低（频）的作用，电容的这个特性可以用来滤波。

1.5.6　电容储存的电场能

电容的两个极板间加上电源后，极板间产生电压，介质中建立起电场，并储存电场能，因此，电容是一种储能元件。

如果电容从零电压开始充电到 $U(t)$，则在时刻 t 电容所储存的能量为

$$W_\mathrm{C} = \frac{1}{2}CU^2(t) \tag{1-10}$$

式（1-10）说明，电容是一种储能元件，其在某一时刻 t 的储能只取决于电容量 C 及在这一时刻电容的电压值，并与其电压值的平方成正比。当电压增大时，电容从外界吸收能量；当电压减小时，电容向外界释放能量。但电容在任何时刻不可能释放出多于它吸收的能量，因此它是一种无源元件。

电容在电路中主要用于调谐、滤波、隔直、交流旁路和能量转换等。

1.5.7　电容电路的过渡过程

1. 电容电路的换路定律

换路是指电路的工作条件改变，如电路的连接与断开、电路的连接方式变化、元件的参数变化等。

换路定律：电容的电压在换路时不能跃变。

2. 电容换路时的过渡过程

在换路时，电容与电阻表现出来的特性不同，如表 1-7 所示。

表 1-7　电容与电阻在换路时的特性

项　目	名　称	
	电　容	电　阻
电路		
换路后的电压	U_C 在 S 闭合后，过一段时间达到 E 	S 闭合后，U_R 马上达到 E
结论	电容在换路后电压不能跃变，在达到另一个稳定状态前需要经历一段时间，尽管这段时间一般很短	电阻在换路后，电压可以跃变
原因	（1）如果 U_C 跃变，根据 $i=C\dfrac{dU_C}{dt}=\infty$，这是不可能的； （2）电容储存电场能 $W_C=\dfrac{1}{2}CU_C^2$，如果 U_C 跃变，则 W_C 跃变，电源提供的电功率为无限大，这也是不可能的	如果 U_R 跃变，则 $i=\dfrac{U_R}{R}$ 也跃变，这是可以满足的

提示

电容的电压虽然不能跃变，但电流可以跃变。

由以上分析可知，电容在换路时出现过渡过程的本质原因是电容的伏安特性是动态关系，其电压不能跃变，当含有电容的电路换路时，旧稳态向新稳态转换必须经过一段过渡过程，而电阻的伏安特性是线性关系，其电压、电流都可跃变，所以换路时，旧稳态向新稳态转换不需要过渡过程，可直接转换。电感是动态元件，由电容的分析可推断出电感的电流不能跃变，当含有电感的电路换路时，旧稳态向新稳态转换必须经过一段过渡过程。

实验　电容的充、放电

在图 1-17 所示的实验电路中，当电容无初始电压时，先将开关 S 合向位置 1，电容充电，这时可以发现，检流计的指针先摆向最高值，然后往回摆动，直至为 0。灯泡 HL 在 S 合向 1 的瞬间最亮，然后逐渐变暗，直至完全不亮。

将 S 合向位置 2，电容放电，检流计的指针反向摆至最大位置，然后逐渐摆向 0，灯泡开始最亮，然后逐渐变暗，直至完全不亮。

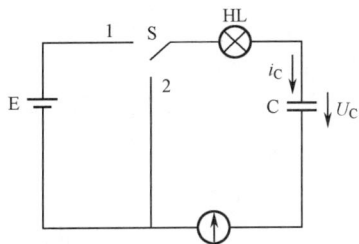

图 1-17　实验电路

以上实验说明了电容的充、放电过程，其特性如表 1-8 所示。

电容的充、放电特性可总结如下。

（1）电容充电时电压上升；放电时电压下降。

（2）电容充、放电速度的快慢与回路中的电阻阻值和电容容量有关，R、C 越大，充、放电速度越慢；R、C 越小，充、放电速度越快。因为 R 越大，电流越小，电荷的移动速度越慢；C 越大，电容的电荷容量越大，充、放电速度越慢。

一般在 $t=(3\sim5)\tau$ 时，充、放电的过程基本结束。其中，$\tau=R\cdot C$，被称为时间常数，其单位为

$$\frac{伏}{安}\cdot\frac{库仑}{伏}=\frac{库仑}{安}=秒（s）$$

表 1-8　电容的充、放电特性

项　目	名　称	
	电容充电	电容放电
电容的电流	换路后电流瞬间跃变为最大，然后逐渐变小	换路后电流瞬间跃变为最大，然后逐渐变小
电容的电压	换路后电压逐渐升高至 $U_C=E$	换路后电压逐渐降低至 $U_C=0$

1.6　电压源与电流源

扫一扫看教学课件：电压源与电流源

1.6.1　电压源

我们非常熟悉干电池、蓄电池，这些电源的电路模型如图 1-18 所示，r 为其内阻，这就是电压源模型。一般电压源的内阻很小，若忽略就称其为理想电压源或恒压源。理想电压源的特点是其端电压恒定不变，不受外接负载变化的影响，但其对外提供的电流随负载的变化而变化；而实际电压源由于内阻的存在，其端电压随负载的电流增大而下降。实际电压源与理想电压源的伏安特性如图 1-19 所示。

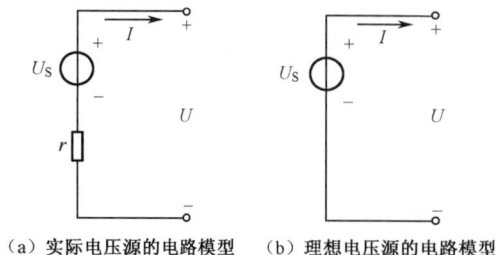

（a）实际电压源的电路模型　（b）理想电压源的电路模型

图 1-18　实际电压源与理想电压源的电路模型

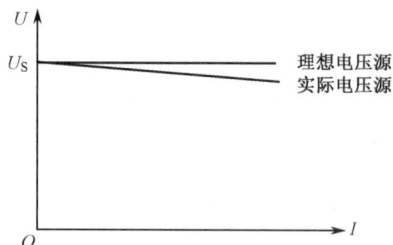

图 1-19　实际电压源与理想电压源的伏安特性

1.6.2　电流源

大多数电源的内阻很小，其端电压基本恒定，都可以等效成电压源模型。另外还有一种电源，如光电池，其内阻很大，对外提供的电流基本恒定，其电路模型如图 1-20 所示，被称为电流源。

若忽略电流源内阻的分流作用，则可称其为理想电流源或恒流源。理想电流源的特点是其对外提供的电流恒定不变，不受外接负载变化的影响，但其端电压随负载的变化而变化；而实际电流源由于内阻的存在，其对外输出的电流随负载的变化而变化。实际电流源与理想电流源的伏安特性如图 1-21 所示。

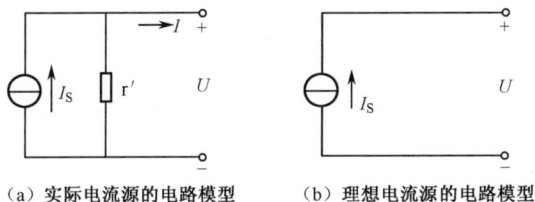

（a）实际电流源的电路模型　　　（b）理想电流源的电路模型

图 1-20　实际电流源与理想电流源的电路模型

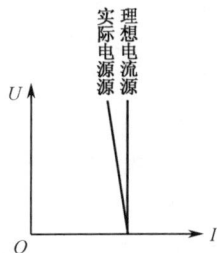

图 1-21　实际电流源与理想电流源的伏安特性

1.6.3　电压源与电流源的等效变换

图 1-22（a）、（b）所示为电压源、电流源给相同的负载（$R=9\ \Omega$）进行供电的电路，不难分析出两种电源模型给负载提供了相同的电流和电压，称之为两个电源对负载等效。这说明电压源与电流源可以等效变换。

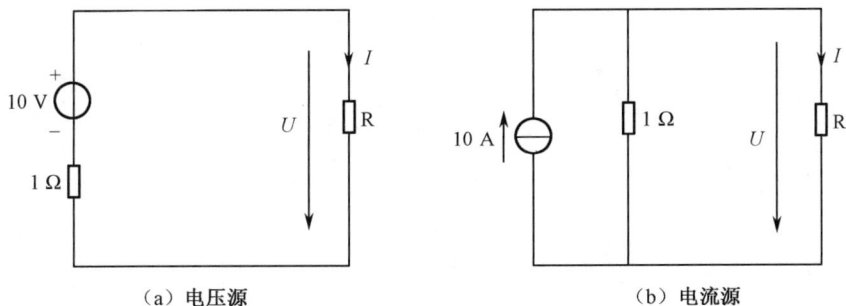

（a）电压源　　　　　　　　　　　　（b）电流源

图 1-22　电压源与电流源

根据图 1-22（a）和图 1-22（b）分别写出电压源、电流源的外特性表达式。

电压源的外特性表达式：

$$I = \frac{U_s - U}{r} = \frac{U_s}{r} - \frac{U}{r}$$

电流源的外特性表达式：

$$I = I_s - \frac{U}{r'}$$

比较以上两式，如果两个电源的端电压、电流相等，两个电源的参数符合下面的关系就可以等效变换。

电压源→电流源：

$$\begin{cases} I_S = \dfrac{U_S}{r} \\ r' = r \end{cases} \tag{1-11}$$

电流源→电压源：

$$\begin{cases} U_S = I_S \cdot r \\ r = r' \end{cases} \tag{1-12}$$

式中，r 为电压源的内阻；r' 为电流源的内阻。

提示　电压源与电流源

（1）电压源与电流源等效是指对外电路等效，对电源本身并不等效。例如，当外接负载开路时，流过电压源内阻的电流为零，无消耗；而流过电流源内阻的电流却最大，消耗最大。所以电流源不允许开路，相反，电压源不允许短路。

（2）电压源与电流源等效变换时，除满足变换公式外，还应保证两个电源对外提供的电压、电流方向不变。

（3）理想电压源与理想电流源不能等效变换。

【实例1-3】 将图1-23（a）、（b）所示的电路分别等效变换为电压源模型和电流源模型。

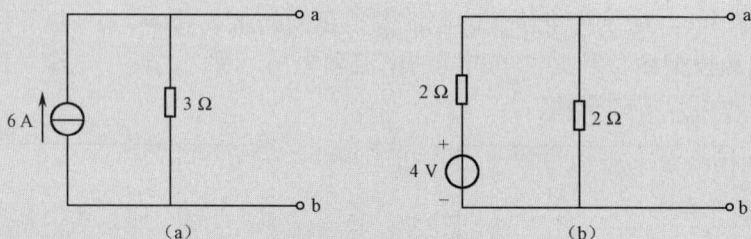

图1-23　实例1-3图

解　根据式（1-12）得到图1-23（a）的等效电压源的参数如下。

定值电动势：

$$U_S = 6 \times 3 = 18 \, (\text{V})$$

内阻：

$$r = 3 \, (\Omega)$$

等效电压源的模型如图1-24（a）所示。

在图1-23（b）所示的电路中，应先将电压源模型等效变换为电流源模型，根据式（1-11）得到其参数如下。

定值电流：

$$I_S = \frac{4}{2} = 2 \, (\text{A})$$

内阻：

$$r' = 2 \, (\Omega)$$

再将 r'（2 Ω）与 2 Ω 电阻并联，得到最后的电流源模型，如图1-24（b）所示。

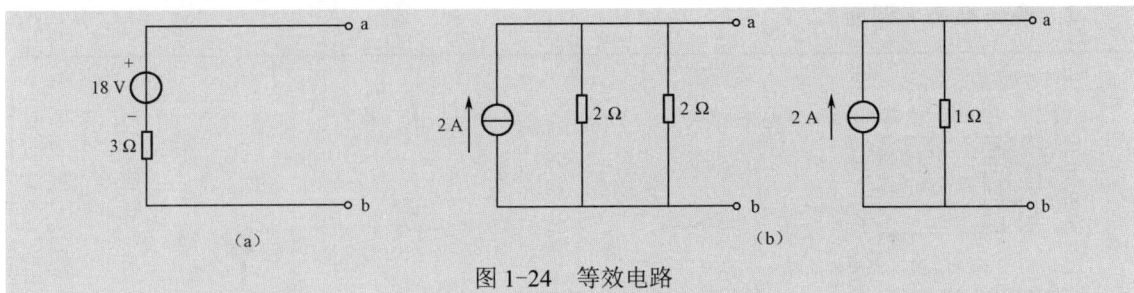

图 1-24　等效电路

【实例 1-4】将图 1-25 所示的电路简化为一个电流源模型。

解　先将图 1-25 中的两个电压源等效变换为电流源，如图 1-26（a）所示，将其内阻分别合并，如图 1-26（b）所示，再将两个电流源分别等效变换为电压源并串联为一个电压源，最后等效变换为电流源，如图 1-26（c）所示。

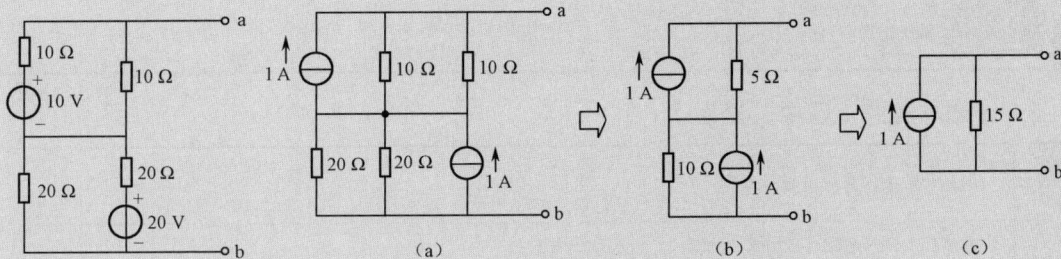

图 1-25　实例 1-4 图　　　　　　　　图 1-26　简化电路

疑难汇总、学习随笔、小结

任务 3　电桥测温电路的连接

1. 任务目标

任务载体	电桥测温电路的连接	学　时	4	任务成绩	
学生姓名		日　期		班　级	
实训场所				组　号	
参考器材	3 只普通电阻，1 只电位器，1 只热敏电阻，1 个直流电源，1 个检流计，适量连接导线				
知识目标	理解基尔霍夫电流定律和基尔霍夫电压定律				
能力目标	1. 会利用基尔霍夫定律分析复杂电路；2. 会利用基尔霍夫定律和电桥知识分析电桥的测温原理；3. 能根据要求选取元器件的参数；4. 能装接电路；5. 能实现电路功能				
职业素养	1. 培养独立与合作学习的能力，培养获取新知识、新技术的能力；2. 培养独立与合作解决问题的能力				
立德树人	培养革新、创新精神				

2．任务准备（课前）

学习背景知识：

（1）扫一扫下面二维码学习基尔霍夫定律等知识，同时培养学生善于发现的能力和革新、创新精神。

扫一扫看微课视频：基尔霍夫定律

（2）扫一扫下面二维码完成参考题。

扫一扫看基尔霍夫定律参考题

扫一扫看基尔霍夫定律参考题答案

（3）扫一扫下面二维码进行基尔霍夫定律验证的 VR 仿真。

扫一扫下载后进行 VR 仿真：基尔霍夫定律验证

3．计划与实施（课中、课后）

知识内化	用基尔霍夫定律分析复杂电路	
任务实施	根据作业要求制定作业计划与方案	
	根据作业要求制定作业步骤，明确各项操作规程和安全注意事项，进行人员分工等。	
	明确任务要求：用右图电桥电路测量温度	
	完成任务内容：（1）利用基尔霍夫定律和平衡电桥电路的知识分析检流计电流与可调电阻 R_x 之间的关系，明确测温原理；（2）设计元器件的参数，绘制电路图；（3）根据电路图连接电路；（4）构建电路并实现电路功能	
	撰写任务实施报告：任务实施的方案、过程、收获、问题、改进措施等	

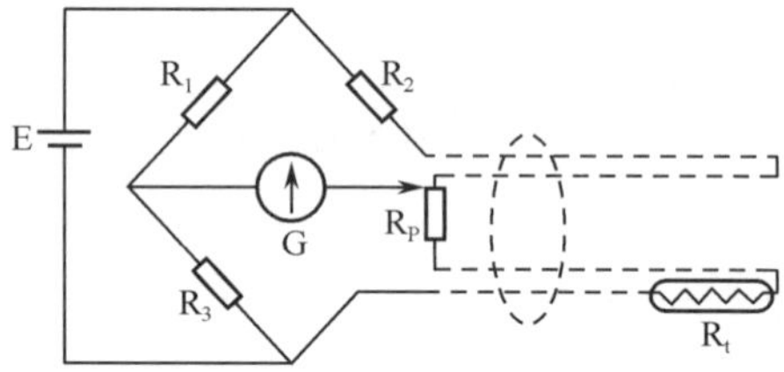

4．任务评价

项目	评价要素	评价标准	自评 0.2	互评 0.3	师评 0.5	权重	小计
知识考核	（1）课前在线测试、在线讨论；（2）课中、课后分析与计算	（1）能分析基尔霍夫电流定律和基尔霍夫电压定律的应用；（2）会利用基尔霍夫定律分析复杂电路				0.4	
职业素养	（1）出勤；（2）工作态度；（3）劳动纪律；（4）团队协作精神	（1）遵守企业规章制度、劳动纪律；（2）按时、按质完成工作任务；（3）积极主动承担工作任务，勤学好问；（4）保证人身安全与设备安全；（5）工作岗位 7S 管理				0.1	

项目	评价要素	评价标准	自评 0.2	互评 0.3	师评 0.5	权重	小计
专业能力	(1) 分析测温原理； (2) 设计元器件的参数； (3) 选取元器件连接电路； (4) 进行仿真并读电流	(1) 实现电路功能； (2) 测量数据正确				0.5	
创新能力	(1) 独特见解； (2) 创新建议	(1) 方案的可行性及意义； (2) 建议的可行性				附加	
思政培养	(1) 外在表现； (2) 内在提升	培养革新、创新精神				附加	
合计							

5. 课后拓展提高

1. 任务实施报告：任务实施的方案、过程、收获、问题、改进措施等（可另附页）。

2. 任务拓展：

(1) 能力提升：对本任务中连接的电桥测温电路进行分析计算与测试数据对比，分析电路的工作状态。

(2) 思政深化：基尔霍夫在 21 岁大学毕业后就发现总结了基尔霍夫定律，了解他前面做了哪些工作，他是怎么实现的？在大学阶段，你又要为将来面临的工作做哪些准备，如何实现？

1.7 基尔霍夫定律

扫一扫看教学课件：基尔霍夫定律

扫一扫看课程思政：变革和创新

电路分为简单电路和复杂电路，如图 1-27（a）、（b）所示。

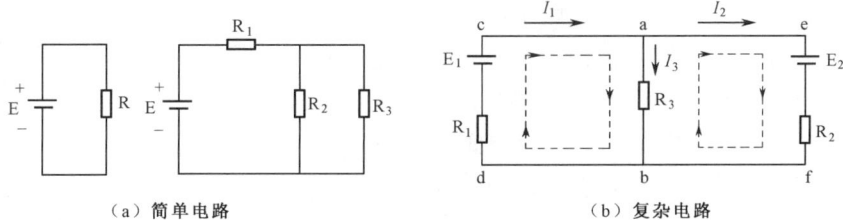

（a）简单电路　　　　　　　　（b）复杂电路

图 1-27　简单电路和复杂电路

图 1-27（a）所示的单一回路电路，或者可以通过合并方法简化为单一回路的电路都被称为简单电路，用欧姆定律可求出其电流和电压。图 1-27（b）所示的电路是不能简化的多回路电路，被称为复杂电路。由于不能直接确定每个电阻的电压，所以仅用欧姆定律不能求出电路的电流和电压，需要用另一条重要定律——基尔霍夫定律。在学习这条定律之前，首先介绍几个有关复杂电路的术语。

（1）支路：电路中没有分支的一段电路。支路的意义在于每条支路中各个位置的电流相同，即每条支路只可确定一个电流未知量。

（2）节点：电路中 3 条或 3 条以上支路的连接点被称为节点，如图 1-27（b）中的 a、b 两点。

（3）回路：电路中任意一个闭合的路径。

（4）网孔：内部不含其他支路的回路，如图 1-27（b）中的 cabdc 回路和 aefba 回路。网孔又称独立回路。

1.7.1 基尔霍夫电流定律

1. 定律内容

基尔霍夫电流定律（Kirchhoff's Current Law，KCL）：在任一时刻，流出节点的电流之和等于流入该节点的电流之和。

基尔霍夫电流定律如图 1-28 所示。在图 1-28 中，节点的电流情况如下。

$$I_1 + I_2 = I_3 + I_4 + I_5$$

即

$$I_3 + I_4 + I_5 - I_1 - I_2 = 0$$

$$\sum I = 0 \qquad (1-13)$$

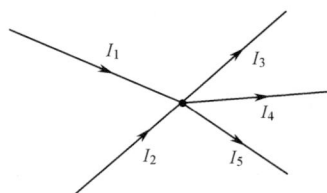

图 1-28 基尔霍夫电流定律

基尔霍夫电流定律的另一个说法是：流过电路中某节点的电流代数和为 0。其中，流出取正，流入取负。

> 💡**提示**
>
> （1）基尔霍夫电流定律的约束关系由电荷移动的连续性确定，即电荷在电路中的运动是连续的，在任何地方既不会消失，也不能自生。
>
> （2）基尔霍夫电流定律适用于标示电流的参考方向，只不过电流可能是负值，说明电流的实际方向与参考方向相反。

2. 基尔霍夫电流定律的扩展应用

依据电流的连续性原理，基尔霍夫电流定律不仅可以应用于节点，还可以扩展应用于电路中的某一部分。可以把这一部分看作一个大节点，称之为广义节点。基尔霍夫电流定律的扩展应用如图 1-29 所示，电路中的虚线部分同样符合基尔霍夫电流定律的约束关系，有

$$I_1 + I_2 + I_3 = 0 \qquad (1-14)$$

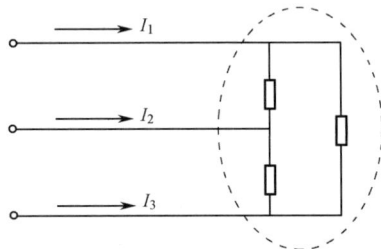

图 1-29 基尔霍夫电流定律的扩展应用

【实例 1-5】 在图 1-27（b）所示的电路中，若已标定各支路电流的参考方向，试列出 a、b 两节点的电流方程。

解 根据基尔霍夫电流定律，对 a 点可得

$$I_2 + I_3 - I_1 = 0 \qquad (1-15)$$

对 b 点可得

$$I_1 - I_2 - I_3 = 0 \qquad (1-16)$$

式（1-15）、式（1-16）属于同一约束关系，所以其中一个方程是多余的。

> 💡**提示**
>
> 一般对于具有 n 个节点的电路，其有效电流方程可列 $n-1$ 个。

1.7.2 基尔霍夫电压定律

1. 定律内容

基尔霍夫电压定律（Kirchhoff's Voltage Law，KVL）：在任一时刻，对于电路中的任一回路，各元件电压的代数和为 0，其中与回路绕行方向一致的元件电压取正，相反取负。回路绕行的方向是指回路的巡回方向，一般取顺时针方向为绕行方向。

例如，对于图 1-27（b）所示电路中的 cabdc 和 aefba 回路，列出其电压方程如下。

cabdc 回路：

$$I_3R_3 + I_1R_1 - E_1 = 0 \qquad (1\text{-}17)$$

aefba 回路：

$$E_2 + I_2R_2 - I_3R_3 = 0 \qquad (1\text{-}18)$$

> **提示**
>
> （1）基尔霍夫电压定律的约束关系由电路中某点电位的单值性确定，沿任一回路各元件电压的代数和为回路中同一点的电位差，所以为 0。
>
> （2）列写电压方程时，取电阻的电压参考方向与电流参考方向一致，可省略不标；电源的端电压由正极指向负极，且为实际方向。

2. 基尔霍夫电压定律的扩展应用

基尔霍夫电压定律也可推广应用于假想的闭合回路。

在图 1-30 所示的电路中，a、b 两点并不闭合，但只要标出 a、b 两点间的电压 U_{ab}，就可对假想回路列出电压方程：

$$U_{ab} + I_2R_3 + E_3 - I_1R_4 = 0$$

基尔霍夫电压定律的扩展应用可用于求电路中开路两点之间的电压或电路中两点间的电压。

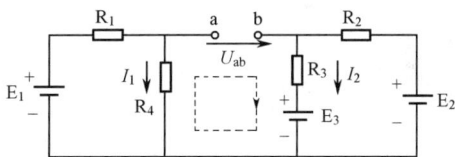

图 1-30 基尔霍夫电压定律的扩展应用

1.7.3 支路电流法

基尔霍夫定律可用于对复杂电路进行电路分析。

例如，前面分析的图 1-27（b），若将式（1-15）和式（1-17）、式（1-18）联立，可求出各支路中的电流 I_1、I_2、I_3。

$$\begin{cases} I_2 + I_3 - I_1 = 0 \\ I_3R_3 + I_1R_1 - E_1 = 0 \\ E_2 + I_2R_2 - I_3R_3 = 0 \end{cases}$$

这种以各支路中的电流为未知量，根据两条基尔霍夫定律列方程的分析方法被称为支路电流法，其步骤可归纳如下。

（1）确定电路中的支路数，并标定各支路中的电流参考方向。

（2）确定节点数，对 $n-1$ 个节点列出电流方程；对网孔列出电压方程，与电流方程联立方程组。

（3）解方程组求得各支路中的电流值。

（4）根据题目要求求出其他各项，如电压、功率等。

【实例1-6】如图1-31所示，已知$U_{S1}=20$ V，$U_{S2}=U_{S3}=10$ V，$R_1=R_2=R_3=2$ Ω。求各支路中的电流及a、b两点间的电压。

解　首先确定该电路中的支路数为3条，分别标出电流的参考方向。电路中有两个节点a、b，可以列一个节点电流方程和两个网孔电压方程：

$$\begin{cases} I_2 - I_1 - I_3 = 0 \\ U_{S2} + I_2R_2 + I_1R_1 - U_{S1} = 0 \\ -U_{S3} - I_3R_3 - I_2R_2 - U_{S2} = 0 \end{cases}$$

$$\begin{cases} I_2 - I_1 - I_3 = 0 \\ 10 + 2I_2 + 2I_1 - 20 = 0 \\ -10 - 2I_3 - 2I_2 - 10 = 0 \end{cases}$$

$$\begin{cases} I_1 = \dfrac{20}{3}(A) \\ I_2 = -\dfrac{5}{3}(A) \\ I_3 = -\dfrac{25}{3}(A) \end{cases}$$

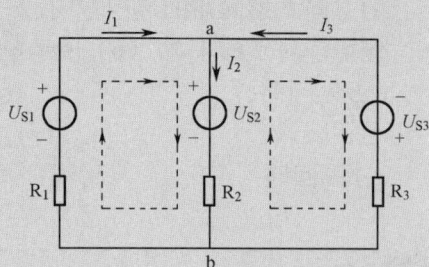

图1-31　实例1-6图

用U_{ab}与U_{S1}、R_1构成假想回路，列电压方程：

$$U_{ab} + I_1R_1 - U_{S1} = 0$$

得出

$$U_{ab} = 20 - 2 \times \frac{20}{3} = \frac{20}{3} \approx 6.67\,(V)$$

疑难汇总、学习随笔、小结 ....

....

....

....

....

任务4　叠加定理与戴维南定理的虚拟仿真

1. 任务目标

任务载体	叠加定理与戴维南定理的虚拟仿真	学　时	4	任务成绩	
学生姓名		日　期		班　级	
实训场所				组　号	
相关器材	电脑，Multisim软件				
知识目标	理解叠加定理、戴维南定理				
能力目标	1. 会用叠加定理、戴维南定理分析复杂电路；2. 能用Multisim软件构建电路并仿真验证定理				
职业素养	1. 培养实事求是、严肃认真、客观公正的良好品质；2. 培养自我控制与管理能力、评价（自我、他人）能力、时间管理能力				
立德树人	增强团队合作意识，提高团队合作能力				

2．任务准备（课前）

学习背景知识：

（1）扫一扫下面二维码学习叠加定理、戴维南定理等知识，同时增强团队合作意识，培养学生开展科学探索、勇于创新的能力。

[二维码] 扫一扫看微课视频：叠加定理

[二维码] 扫一扫看微课视频：戴维南定理

（2）扫一扫下面二维码完成参考题。

[二维码] 扫一扫看叠加定理与戴维南定理参考题

[二维码] 扫一扫看叠加定理与戴维南定理参考题答案

（3）扫一扫下面二维码学习使用 Multisim 软件。

[二维码] 扫一扫看 Multisim 电路构建与仿真

（4）扫一扫下面二维码学习使用 Multisim 软件进行叠加定理、戴维南定理的虚拟仿真。

[二维码] 扫一扫看 Multisim 电路分析工具的使用

[二维码] 扫一扫看 Multisim 虚拟仿真：叠加定理

[二维码] 扫一扫看 Multisim 虚拟仿真：戴维南定理

2．计划与实施（课中、课后）

知识内化	用叠加定理、戴维南定理分析复杂电路	
任务实施	根据作业要求制定作业计划与方案	
	根据作业要求制定作业步骤，明确各项操作规程和安全注意事项，进行人员分工等。	
	明确任务要求：用 Multisim 软件验证叠加定理和戴维南定理	
	完成任务内容：（1）根据电路图从 Multisim 元器件库中选取元器件；（2）根据电路图连接，构建电路并进行仿真；（3）分析数据，验证叠加定理和戴维南定理	
	撰写任务实施报告：任务实施的方案、过程、收获、问题、改进措施等	

3．任务评价

项目	评价要素	评价标准	自评 0.2	互评 0.3	师评 0.5	权重	小计
知识考核	（1）课前在线测试、在线讨论；（2）课中、课后分析与计算	能用叠加定理、戴维南定理分析复杂电路				0.4	
职业素养	（1）出勤；（2）工作态度；（3）劳动纪律；（4）团队协作精神	（1）按时、按质完成工作任务；（2）积极主动承担工作任务，勤学好问				0.1	

续表

项目	评价要素	评价标准	自评 0.2	互评 0.3	师评 0.5	权重	小计
专业能力	(1)利用叠加定理计算复杂电路； (2)利用戴维南定理计算复杂电路； (3)构建电路进行仿真并验证定理	(1)仿真实现电路功能； (2)测量数据正确； (3)数据分析合理				0.5	
创新能力	(1)独特见解； (2)创新建议	(1)方案的可行性及意义； (2)建议的可行性				附加	
思政培养	(1)外在表现； (2)内在提升	增强团队合作意识，提高团队合作能力				附加	
合计							

4. 课后拓展提高

1. 任务实施报告：任务实施的方案、过程、收获、问题、改进措施等（可另附页）。

2. 任务拓展：

(1)能力提升：对本任务中连接的仿真电路进行分析计算与测试数据对比，分析电路的工作状态。

(2)思政深化：由叠加定理得到的启发，思考你应该如何开展团队合作。

1.8 叠加定理与戴维南定理

扫一扫看教学课件：叠加定理

1.8.1 叠加定理

叠加定理是线性电路的重要性质，常用于分析线性电路。下面先通过一个简单电路来理解叠加定理，如图 1-32 所示。

图 1-32（a）所示电路中的电流为

$$I = \frac{E_1 - E_2}{R_1 + R_2} = \frac{E_1}{R_1 + R_2} - \frac{E_2}{R_1 + R_2} \tag{1-19}$$

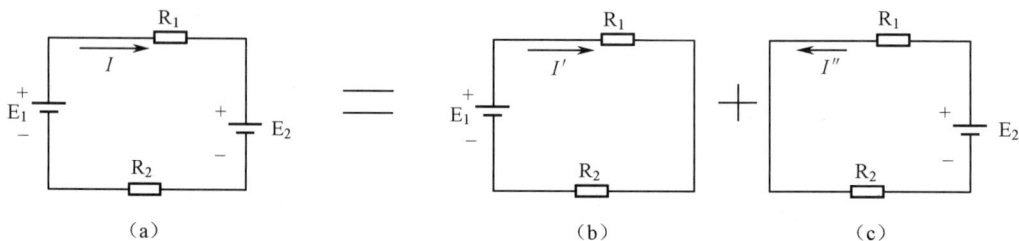

图 1-32 叠加定理

图 1-32（b）所示为 E_1 单独作用（将 E_2 置 0）的电路，其电流为

$$I' = \frac{E_1}{R_1 + R_2} \tag{1-20}$$

图 1-32（c）所示为 E_2 单独作用（将 E_1 置 0）的电路，其电流为

$$I'' = \frac{E_2}{R_1 + R_2} \qquad (1-21)$$

可以看出：

$$I = I' - I'' \qquad (1-22)$$

即两个电源共同作用时的电流等于两个电源分别单独作用时产生的电流分量 I'、I'' 的代数和。

叠加定理：在线性电路中，所有电源共同作用的各电流、电压，等于各电源单独作用时产生的电流、电压分量的代数和。

每个电源单独作用时，其他的电压源短接、电流源开路。

各电源作用时的分量电流、电压，与总电流、电压的参考方向一致时取正，相反时取负。

> **提示**
>
> （1）叠加定理只能用于线性电路。
>
> （2）叠加定理只能用于分析电流、电压这些与电源参数为一次方关系的电量，不能用于求电功率。

【实例 1-7】 在图 1-33 所示的电路中，用叠加定理求各支路中的电流及 U_{ab}。

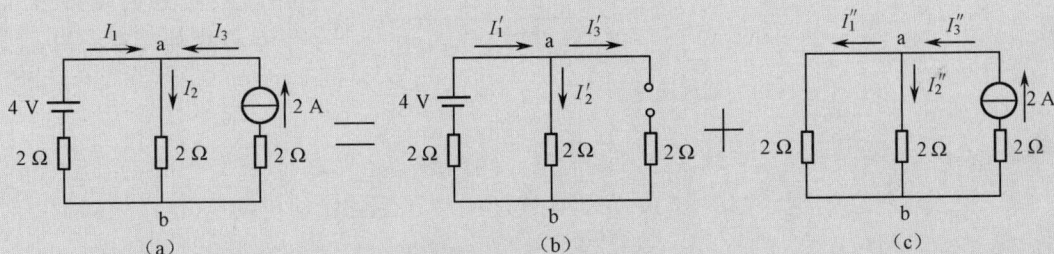

图 1-33　实例 1-7 图

解　首先标出电路中各支路电流的参考方向，如图 1-33（a）所示。

根据图 1-33（b）得

$$I_1' = I_2' = \frac{4}{2+2} = 1(A) \qquad I_3' = 0 \qquad U_{ab}' = 1 \times 2 = 2(V)$$

根据图 1-33（c）得

$$I_1'' = I_2'' = \frac{1}{2} \times 2 = 1(A) \qquad I_3'' = 2(A) \qquad U_{ab}'' = 1 \times 2 = 2(V)$$

两个电源共同作用时各支路中的电流及电压如下。

$$I_1 = I_1' - I_1'' = 1 - 1 = 0$$

$$I_2 = I_2' + I_2'' = 1 + 1 = 2(A)$$

$$I_3 = -I_3' + I_3'' = 2(A)$$

$$U_{ab} = U_{ab}' + U_{ab}'' = 2 + 2 = 4(V)$$

1.8.2　戴维南定理

扫一扫看教学课件:戴维南定理

扫一扫看课程思政:科学探索

在图 1-34（a）所示的电路中，虚线方框内的网络被称为含源二端网络，它对其外部电阻起到提供电能的作用，所以可以等效变换为图 1-34（b）所示的电压源，戴维南提出了这一定理并论证了等效电压源参数的确定方法。

戴维南定理：任何一个线性含源二端网络都可以等效变换为一个电压源，等效电压源的定值电动势等于含源二端网络的开路电压，等效电压源的内阻等于含源网络内部电源置 0 后剩下的纯电阻网络的等效电阻。

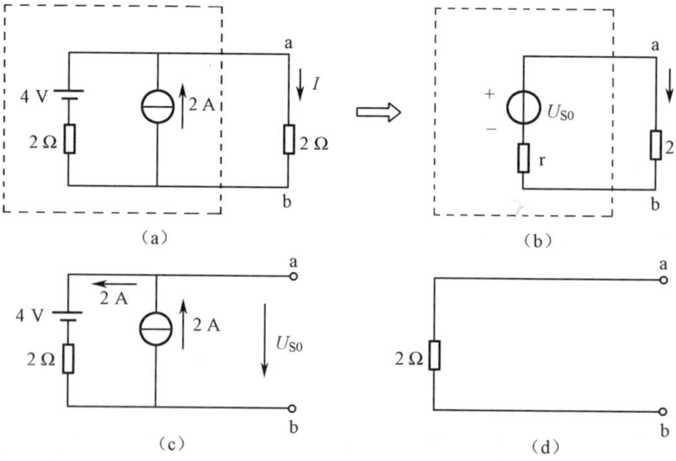

图 1-34　戴维南定理

提示

（1）等效电压源对外电路提供的电压、电流方向与含源二端网络对外电路提供的电压、电流方向相同。

（2）将含源二端网络内部的电源置 0 与叠加定理相同。

【实例 1-8】 对于图 1-34（a）所示的电路，用戴维南定理求 ab 支路中的电流。

解　根据戴维南定理，由图 1-34（c）确定等效电压源的定值电动势为

$$U_{S0} = 4 + 2 \times 2 = 8 \, (\text{V})$$

由图 1-34（d）可知等效电压源的内阻为

$$r = 2 \, \Omega$$

由图 1-34（b）求 ab 支路中的电流为

$$I = \frac{8}{2+2} = 2 \, (\text{A})$$

拓展知识　电源向负载输出最大电功率的条件

图 1-35（a）所示为电压源或某含源二端网络给负载供电的电路图，负载从电源中取用电功率的示意图如图 1-35（b）所示。当负载取用最大的电功率时，电路中的电流 $I = \dfrac{U_S}{R_L + r} = \dfrac{1}{2} I_S = \dfrac{U_S}{2r}$，即 $R_L = r$，此为负载获得最大电功率的条件，最大的电功率 $P_L = I^2 R_L = \left(\dfrac{U_S}{2r}\right)^2 \times r = \dfrac{U_S^2}{4r}$。在电子电路中，常要求负载得到最大的电功率，以驱动负载工作。

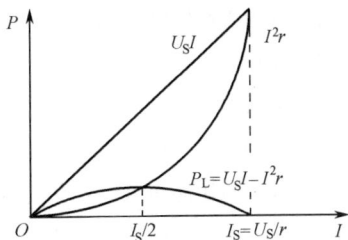

图 1-35 电源向负载输出的最大电功率

📖 疑难汇总、学习随笔、小结

....

....

....

....

知识梳理与总结

（1）电流、电压的参考方向是随意假定的方向，当其与实际正方向一致时，电流、电压为正值；当其与实际正方向相反时，电流、电压为负值。

（2）电位是电路中各点相对于同一参考点的电压，是相对的；而电压是绝对的。

（3）任何元件或部分电路的电功率都等于其电压与电流的乘积，规定吸收电能的电功率为正，提供电能的电功率为负。

（4）电阻在电路中吸收电能转变为其他形式的能，称之为消耗电能。热敏电阻、光敏电阻和压敏电阻由于其特殊的工作特性而被广泛应用于传感器电路。

（5）大多数电源的等效模型为电压源模型，少数电源的等效模型为电流源模型。电流源模型可与电压源模型等效变换，以进行复杂电路的分析。

（6）基尔霍夫定律是最基本的电路定律，其用于分析复杂电路时被称为支路电流法。

（7）叠加定理和戴维南定理是分析电路的重要工具。

（8）电容的电压不能突变，这一特性广泛用于滤波。电容充、放电速度的快慢与回路中电阻和电容的容量有关。电阻或电容的容量越大，其充、放电速度越慢。电容有隔直通交的作用。

自测题 1

扫一扫看
自测题 1
的答案

一、判断题

1. 电位与参考点的选择有关。 （　）

2. 两点的电压等于这两点的电位差，所以电压与参考点的选择有关。 （　）

3. 电压源与电流源等效变换时不只对外电路等效，也对内电路等效。 （　）

4. 由欧姆定律可知，电阻的大小与两端的电压成正比，与流过的电流成反比。 （　）

5．电源的电动势等于电源的开路电压。 （　　）

6．电源总是放出能量。 （　　）

7．正数才能表示电流的大小，所以电流无负值。 （　　）

8．在电路中，电流的方向与电压的方向总是相同的。 （　　）

9．理想电流源与理想电压源不能等效变换。 （　　）

10．负载电阻越小，从电源获取的电流越大，根据 $P=I^2R$，可得负载获取的功率越大。 （　　）

11．电流源只输出电流，所以被称为电流源。 （　　）

12．基尔霍夫电压定律的扩展应用可用于求电路中开路两点之间的电压或电路中两点之间的电压。

（　　）

13．叠加定理只适用于线性电路。 （　　）

14．叠加定理不能用于求电功率。 （　　）

15．电压源和电流源等效变换前后的电源内部是不等效的。 （　　）

16．电阻的电压参考方向与电流参考方向总是相同的。 （　　）

17．某个直流电源在外电路短路时，消耗在内阻上的功率为400 W，则此电流能供给外电路的最大功率为400 W。 （　　）

18．电桥平衡的条件是相邻桥臂电阻的乘积相等。 （　　）

19．电容有隔直通交的作用。 （　　）

20．电容充、放电速度的快慢与电容的容量无关。 （　　）

二、计算题

1．试求图1-36所示电路中各电源的功率，并指明是吸收功率还是提供功率。

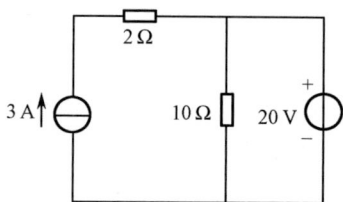

图1-36

2．试求图1-37所示电路中电压源、电流源及电阻的功率，并指明是吸收功率还是提供功率。

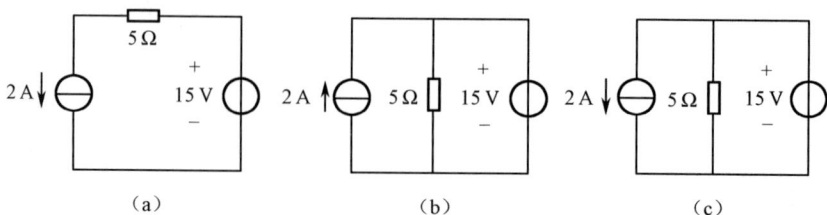

（a）　　　（b）　　　（c）

图1-37

3．利用电压源与电流源等效变换的方法，简化图1-38所示的电路。

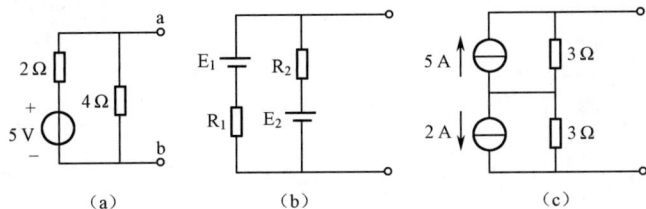

图 1-38

4. 图 1-39 所示为某电路中的一部分，试求电路中的 I 和 U_{ab}。

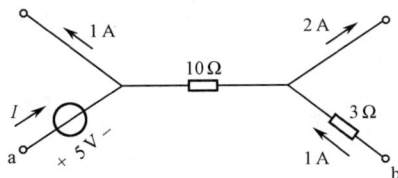

图 1-39

5. 图 1-40 所示为电路中的一部分，已知 3 Ω 电阻上的电压为 6 V，试求电路中的电流 I。

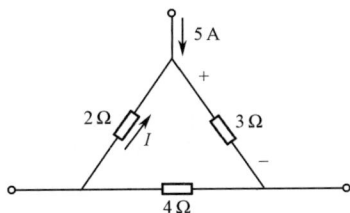

图 1-40

6. 电路如图 1-41 所示，已知 E_1=30 V，E_2=40 V，R_1=R_2=5 Ω，R_3=10 Ω，利用支路电流法计算各支路中的电流。

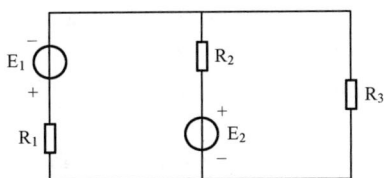

图 1-41

7. 应用叠加定理求图 1-41 所示电路中的各电流。

8. 应用戴维南定理计算图 1-41 中电阻 R_3 的电流。若要使 R_3 的电功率最大，R_3 需要变为多大？

项目 2

正弦交流电路的连接、测试与分析

教学导航

知识重点	1. 正弦交流电量的三要素及表示方法，正弦交流电路的相量分析法；2. 纯电阻、纯电感、纯电容的电压、电流关系，能量处理方式；3. 相量形式的欧姆定律及基尔霍夫定律，复阻抗，有功功率、无功功率、视在功率和功率因数；4. 三相对称交流电动势的特征，三相电源的线电压与相电压，三相负载星形、三角形接法的电压、电流；5. 三相负载的有功功率、无功功率、视在功率
知识难点	1. 正弦交流电路的相量法及相量图；2. 无功功率；3. 串联谐振电路的特点；4. 对称三相负载的星形连接和三角形连接电路中线电压与相电压、线电流与相电流的关系
教学设计	本项目主要围绕正弦交流电路的连接、测试与分析开展教学活动，以日光灯电路的安装与测试，RLC 串联交流电路谐振的虚拟仿真，三相交流电路的连接、测试与仿真和触电急救 4 个任务为载体，以工作过程为导向，以教学目标为引领，充分利用信息化教学手段，采用"教、学、做、评"一体化模式，突出对学生实践能力和创新能力的培养。整个教学过程依托教学平台、仿真设计软件等信息化技术手段，将实际应用项目转换为典型教学项目，创造一个同时具备工程体验功能、教学实施功能、学习效果评测功能和实时互动交流功能的多功能信息化教学环境，力求做到"学做合一"，实现"做中教、做中学"，调动学生的积极性和主动性，促进学生自主学习和主动学习，实现建构性学习
推荐教学方式	1. 采用翻转课堂模式，充分利用教学资源库和网络课程学习平台里的教学资源，开展"课前导预习、课上导学习、课后导拓展"的教学活动。 2. 依托网络课程学习平台有效地整合本书提供的视频、图文、动画、仿真等教学资源，为学生创设虚实结合、情景交融的学习环境，为课堂的顺利进行提供保障。 3. 充分利用本书提供的视频、图文、动画、仿真等教学资源，把难点知识变得直观易懂。 4. 通过仿真与实操相结合的方式，使学习场景更贴近实际工作场景，为学生进入工作岗位打好坚实基础
推荐学习方式	1. 课前充分利用本书提供的视频、图文、动画、仿真等教学资源自主学习，并将学习疑难问题记录在活页笔记上。 2. 课中依靠学习小组的协作性进行知识与能力的学习与训练，在老师的指导下内化知识、培养技能、提升素质，在执行任务过程中，分析任务、研究任务、制定方案，在方案实施过程中研究问题、解决问题，学习与训练系统性地完成任务的方法与能力。 3. 课后主动拓展，提升应用实践能力

任务5　日光灯电路的安装与测试

1. 任务目标

任务载体	日光灯电路的安装与测试	学　时	6	任务成绩	
学生姓名		日　期		班　级	
实训场所				组　号	
参考器材	日光灯套件，万用表，开关，导线，交流电流表，单相功率表，电容				
知识目标	1. 理解正弦电量的三要素、有效值；2. 掌握正弦电量的相量表示法；3. 理解电阻、电感、电容的瞬时值、有效值，相量电压与电流的关系；4. 掌握相量图的画法；5. 理解电阻、电感、电容的能量处理方式及功率；6. 掌握 RLC 串并联交流电路分析相量法；7. 理解功率因数的概念及其提高的意义、电路				
能力目标	1. 会用相量表示正弦电量；2. 会操作交流电路；3. 会测量交流电量；4. 会连接交流电路；5. 会计算交流电路的电压、电流、电功率；6. 会画相量图				
职业素养	1. 培养独立与合作解决问题的能力；2. 增强安全意识				
立德树人	塑造爱岗敬业、不计回报、甘于奉献的精神				

2. 任务准备（课前）

学习背景知识：

（1）扫一扫下面二维码学习正弦交流电量特征、单一参数交流电路、RLC 串联交流电路等知识，同时塑造学生爱岗敬业、不计回报、甘于奉献的精神。

扫一扫看微课视频：正弦交流电量的基本特征

扫一扫看微课视频：交流电路的电阻

扫一扫看微课视频：交流电路的电感

扫一扫看微课视频：交流电路的电容

扫一扫看微课视频：RLC 串联交流电路

扫一扫看微课视频：功率因数及其提高

（2）扫一扫下面二维码完成参考题。

扫一扫看交流电路参考题

扫一扫看交流电路参考题答案

（3）扫一扫下面二维码进行日光灯电路连接的 VR 仿真和 RLC 串联交流电路的 Multisim 虚拟仿真。

扫一扫下载后进行 VR 仿真：日光灯电路连接

扫一扫进行 Multisim 虚拟仿真：RLC 串联交流电路

（4）扫一扫下面二维码看任务操作指导。

扫一扫看任务操作指导：日光灯电路的安装

3. 计划与实施（课中、课后）

知识内化	（1）用相量表示正弦电量；（2）计算交流电路的电压、电流、电功率；（3）画相量图	
任务实操	根据作业要求制定作业计划与方案	
	根据作业要求制定作业步骤，明确各项操作规程和安全注意事项，进行人员分工等	
	明确任务要求：（1）合作完成日光灯电路的连接、组装；（2）加装电容器提高功率因数	
	完成任务内容：（1）连接、组装日光灯电路；（2）测试并排除故障直至日光灯能正常工作；（3）根据所选日光灯的规格选取合适的电容，正确连接，提高功率因数	
	撰写任务实施报告：任务实施的方案、过程、收获、问题、改进措施等。	

4. 任务评价

项目	评价要素	评价标准	自评 0.2	互评 0.3	师评 0.5	权重	小计
知识考核	（1）课前在线测试、在线讨论；（2）课中、课后分析与计算	（1）会用相量表示正弦电量；（2）会计算交流电路的电压、电流、电功率；（3）会画相量图				0.3	
职业素养	（1）出勤；（2）工作态度；（3）劳动纪律；（4）团队协作精神	（1）遵守企业规章制度、劳动纪律；（2）按时、按质完成工作任务；（3）积极主动承担工作任务，勤学好问；（4）保证人身安全与设备安全；（5）工作岗位7S管理				0.2	
专业能力	（1）能连接交流电路；（2）能测试交流电量；（3）能排除故障	（1）通电灯亮；（2）接线正确合理；（3）正确使用万用表、交流电流表、单相功率表；（4）规范操作，安全文明生产；（5）完成时间				0.3	
创新能力	（1）独特见解；（2）创新建议	（1）方案的可行性及意义；（2）建议的可行性				0.1	
思政培养	（1）外在表现；（2）内在提升	（1）肩负使命担当；（2）塑造甘于奉献的社会主义核心价值观				0.1	
合计							

5. 课后拓展提高

> 1. 任务实施报告：任务实施的方案、过程、收获、问题、改进措施等（可另附页）。
>
> 2. 任务拓展：
>
> （1）能力提升：对本任务中连接的日光灯电路进行分析计算与测试数据对比，分析电路的工作状态。
>
> （2）思政深化：由无功功率得到的启发，分析主角与配角的关系，思考配角的意义以及你的选择。

　　直流电源便于携带，在某些场合使用非常方便，如玩具汽车、手机、剃须刀等小型生活用电器，但直流电的电压低，不方便远距离输送。

　　大小和方向随时间按正弦函数规律变化的电量被称为正弦交流电，一般简称**交流电**。交流电的电压高，且方便远距离输送。交流电动机比直流电动机的结构简单，其工作可靠、维护方便、成本较低。直流电可利用电子装置由交流电转换得到，交流电的电压高且可以调整，所以交流电的应用非常广泛。

　　交流电的相关知识是学习交流电动机、变压器和电子技术的重要基础。在研究交流电路时，既要用到直流电路的许多概念和规律，又要学习交流电路独有的特点和规律。

2.1 　正弦交流电量的特征

扫一扫看教学课件：正弦交流电的基本特征

扫一扫看课程思政：一分为二的辩证思维

　　正弦交流电量是指正弦交流电流、正弦交流电压和正弦交流电动势，常简称正弦电量。图 2-1（a）所示为某正弦交流电动势的波形图。

　　根据此波形图，正弦交流电动势在任意时刻的表达式为

$$e = E_{\mathrm{m}} \sin(\omega t + \psi_e) \tag{2-1}$$

　　式（2-1）被称为正弦交流电动势的一般表达式，参照该式可写出正弦交流电流、正弦交流电压的表达式，即

$$i = I_{\mathrm{m}} \sin(\omega t + \psi_i) \tag{2-2}$$

$$u = U_{\mathrm{m}} \sin(\omega t + \psi_u) \tag{2-3}$$

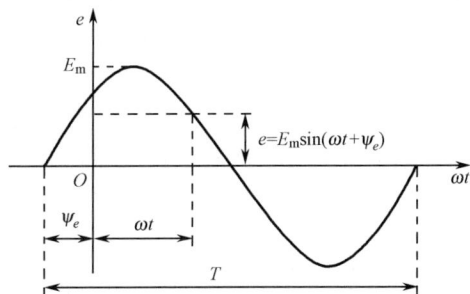

（a）波形图

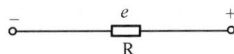

（b）参考方向

图 2-1　正弦交流电动势

2.1.1　正弦交流电量的三要素

由于正弦交流电量的大小和方向随时间按正弦规律做周期性变化，所以在分析和计算正弦交流电路时，必须首先假定正弦交流电量的参考方向。在图 2-1（b）中，当 e 为正值时，表示电动势的实际方向与参考方向相同；当 e 为负值时，表示电动势的实际方向与参考方向相反。

由式（2-1）、式（2-2）和式（2-3）可以看出，表示正弦交流电量需要三个参数，称之为三要素。

1．最大值

最大值为正弦交流电量在一个周期内所能达到的最大数值，也就是最大的瞬时值，又称峰值或幅值。正弦交流电量的最大值分别用带 m 下标的大写字母 I_m、U_m、E_m 表示。

2．周期、频率和角频率

周期、频率和角频率都是用来衡量正弦交流电量随时间变化快慢的物理量。

1）周期

周期即正弦交流电量每重复变化一周所需的时间，用大写字母 T 表示，单位是 s，如图 2-1（a）所示。

2）频率

频率即正弦交流电量在 1 s 内重复变化的周期数，用字母 f 表示，单位是 Hz。周期和频率互为倒数，即

$$\frac{1}{T} = f \quad 或 \quad \frac{1}{f} = T \tag{2-4}$$

3）角频率

角频率即正弦交流电量在 1 s 内变化的电角度，用希腊字母 ω 表示，单位是 rad/s（弧度每秒）。角频率与周期和频率的关系为

$$\omega = \frac{2\pi}{T} = 2\pi f \tag{2-5}$$

> 🔊 **提示**
>
> 每个国家都有特定的交流电标准频率，被称为工频。我国及亚洲大多数国家的工频是 50 Hz，欧洲国家的工频也是 50 Hz，而美洲国家和亚洲的日本、韩国的工频则是 60 Hz。

3．初相位

初相位表示计时起点位置。当我们选取的计时起点在不同位置时，初相位不同。

2.1.2　正弦交流电量的有效值

因为正弦交流电量每时每刻都在变化，为了合理地衡量正弦交流电量的大小，采用有效值的概念。

有效值是从正弦交流电量作用的效果来表示正弦交流电量的大小的，其定义是：将正弦交流电流 i 和直流电流 I 分别通过阻值相同的电阻 R，如果在正弦交流电流一个周期 T 的时

间内，它们产生的热量相等，即它们的热效应相同，则该直流电流的数值 I 被称为正弦交流电流 i 的有效值。

正弦交流电量的有效值分别用大写字母 I、U、E 表示。

正弦交流电流的有效值 I 与最大值 I_m 的关系为

$$I = \frac{I_m}{\sqrt{2}} \approx 0.707 I_m \qquad (2-6)$$

同理，正弦交流电压和正弦交流电动势的有效值分别为

$$U = \frac{U_m}{\sqrt{2}} \approx 0.707 U_m \qquad (2-7)$$

$$E = \frac{E_m}{\sqrt{2}} \approx 0.707 E_m \qquad (2-8)$$

> **提示**
>
> 正弦交流电流 i 在一个周期 T 内产生的热量为
>
> $$Q_\sim = \int_0^T i^2 R \mathrm{d}t = R \int_0^T i^2 \mathrm{d}t$$
>
> 直流电流 I 在一个周期 T 内产生的热量为
>
> $$Q_- = I^2 RT$$
>
> 根据定义 $Q_\sim = Q_-$，有
>
> $$R \int_0^T i^2 \mathrm{d}t = I^2 RT$$
>
> 由此可得，正弦交流电流的有效值可表示为瞬时值的方均根值：
>
> $$I = \sqrt{\frac{1}{T} \int_0^T i^2 \mathrm{d}t}$$
>
> 设正弦交流电流的瞬时值表达式为 $i = I_m \sin \omega t$，代入上式，则得
>
> $$I = \sqrt{\frac{1}{T} \int_0^T I_m^2 \sin^2 \omega t \mathrm{d}t} = I_m \sqrt{\frac{1}{2T} \int_0^T (1 - \cos 2\omega t) \mathrm{d}t} = \frac{I_m}{\sqrt{2}} \approx 0.707 I_m$$

在工程实际应用中，如无特别说明，正弦交流电量的数值一般都是指有效值，如照明线路的电压为 220 V、低压动力线路的电压为 380 V、三相异步电动机的额定电流为 8.8 A 等。用交流电流表、交流电压表测量的数值也是有效值。

2.1.3 正弦交流电量的相位和相位差

1. 相位

正弦交流电量在任一瞬时的电角度 $\omega t + \psi$ 被称为相位，也称相位角或相角。

> **提示 电角度与机械角度**
>
> 电角度是指正弦交流电量随时间变化的角度，它决定了正弦交流电量的大小和方向，用希腊字母 α 表示，单位是 rad（弧度）。因此，角频率又称电角速度或电角频率。通常将电角度 α 表示为 $\omega t + \psi$。

机械角度是指发电机的线圈转过的空间角度。只有在具有两个磁极的发电机中，电角度与机械角度才相等。

相位表示正弦交流电量在某一瞬时的状态，它不仅决定瞬时值的大小和方向，还反映正弦交流电量的变化趋势。

2. 相位差

两个同频率的正弦交流电量在任一瞬时的相位之差被称为相位差，用希腊字母φ表示。

相位差描述了两个同频率正弦交流电量随时间变化的先后顺序。

设正弦交流电压$u = U_m \sin(\omega t + \psi_u)$，正弦交流电流$i = I_m \sin(\omega t + \psi_i)$，则它们的相位差为

$$\varphi = (\omega t + \psi_u) - (\omega t + \psi_i) = \psi_u - \psi_i \tag{2-9}$$

式（2-9）表明，两个同频率正弦交流电量的相位差等于它们的初相位之差。

提示

两个同频率正弦交流电量的相位差φ与计时起点的选择无关，在正弦交流电量变化的过程中其相位差始终是一个常数。需要注意的是，不同频率的正弦交流电量之间不存在相位差的问题。习惯上规定相位差的绝对值不超过π。

【实例2-1】 在某一正弦交流电路中，已知正弦交流电压$u = 155.56 \sin\left(314t - \dfrac{\pi}{6}\right)$ V，正弦交流电流$i = 7.07 \sin\left(314t + \dfrac{\pi}{3}\right)$ A。试求：（1）正弦交流电压、正弦交流电流的最大值和有效值；（2）正弦交流电压、正弦交流电流的频率和周期；（3）正弦交流电压、正弦交流电流的相位差，并说明它们的相位关系。

解 由正弦交流电压和正弦交流电流的瞬时值表达式可得以下值。

（1）正弦交流电压的最大值：$U_m = 155.56$ V

正弦交流电压的有效值：$U = \dfrac{U_m}{\sqrt{2}} = \dfrac{155.56}{\sqrt{2}}$ V ≈ 110 V

正弦交流电流的最大值：$I_m = 7.07$ A

正弦交流电流的有效值：$I = \dfrac{I_m}{\sqrt{2}} = \dfrac{7.07}{\sqrt{2}}$ A ≈ 5 A

（2）因为角频率$\omega = 2\pi f$，可得频率和周期如下。

正弦交流电压、正弦交流电流的频率：$f = \dfrac{\omega}{2\pi} = \dfrac{314}{2\pi}$ Hz ≈ 50 Hz

正弦交流电压、正弦交流电流的周期：$T = \dfrac{1}{f} = \dfrac{1}{50}$ s $= 0.02$ s

（3）正弦交流电压、正弦交流电流的相位差：$\varphi = \psi_u - \psi_i = -\dfrac{\pi}{6} - \dfrac{\pi}{3} = -\dfrac{\pi}{2}$

因此，u的相位滞后i的相位$\pi/2$，或者i的相位超前u的相位$\pi/2$。

同频率的两个正弦交流电量的相位差和相位关系有多种情况，如表2-1所示。

表 2-1　同频率的两个正弦交流电量的相位差和相位关系

波形图	相位差	相位关系
	$\varphi = \psi_u - \psi_i > 0^\circ$	u 超前 i（i 滞后 u）
	$\varphi = \psi_u - \psi_i < 0^\circ$	u 滞后 i（i 超前 u）
	$\varphi = \psi_u - \psi_i = 0^\circ$	u 与 i 同相
	$\varphi = \psi_u - \psi_i = \pm 180^\circ$	u 与 i 反相

2.1.4　正弦交流电量的相量表示法

在正弦交流电路中，常常遇到正弦交流电量的加、减等运算，如果使用瞬时值表达式和波形图来进行分析、计算，既麻烦又费时。因此，人们将正弦交流电量用复数来表示，即正弦交流电量的相量表示法，从而使正弦交流电路的分析和计算大为简化。

复习

下面对复数的基本概念进行复习，熟悉这部分内容的读者可略过。

1. 复数的表达式

1）复数的代数表达式

$$A = a + \mathrm{j}b \qquad （2\text{-}10）$$

式中，a 是复数的实部；b 是复数的虚部；$\mathrm{j} = \sqrt{-1}$，是虚数单位。

如果用横轴代表实数轴，用纵轴代表虚数轴，则在这两个坐标轴组成的复平面上，复数 $A = a + \mathrm{j}b$ 和其上的一个点 $A(a, b)$ 相对应，如图 2-2 所示。因此，式（2-10）也被称为复数的直角坐标表达式。从坐标原点 O 到点 $A(a, b)$ 做出的矢量被称为复数矢量。

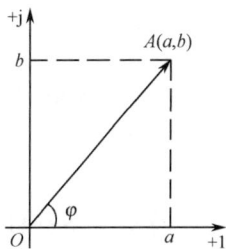

图 2-2　复数

复数矢量的模为

$$|A| = \sqrt{a^2 + b^2} \qquad (2-11)$$

复数矢量的辐角为

$$\varphi = \arctan \frac{b}{a} \qquad (2-12)$$

复数 A 的实部和虚部与复数矢量 OA 的模和辐角的关系为

$$a = |A|\cos\varphi \qquad (2-13)$$
$$b = |A|\sin\varphi \qquad (2-14)$$

2）复数的三角函数表达式

将式（2-13）和式（2-14）代入式（2-10）中可得

$$A = |A|(\cos\varphi + j\sin\varphi) \qquad (2-15)$$

式（2-15）被称为复数的三角函数表达式。

3）复数的指数表达式

利用欧拉公式 $e^{j\varphi} = \cos\varphi + j\sin\varphi$，可得复数的指数表达式为

$$A = |A|e^{j\varphi} \qquad (2-16)$$

4）复数的极坐标式

为了简便，通常将复数的指数表达式写成极坐标式：

$$A = |A|\underline{/\varphi} \qquad (2-17)$$

在复数的 4 种表达式中，应用最多的是代数表达式和极坐标式。

2. 复数的运算

设两个复数 $A_1 = a_1 + jb_1 = |A_1|\underline{/\varphi_1}$，$A_2 = a_2 + jb_2 = |A_2|\underline{/\varphi_2}$。

1）加、减运算

复数的加、减运算用代数表达式进行。

方法：实部和虚部分别相加或相减。

$$A = A_1 \pm A_2 = (a_1 \pm a_2) + j(b_1 \pm b_2)$$

2）乘、除运算

复数的乘、除运算用极坐标式进行。

乘法运算的方法：模相乘，辐角相加。

$$A_1 \cdot A_2 = |A_1| \cdot |A_2|\underline{/\varphi_1 + \varphi_2}$$

除法运算的方法：模相除，辐角相减。

$$\frac{A_1}{A_2} = \frac{|A_1|}{|A_2|}\underline{/\varphi_1 - \varphi_2}$$

3）旋转 90° 的算子 j

$$+j = 0 + j = 1\underline{/90°}$$
$$-j = 0 - j = 1\underline{/-90°}$$

任意一个复数乘以 $+j$，其模不变，辐角增加 90°，对应的矢量沿逆时针方向旋转 90°。

$$+jA = 1\underline{/90°} \cdot |A|\underline{/\varphi} = |A|\underline{/\varphi + 90°}$$

任意一个复数乘以 $-j$，其模不变，辐角减小 $90°$，对应的矢量沿顺时针方向旋转 $90°$。

$$-jA = 1\underline{/-90°} \cdot |A|\underline{/\varphi} = |A|\underline{/\varphi - 90°}$$

1. 相量表示法

取正弦交流电量的最大值或有效值作为复数的模，取其初相位作为复数的辐角，则所对应的复数被称为正弦交流电量的相量，用加点 "·" 的大写字母 $\dot{I}_m$、$\dot{U}_m$、$\dot{E}_m$ 或 $\dot{I}$、$\dot{U}$、$\dot{E}$ 表示，即

$$i = I_m \sin(\omega t + \psi_i) \Leftrightarrow \dot{I} = I\underline{/\psi_i}$$

$$u = U_m \sin(\omega t + \psi_u) \Leftrightarrow \dot{U} = U\underline{/\psi_u}$$

$$e = E_m \sin(\omega t + \psi_e) \Leftrightarrow \dot{E} = E\underline{/\psi_e}$$

正弦交流电量虽然可用相量来表示，但正弦交流电量不等于相量（复数）。

用相量（复数）可以进行正弦交流电量的计算，其方法是：两个正弦交流电量的和或差仍为同频率的正弦交流电量，其有效值和初相位分别等于两个正弦交流电量的相量和或差的模和辐角。

2. 相量图表示法

相量在复平面上的几何表示被称为相量图，如图 2-3（a）所示。

做相量图时，电压相量和电流相量的模应当按照各自确定的比例选取。有时为了方便，也可以将复平面的实轴和虚轴略去，如图 2-3（b）所示。

必须指出，只有同频率正弦交流电量的相量才能画在同一个相量图中。

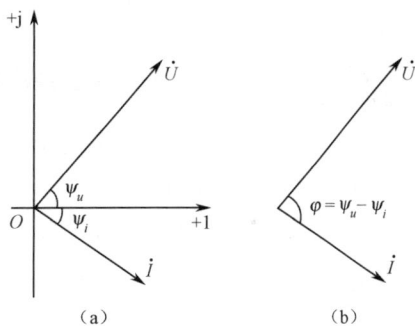

图 2-3　相量图

【**实例2-2**】 已知正弦交流电压 $u_1 = 30\sqrt{2}\sin(\omega t + 30°)$ V、$u_2 = 40\sqrt{2}\sin(\omega t - 60°)$ V。计算 $u = u_1 + u_2$ 和 $u' = u_1 - u_2$，并画出其相量图。

解　使用相量法计算 $u = u_1 + u_2$ 和 $u' = u_1 - u_2$ 时，应先将正弦交流电压 u_1、u_2 的瞬时值表达式变换为相量式，再根据复数运算法则计算出正弦交流电压的相量 $\dot{U} = \dot{U}_1 + \dot{U}_2$ 和 $\dot{U}' = \dot{U}_1 - \dot{U}_2$，经过反变换，即得到所求正弦交流电压 u、u' 的瞬时值表达式。

根据正弦交流电压 u_1、u_2 的瞬时值表达式，分别写出它们的相量式：

$$\dot{U}_1 = 30\underline{/30°} \text{ V}$$

$$\dot{U}_2 = 40\underline{/-60°} \text{ V}$$

用相量法求和，可得正弦交流电压的相量：

$$\begin{aligned}
\dot{U} &= \dot{U}_1 + \dot{U}_2 \\
&= 30\underline{/30°} \text{ V} + 40\underline{/-60°} \text{ V} \\
&= 30(\cos 30° + j\sin 30°) \text{ V} + 40[\cos(-60°) + j\sin(-60°)] \text{ V} \\
&\approx (26 + j15) \text{ V} + (20 - j34.6) \text{ V} \\
&= (46 - j19.6) \text{ V} \\
&\approx 50\underline{/-23.1°} \text{ V}
\end{aligned}$$

因此，正弦交流电压 $u = u_1 + u_2$ 的瞬时值表达式为

$$u = 50\sqrt{2}\sin(\omega t - 23.1°)\ \text{V}$$

用相量法求差，可得正弦交流电压的相量：

$$\begin{aligned}
\dot{U}' &= \dot{U}_1 - \dot{U}_2 \\
&= 30\underline{/30°}\ \text{V} - 40\underline{/-60°}\ \text{V} \\
&= 30(\cos30° + \text{j}\sin30°)\ \text{V} - 40[\cos(-60°) + \text{j}\sin(-60°)]\ \text{V} \\
&= (26 + \text{j}15)\ \text{V} - (20 - \text{j}34.6)\ \text{V} \\
&= (6 + \text{j}49.6)\ \text{V} \\
&\approx 50\underline{/83.1°}\ \text{V}
\end{aligned}$$

因此正弦电压 $u' = u_1 - u_2$ 的瞬时值表达式为

$$u' = 50\sqrt{2}\sin(\omega t + 83.1°)\ \text{V}$$

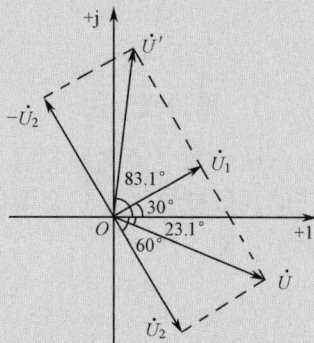

图 2-4 u 和 u' 的相量图

u 和 u' 的相量图如图 2-4 所示。在图 2-4 中，相量 $\dot{U}_1$ 和 $\dot{U}_2$ 的模按照相同的长度比例确定，按照平行四边形法则，相量 $\dot{U}_1$ 和 $\dot{U}_2$ 的和是相量 $\dot{U}$，相量 $\dot{U}_1$ 和 $-\dot{U}_2$ 的和是相量 $\dot{U}'$。

拓展知识   正弦交流电量的相量运算

正弦交流电量的旋转矢量表示法如图 2-5 所示，从坐标原点做一个矢量，使其长度等于正弦交流电压的最大值 U_m，其与横轴的夹角等于正弦交流电压的初相位 ψ_u，并以等于正弦交流电压角频率的角速度 ω 绕原点沿逆时针方向旋转，则在任一瞬时，旋转矢量在纵轴上的投影就是该正弦交流电压的瞬时值。

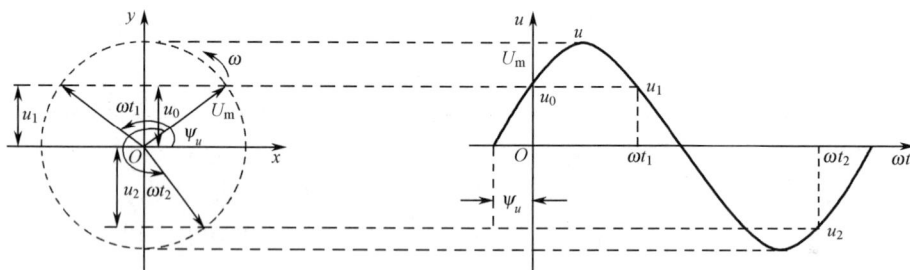

图 2-5   正弦交流电量的旋转矢量表示法

很显然，在任一瞬时，两个同频率正弦交流电量所对应的旋转矢量在纵轴上投影的和或差就是这两个同频率正弦交流电量的和或差。

换句话说，两个旋转矢量的和矢量的长度等于正弦交流电量的最大值 U_m，与横轴的夹角等于正弦交流电量的初相位 ψ_u。

由于在同一个电路中，各个正弦交流电量的角频率相同，所以只需要计算正弦交流电量的最大值或有效值及初相位。这两个参数可以用矢量合成的办法得到。矢量可以用复数（相量）表示，它们之间的运算也可以转换为复数的运算。

2.2 正弦交流电路的分析与计算

扫一扫看教学课件：单一参数的交流电路

2.2.1 单一参数正弦交流电路的分析

具有单一参数的正弦交流电路是指只包含电阻元件 R、电感元件 L 或电容元件 C 的正弦交流电路，通常被称为纯电阻电路、纯电感电路或纯电容电路。

具有单一参数的正弦交流电路是最简单的正弦交流电路，它是分析、计算包含两个以上不同元件的正弦交流电路的基础。

1. 纯电阻电路

在图 2-6 所示的纯电阻电路中，电压、电流的参考方向均标示在图中。

1）电压与电流的关系

在任一瞬时，通过电阻元件的电流 i 与其端电压 u_R 都遵守欧姆定律，即

$$i = \frac{u_R}{R}$$

如果设电阻元件的端电压为 $u_R = U_{Rm} \sin(\omega t + \psi_u)$，则通过电阻元件的电流为

$$i = \frac{U_{Rm}}{R} \sin(\omega t + \psi_u) = I_m \sin(\omega t + \psi_i) \tag{2-18}$$

比较端电压 u_R 和电流 i 的瞬时值表达式可以得出如下结论。

（1）频率关系：通过电阻元件的电流 i 与其端电压 u_R 是同频率的正弦交流电量。

（2）相位关系：端电压 u_R 和电流 i 的初相位相等，即 $\psi_u = \psi_i$，这表明端电压 u_R 和电流 i 的相位相同，它们的波形图如图 2-7（a）所示。

（3）数值关系：由式（2-18）可得

$$U_{Rm} = I_m R \quad \text{或} \quad U_R = IR \tag{2-19}$$

上式表明，在纯电阻电路中，电流与电压的最大值及有效值之间也遵守欧姆定律。

为了同时表示电压与电流的相位关系和数值关系，可导出欧姆定律的相量形式，即

$$\dot{U}_R = U_R\underline{/\psi_u} = IR\underline{/\psi_i} = I\underline{/\psi_i} \cdot R = \dot{I}R \tag{2-20}$$

或

$$\dot{I} = \frac{\dot{U}_R}{R} \tag{2-21}$$

电压与电流的相量图如图 2-7（b）所示。

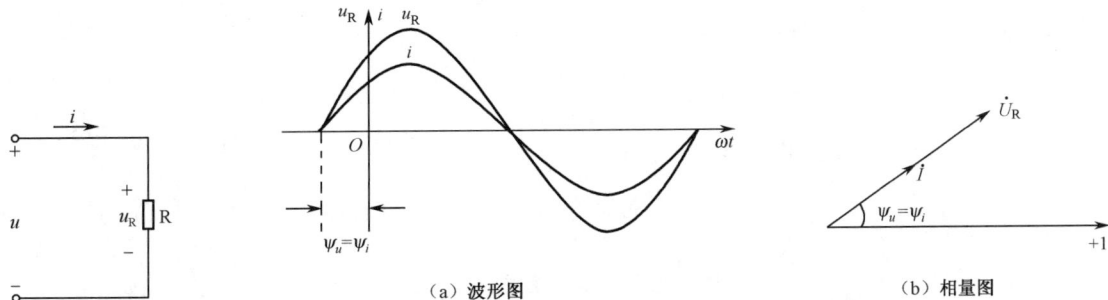

图 2-6 纯电阻电路

（a）波形图   （b）相量图

图 2-7 纯电阻电路中电压与电流的波形图和相量图

2）功率

（1）瞬时功率：在纯电阻电路中，电阻元件的功率随电压与电流的变化而变化。

在任一瞬时，电压 u_R 和电流 i 的乘积被称为瞬时功率，用小写字母 p_R 表示，即

$$p_R = u_R i$$

假设电压 u_R 和电流 i 的初相位都为零，即 $\psi_u = \psi_i = 0°$，则瞬时功率的表达式为

$$p_R = u_R i = U_{Rm}\sin\omega t \cdot I_m \sin\omega t = U_{Rm}I_m \sin^2\omega t$$

依据上式画出波形图，如图 2-8 所示。由波形图可以看出，瞬时功率 p_R 总是大于或等于零。这表明，不管电压 u_R 和电流 i 如何变化，电阻元件总在吸收电功率，并将吸收的电能转换成热能，即电阻元件在正弦交流电路中消耗电能。

（2）有功功率：瞬时功率 p_R 的计算和测量都很不方便，因此在工程上常用有功功率来表示电阻元件的实际耗能效果。

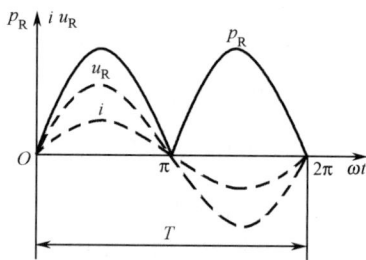

图 2-8　纯电阻电路中瞬时功率的波形图

在正弦交流电量的一个周期内瞬时功率 p_R 的平均值被称为有功功率，也称平均功率，用大写字母 P 表示，即

$$P = U_R I = I^2 R = \frac{U_R^2}{R} \tag{2-22}$$

式（2-22）与直流电路中的功率计算公式形式相同，但是 P 是指平均功率，U_R 和 I 是指有效值。

> **提示**
>
> 根据积分中值定理，纯电阻电路的有功功率：
>
> $$P = \frac{1}{T}\int_0^T p_R dt = \frac{1}{T}\int_0^T U_R I(1-\cos 2\omega t)dt = \frac{U_R I}{T}\int_0^T (1-\cos 2\omega t)dt = U_R I$$
>
> 式中，$\omega = \dfrac{2\pi}{T}$。

【实例 2-3】在图 2-6 所示的纯电阻电路中，电压 $u_R = 220\sqrt{2}\sin(314t-60°)$ V，电阻 $R = 20\,\Omega$，求电流 i 和有功功率 P。

解　电压的相量：　　　　　　　$\dot{U}_R = 220\underline{/-60°}$ V

根据式（2-21）可得电流的相量：

$$\dot{I} = \frac{\dot{U}_R}{R} = \frac{220\underline{/-60°}}{20}\,A = 11\underline{/-60°}\,A$$

则电流的瞬时值表达式为

$$i = 11\sqrt{2}\sin(314t-60°)\,A$$

有功功率为

$$P = U_R I = 220\times 11\,W = 2420\,W$$

2. 纯电感电路

1）电压与电流的关系

在纯电感电路中，设电压、电流的参考方向如图 2-9 所示。

设通过电感元件的电流为 $i = I_m \sin \omega t$，则电感元件的端电压为

$$u_L = L\frac{\mathrm{d}i}{\mathrm{d}t} = L\frac{\mathrm{d}}{\mathrm{d}t}(I_m \sin \omega t) = \omega L I_m \cos \omega t = U_{Lm}\sin(\omega t + 90°) \qquad (2\text{-}23)$$

比较端电压 u_L 和电流 i 的瞬时值表达式，可以得出以下频率关系、相位关系和数值关系。

（1）频率关系：通过电感元件的电流 i 与其端电压 u_L 是同频率的正弦交流电量。

（2）相位关系：端电压 u_L 与电流 i 的相位差 $\varphi = \psi_u - \psi_i = 90°$，表明端电压 u_L 的相位超前电流 i 的相位 90°，它们的波形图如图 2-10（a）所示。

（3）数值关系：由式（2-23）可得

$$U_{Lm} = \omega L I_m \quad \text{或} \quad U_L = \omega L I \qquad (2\text{-}24)$$

式中的 ωL 被称为感抗，其具有阻碍正弦交流电流通过电感元件的性质，用带 L 下标的大写字母 X_L 表示，单位是Ω。

感抗 X_L 的大小与电源频率 f 成正比，与电感元件的电感 L 成正比，即

$$X_L = \omega L = 2\pi f L \qquad (2\text{-}25)$$

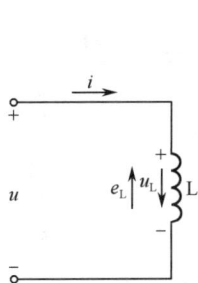

图 2-9　纯电感电路

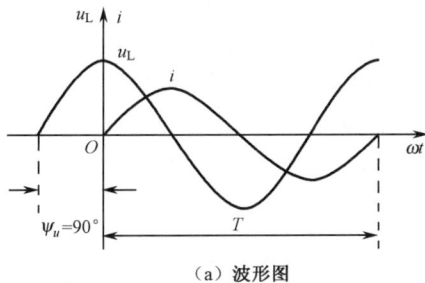

（a）波形图

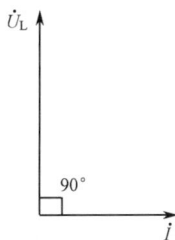

（b）相量图

图 2-10　纯电感电路中电压与电流的波形图和相量图

提示　感抗与电阻

在正弦交流电路中，感抗虽然具有和电阻相似的作用，但它与电阻对电流的阻碍作用有着本质的区别。

电感元件的感抗表示电感元件所产生的自感电动势对通过电感元件的正弦交流电流具有反抗、阻碍的作用，因此，感抗只有在正弦交流电路中才有意义。

对一个电感线圈来说，电源的频率越高，电流变化得越快，其产生的自感电动势越大，它阻碍电流通过的作用也越大，即感抗越大，由此可知，高频电流很难通过电感线圈。但对于直流电流，$f = 0$，则 $X_L = 0$，因此直流电路中的电感线圈可视为短路，因此可知直流电流及低频电流容易通过电感线圈。

电感线圈具有的"通直流、阻交流，通低频、阻高频"的特性极为重要，在电工电子技术中得到广泛的应用，如高频扼流圈、电感滤波器等。

引入感抗 X_L 这一概念后，式（2-24）可变换为

$$U_{Lm} = I_m X_L \quad \text{或} \quad U_L = I X_L \qquad (2\text{-}26)$$

为了同时表示电压与电流的相位关系和数值关系，可导出电压、电流的相量形式之间的关系，即

$$\dot{U}_{\mathrm{L}} = U_{\mathrm{L}} \underline{/\psi_u} = IX_{\mathrm{L}} \underline{/\psi_i + 90°} = I \underline{/\psi_i} \cdot X_{\mathrm{L}} \underline{/90°} = \dot{I} \cdot \mathrm{j}X_{\mathrm{L}}$$

或

$$\dot{I} = \frac{\dot{U}_{\mathrm{L}}}{\mathrm{j}X_{\mathrm{L}}} \tag{2-27}$$

电压与电流的相量图如图 2-10（b）所示。

2）功率

（1）瞬时功率：纯电感电路中的瞬时功率等于电压 u_{L} 和电流 i 的乘积，用小写字母 p_{L} 表示，即

$$p_{\mathrm{L}} = u_{\mathrm{L}} i$$

如果假设电流 $i = I_{\mathrm{m}} \sin \omega t$，则电压 $u_{\mathrm{L}} = U_{\mathrm{Lm}} \sin(\omega t + 90°)$，瞬时功率 p_{L} 的表达式为

$$p_{\mathrm{L}} = u_{\mathrm{L}} i = U_{\mathrm{Lm}} \sin(\omega t + 90°) \cdot I_{\mathrm{m}} \sin \omega t = U_{\mathrm{Lm}} I_{\mathrm{m}} \sin \omega t \cos \omega t = 2U_{\mathrm{L}} I \cdot \frac{\sin 2\omega t}{2} = U_{\mathrm{L}} I \sin 2\omega t$$

由图 2-11 所示的纯电感电路中瞬时功率的波形图可以看出：在前半周期，瞬时功率 p_{L} 为正，表明电感元件从电源吸收电能并转换成磁场能，将磁场能储存在磁场中；在后半周期，瞬时功率 p_{L} 为负，表明电感元件把原来储存的磁场能释放出来并将其转换成电能还给电源。

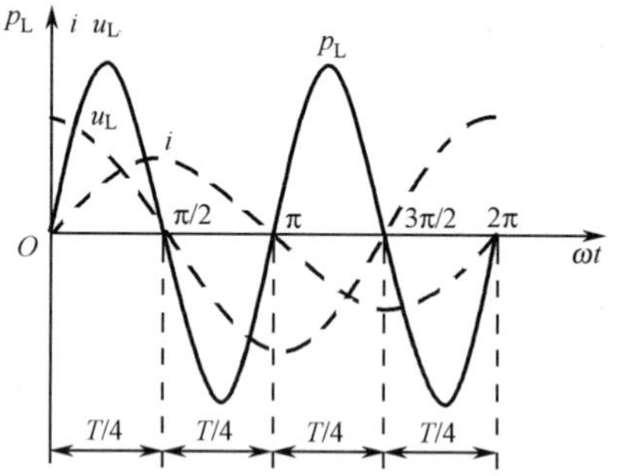

图 2-11　纯电感电路中瞬时功率的波形图

（2）有功功率：在正弦交流电量的一个周期内，瞬时功率 p_{L} 变化两个周期，即两次为正，两次为负，其数值相等，平均功率 P 为零。这是我们称平均功率为有功功率的原因：平均功率表示消耗电能的效果，消耗的电能做了有用功。如果平均功率不为 0，表明电路的吸收大于释放，那么其中有一部分电能被消耗。

电感元件在正弦交流电路中不消耗电能，它是一个储能元件。

（3）无功功率：电感元件在电路中不消耗电能，在其吸收与释放能量的过程中与外部电路进行能量交换。无功功率这个物理量表示其交换的规模。

瞬时功率的最大值被称为无功功率，用带 L 下标的大写字母 Q_{L} 表示，单位是乏（var）或千乏（kvar）。

$$Q_{\mathrm{L}} = U_{\mathrm{L}} I = I^2 X_{\mathrm{L}} = \frac{U_{\mathrm{L}}^2}{X_{\mathrm{L}}} \tag{2-28}$$

> 🔊 **提示　有功功率与无功功率**
>
> 有功功率的"有功"是指"消耗"，而无功功率的"无功"是指"交换"，一定不能将"无功"理解为"无用"。有电磁线圈的电气设备（如变压器、电动机等）正是通过这种电能和磁场能的交换来进行工作的。

【**实例 2-4**】在图 2-9 所示的纯电感电路中，电感元件的电感 $L = 318\ \mathrm{mH}$，电流

$i = 2.2\sqrt{2}\sin(314t + 30°)$ A 。求：（1）电感元件的感抗 X_L；（2）端电压的瞬时值 u_L；（3）无功功率 Q_L；（4）画出相量图。

解　（1）电感元件的感抗：

$$X_L = \omega L = 314 \times 318 \times 10^{-3}\ \Omega \approx 100\ \Omega$$

（2）电感元件的电流相量：$\dot{I} = 2.2\underline{/30°}$ A

电感元件的端电压相量：$\dot{U}_L = \dot{I} \cdot jX_L = 2.2\underline{/30°} \times 100\underline{/90°}$ V = $220\underline{/120°}$ V

端电压的瞬时值：$u_L = 220\sqrt{2}\sin(314t + 120°)$ V

（3）无功功率：$Q_L = U_L I = 220 \times 2.2$ var = 484 var

（4）相量图如图 2-12 所示。

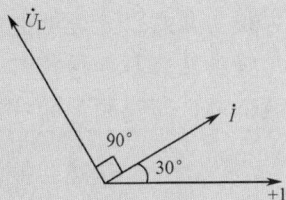

图 2-12　相量图

3. 纯电容电路

在图 2-13 所示的纯电容电路中，电压、电流的参考方向均标示在图中。

1）电压与电流的关系

设电容元件的端电压为 $u_C = U_{Cm}\sin\omega t$，则通过电容元件的电流为

$$i = C\frac{du_C}{dt} = C\frac{d}{dt}(U_{Cm}\sin\omega t) = \omega C U_{Cm}\cos\omega t = I_m\sin(\omega t + 90°) \tag{2-29}$$

比较端电压 u_C 和电流 i 的瞬时值表达式可以得出以下频率关系、相位关系、数值关系。

（1）频率关系：通过电容元件的电流 i 与其端电压 u_C 是同频率的正弦交流电量。

（2）相位关系：端电压 u_C 与电流 i 的相位差 $\varphi = \psi_u - \psi_i = -90°$，表明端电压 u_C 的相位滞后电流 i 的相位 $90°$，它们的波形图如图 2-14（a）所示。

（3）数值关系：由式（2-29）可得

$$I_m = \frac{U_{Cm}}{1/(\omega C)} \quad 或 \quad I = \frac{U_C}{1/\omega C} \tag{2-30}$$

式中的 $1/(\omega C)$ 具有阻碍正弦交流电流通过电容元件的性质，称之为容抗，用带 C 下标的大写字母 X_C 表示，单位是 Ω。

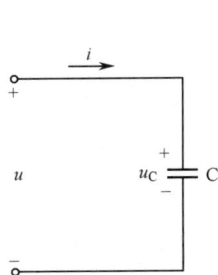

（a）波形图　　　　（b）相量图

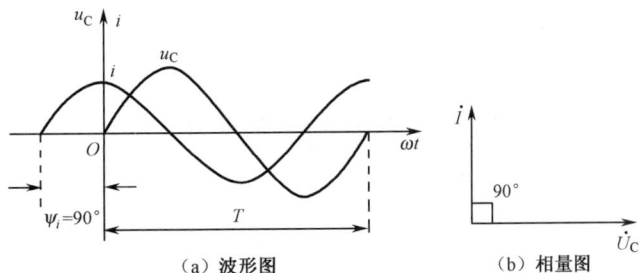

图 2-13　纯电容电路　　　图 2-14　纯电容电路中电压与电流的波形图和相量图

容抗 X_C 的大小与电源频率 f 成反比，与电容元件的电容量 C 成反比，即

$$X_C = \frac{1}{\omega C} = \frac{1}{2\pi f C} \tag{2-31}$$

对一个电容器来说，当外加电压和电容量一定时，电源频率越高，电容器的充电和放电速度越快，电流越大，电容器对电流的阻碍作用越小，即容抗越小，由此可知高频电流容易通过电容器。但对于直流电流，$f = 0$，则 X_C 趋于无穷大，因此直流电路中的电容器可视为开路，直流电流及低频电流很难通过电容器。

虽然容抗和感抗都具有阻碍正弦交流电流的性质，但电感线圈具有"通直流、阻交流，通低频、阻高频"的特性，而电容器具有"通交流、阻直流，通高频、阻低频"的特性。

引入容抗 X_C 这一概念后，式（2-30）可变换为

$$U_{Cm} = I_m X_C \quad \text{或} \quad U_C = I X_C \tag{2-32}$$

为了同时表示电压与电流的相位关系和数值关系，可导出电压与电流的相量形式之间的关系，即

$$\dot{I} = I\underline{/\psi_i} = \frac{U_C}{X_C}\underline{/\psi_u + 90°} = \frac{U_C\underline{/\psi_u}}{X_C}\underline{/90°} = j\frac{\dot{U}_C}{X_C} = \frac{\dot{U}_C}{-jX_C}$$

或

$$\dot{U}_C = \dot{I} \cdot (-jX_C) \tag{2-33}$$

电压与电流的相量图如图 2-14（b）所示。

2）功率

（1）瞬时功率：纯电容电路中的瞬时功率等于电压 u_C 和电流 i 的乘积，用小写字母 p_C 表示，即

$$p_C = u_C i$$

假设电压 $u_C = U_{Cm} \sin \omega t$，则电流 $i = I_m \sin(\omega t + 90°)$，瞬时功率 p_C 的表达式为

$$p_C = u_C i = U_{Cm} \sin \omega t \cdot I_m \sin(\omega t + 90°) = U_{Cm} I_m \sin \omega t \cos \omega t = 2U_C I \cdot \frac{\sin 2\omega t}{2} = U_C I \sin 2\omega t$$

（2）有功功率：电容元件的瞬时功率的表达式与电感元件的相似，所以其能量处理方式也相似，有时吸收，有时释放，本身不消耗，是储能元件。平均功率（有功功率）P 为 0。

（3）无功功率。电容元件也用无功功率表示其能量交换的规模。

$$Q_C = U_C I = I^2 X_C = \frac{U_C^2}{X_C} \tag{2-34}$$

【实例 2-5】在图 2-13 所示的纯电容电路中，电容元件的电容量 $C = 580\ \mu F$，其端电压 $u_C = 110\sqrt{2} \sin(314t - 60°)$ V。求：（1）电容元件的容抗 X_C；（2）电流的瞬时值 i_C；（3）无功功率 Q_C。

解　（1）电容元件的容抗：

$$X_C = \frac{1}{\omega C} = \frac{1}{314 \times 580 \times 10^{-6}}\ \Omega \approx 5.5\ \Omega$$

（2）电容元件的端电压相量：　　　$\dot{U}_C = 110\underline{/-60°}$ V

电容元件的电流相量：　　$\dot{I} = \frac{\dot{U}_C}{-jX_C} = \frac{110\underline{/-60°}}{5.5\underline{/-90°}}$ A $= 20\underline{/30°}$ A

电流的瞬时值：　　　　　$i_C = 20\sqrt{2} \sin(314t + 30°)$ A

（3）无功功率：$\qquad Q_{\mathrm{C}} = U_{\mathrm{C}}I = 110 \times 20 \ \mathrm{var} = 2200 \ \mathrm{var}$

2.2.2 RLC 串联交流电路的分析

在实际工作中，常常会看到这样的电路，如供电系统中的补偿电路、电子技术中的串联谐振电路等。它们都是由电阻、电感和电容元件串联组成的交流电路，被称为电阻、电感和电容元件串联交流电路，简称 RLC 串联交流电路，如图 2-15 所示，各个元件的端电压和电流的参考方向均标示在图中。

扫一扫看教学
课件：RLC 串
联交流电路

扫一扫看课
程思政：发明
创造

1. 电压与电流的关系

在图 2-15（a）所示的 RLC 串联交流电路中，根据基尔霍夫电压定律，总电压的瞬时值为

$$u = u_{\mathrm{R}} + u_{\mathrm{L}} + u_{\mathrm{C}}$$

根据正弦交流电量的相量表示法则有

$$\dot{U} = \dot{U}_{\mathrm{R}} + \dot{U}_{\mathrm{L}} + \dot{U}_{\mathrm{C}} \qquad （2\text{-}35）$$

同样，若

$$i = i_1 + i_2 + i_3$$

则

$$\dot{I} = \dot{I}_1 + \dot{I}_2 + \dot{I}_3 \qquad （2\text{-}36）$$

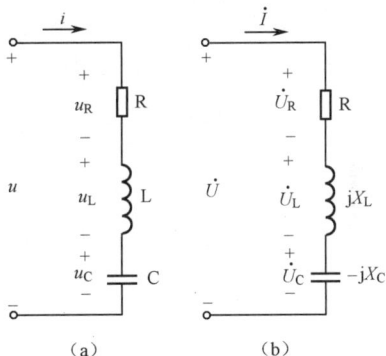

图 2-15 RLC 串联交流电路

式（2-35）和式（2-36）被称为相量形式的基尔霍夫定律，它是分析交流电路的重要依据。将 $\dot{U}_{\mathrm{R}} = \dot{I} \cdot R$、$\dot{U}_{\mathrm{L}} = \dot{I} \cdot \mathrm{j}X_{\mathrm{L}}$、$\dot{U}_{\mathrm{C}} = \dot{I} \cdot (-\mathrm{j}X_{\mathrm{C}})$ 代入式（2-35）中，得

$$\dot{U} = \dot{I} \cdot R + \dot{I} \cdot \mathrm{j}X_{\mathrm{L}} + \dot{I} \cdot (-\mathrm{j}X_{\mathrm{C}}) = \dot{I}[R + \mathrm{j}(X_{\mathrm{L}} - X_{\mathrm{C}})] = \dot{I}(R + \mathrm{j}X) = \dot{I}Z$$

因此，在 RLC 串联交流电路中有

$$\dot{U} = \dot{I}Z \quad \text{或} \quad \dot{I} = \frac{\dot{U}}{Z} \qquad （2\text{-}37）$$

式（2-37）被称为相量形式的欧姆定律，式中 Z 被称为**复阻抗**。依据上式可计算 RLC 串联交流电路中的电压或电流。

> **提示**
>
> 纯电阻、纯电感、纯电容的电压与电流的相量形式关系 $\dot{U}_{\mathrm{R}} = \dot{I} \cdot R$、$\dot{U}_{\mathrm{L}} = \dot{I} \cdot \mathrm{j}X_{\mathrm{L}}$、$\dot{U}_{\mathrm{C}} = \dot{I} \cdot (-\mathrm{j}X_{\mathrm{C}})$ 被称为独立元件的相量形式的欧姆定律。

【**实例 2-6**】在 RLC 串联交流电路中，已知总电压 $u = 220\sqrt{2}\sin(314t + 60°)$ V，$R = 30\ \Omega$，$L = 255$ mH，$C = 79.6\ \mu\mathrm{F}$。求：（1）电路中的复阻抗 Z；（2）电路中电流的瞬时值 i；（3）电阻、电感和电容元件的端电压的瞬时值 u_{R}、u_{L} 和 u_{C}；（4）画出相量图。

解 （1）感抗：$\qquad X_{\mathrm{L}} = \omega L = 314 \times 255 \times 10^{-3}\ \Omega \approx 80\ \Omega$

容抗：$\qquad X_{\mathrm{C}} = \dfrac{1}{\omega C} = \dfrac{1}{314 \times 79.6 \times 10^{-6}}\ \Omega \approx 40\ \Omega$

电路中的复阻抗：$Z = R + \mathrm{j}(X_{\mathrm{L}} - X_{\mathrm{C}}) = 30\ \Omega + \mathrm{j}(80\ \Omega - 40\ \Omega) = 30\ \Omega + \mathrm{j}40\ \Omega = 50\underline{/53.13°}\ \Omega$

（2）电压的相量： $\dot{U} = 220\ \underline{/60°}\ \text{V}$

电流的相量： $\dot{I} = \dfrac{\dot{U}}{Z} = \dfrac{220\ \underline{/60°}}{50\ \underline{/53.13°}}\ \text{A} = 4.4\ \underline{/6.87°}\ \text{A}$

电流的瞬时值：

$$i = 4.4\sqrt{2}\sin(314t + 6.87°)\ \text{A}$$

（3）各个元件端电压的相量分别如下：

$\dot{U}_R = \dot{I}R = 4.4\ \underline{/6.87°} \times 30\ \text{V} = 132\ \underline{/6.87°}\ \text{V}$

$\dot{U}_L = \dot{I} \cdot jX_L = 4.4\ \underline{/6.87°} \times 80\ \underline{/90°}\ \text{V} = 352\ \underline{/96.87°}\ \text{V}$

$\dot{U}_C = \dot{I} \cdot (-jX_C) = 4.4\ \underline{/6.87°} \times 40\ \underline{/-90°}\ \text{V} = 176\ \underline{/-83.13°}\ \text{V}$

各个元件端电压的瞬时值分别如下：

$u_R = 132\sqrt{2}\sin(314t + 6.87°)\ \text{V}$

$u_L = 352\sqrt{2}\sin(314t + 96.87°)\ \text{V}$

$u_C = 176\sqrt{2}\sin(314t - 83.13°)\ \text{V}$

（4）各个元件的电压、电流的相量图如图 2-16 所示。

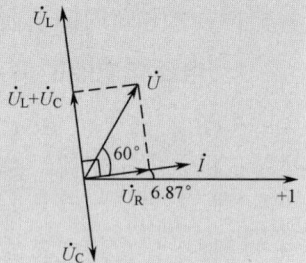

图 2-16　相量图

2. 复阻抗

电压相量 $\dot{U}$ 与电流相量 $\dot{I}$ 的比值被称为复阻抗。纯电阻、纯电感、纯电容元件的复阻抗分别为 R、jX_L 和 $-jX_C$。

（1）复阻抗的合并。由 RLC 串联交流电路分析可得结论：元件串联的总复阻抗等于每个元件的复阻抗之和。同理，元件并联的总复阻抗的倒数等于每个元件复阻抗的倒数和。

该合并方法可推广到复阻抗的串、并联电路中。几个复阻抗串联的总复阻抗等于每个复阻抗之和；几个复阻抗并联的总复阻抗的倒数等于每个复阻抗的倒数之和。

（2）阻抗和阻抗角。

$$Z = \dot{U}/\dot{I} = U\ \underline{/\psi_u}/I\ \underline{/\psi_i} = U/I\ \underline{/\psi_u - \psi_i} = |Z|\ \underline{/\varphi} \qquad (2-38)$$

式中，$|Z|$ 被称为阻抗，单位为 Ω，阻抗是总电压与总电流有效值的比值，即 $|Z| = U/I$，表示总电压与总电流有效值的数值关系；φ 被称为阻抗角，它是总电压与总电流的初相位之差，即 $\varphi = \psi_u - \psi_i$，它表示总电压与总电流的相位关系。

复阻抗的代数表达式为 $Z = R + jX$，X 为电抗。据此表达式可得阻抗、阻抗角的另一表达式如下。

阻抗： $|Z| = \sqrt{R^2 + X^2}$

阻抗角： $\varphi = \arctan\dfrac{X}{R}$

上式表示阻抗 $|Z|$、电阻 R 和电抗 X 三者符合直角三角形的条件，被称为阻抗三角形，如图 2-17 所示。

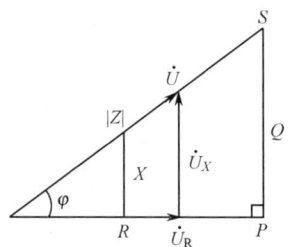

图 2-17　阻抗三角形

提示

复阻抗 Z 只是一个复数，不是相量，所以只能用不加"·"的大写字母 Z 来表示。

【实例 2-7】 在图 2-15 所示的 RLC 串联交流电路中，已知 $R=10\,\Omega$，$X_L=20\,\Omega$，$X_C=10\,\Omega$，电感电压 $U_L=20\,V$，求电路中的电流 I、电阻电压 U_R、电容电压 U_C、总电压 U 和阻抗角 φ。

解　电路中的电流：
$$I=\frac{U_L}{X_L}=\frac{20}{20}\,A=1\,A$$

电阻电压：
$$U_R=I\cdot R=1\times10\,V=10\,V$$

电容电压：
$$U_C=I\cdot X_C=1\times10\,V=10\,V$$

以电流为参考相量，画相量图，如图 2-18 所示。

总电压：
$$U=\sqrt{U_R^2+(U_L-U_C)^2}=\sqrt{10^2+(20-10)^2}\,V=10\sqrt{2}\,V\approx14.14\,V$$

图 2-18   相量图

阻抗角即电压与电流的相位差：
$$\varphi=\arctan\frac{U_L-U_C}{U_R}=\arctan\frac{20-10}{10}=\arctan1=45°$$

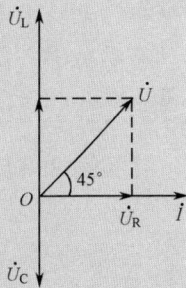

提示

相量图是分析交流电路的重要依据，可以帮助我们分析、计算交流电路中的电量。图 2-18 中 $\dot{U}_R$、$\dot{U}_L-\dot{U}_C$、$\dot{U}$ 组成的三角形被称为电压三角形，很明显它与阻抗三角形相似。

---

3. 功率

在 RLC 串联交流电路中，既有消耗电能的电阻，又有进行能量交换的电感、电容，所以电路中既有有功功率又有无功功率。

（1）有功功率：应等于电阻元件的有功功率。
$$P=U_R I=UI\cos\varphi \tag{2-39}$$

（2）无功功率：电感和电容是能量交换元件，由于电感与电容的电压相位相反，因此电感、电容的瞬时功率互为负值，即当电感释放能量时电容在吸收能量，电感与电容能量交换的剩余部分与电源进行交换。
$$Q=Q_L-Q_C=(U_L-U_C)I=UI\sin\varphi \tag{2-40}$$

（3）视在功率：视在功率表示交流电源提供总功率（包括有功功率和无功功率）的能力，即交流电源的容量，其单位是伏安（VA）或千伏安（kVA）。
$$S=UI=\sqrt{P^2+Q^2} \tag{2-41}$$

有功功率、无功功率和视在功率组成功率三角形，与电压三角形、阻抗三角形相似，如图 2-17 所示。

（4）功率因数：电路的有功功率与视在功率的比值，它表示电源容量的利用率，用希腊字母 λ 表示，即
$$\lambda=\cos\varphi=\frac{P}{S}=\frac{U_R}{U}=\frac{R}{|Z|} \tag{2-42}$$

式中，φ 为阻抗角，也称功率因数角。

当视在功率一定时，电路的功率因数越大，用电设备的有功功率越大，电源输出功率的利用率就越高。

$P=UI\cos\varphi$、$Q=UI\sin\varphi$不仅可用于 RLC 串联交流电路，还可用于任何交流电路中有功功率、无功功率的计算。$UI\cos\varphi$为电压、电流相量在相同方向上的分量乘积，相当于电阻的有功功率，所以被称为总电路的有功功率；$UI\sin\varphi$为电压、电流相量在垂直方向上的分量乘积，相当于电感或电容的无功功率，所以被称为总电路的无功功率。

【实例 2-8】计算实例 2-6 中电路的有功功率 P、无功功率 Q、视在功率 S 及功率因数 λ。

解　有功功率：　　　$P = UI\cos\varphi = 220 \times 4.4 \times \cos 53.13° \text{ W} \approx 580.8 \text{ W}$

无功功率：　　　　　$Q = UI\sin\varphi = 220 \times 4.4 \times \sin 53.13° \text{ var} \approx 774.4 \text{ var}$

视在功率：　　　　　$S = UI = 220 \times 4.4 \text{ VA} = 968 \text{ VA}$

功率因数：　　　　　$\lambda = \cos\varphi = \dfrac{P}{S} = \dfrac{R}{|Z|} = \dfrac{30}{50} = 0.6$

4. RLC 串联交流电路的 3 种工作状态

由 RLC 串联交流电路的相量图（见图 2-19）可以得出以下结论。

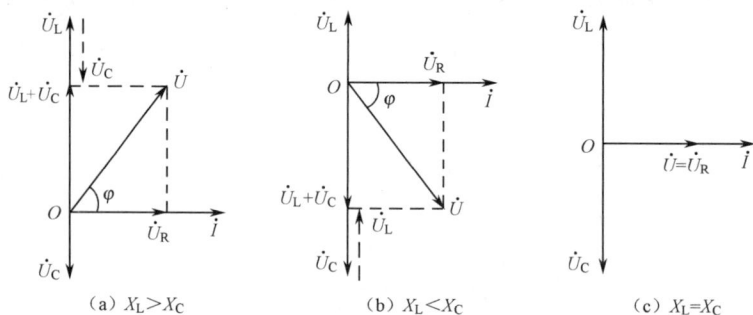

图 2-19　RLC 串联交流电路的相量图

（1）当 $X_L > X_C$，即电抗 $X > 0$ 时，$U_L > U_C$，阻抗角 $\varphi > 0$，总电压 u 超前电流 i，电路呈电感性。

（2）当 $X_L < X_C$，即电抗 $X < 0$ 时，$U_L < U_C$，阻抗角 $\varphi < 0$，总电压 u 滞后电流 i，电路呈电容性。

（3）当 $X_L = X_C$，即电抗 $X = 0$ 时，$U_L = U_C$，阻抗角 $\varphi = 0$，总电压 u 与电流 i 同相位，电路呈纯电阻性。

5. 功率因数的提高

扫一扫看教学课件：功率因数及其提高

提高电力系统的功率因数，对于国民经济的发展及节能减排具有重要意义。通过提高功率因数，可以使发电设备的容量得到充分利用，降低输电线路中的能量损耗。

根据公式 $P = UI\cos\varphi$，功率因数 $\cos\varphi$ 越高，供电设备的能量利用率就越高。另外，功率因数 $\cos\varphi$ 越高，在电源电压和有功功率一定的情况下，输电线路中的电流越小，线路损耗越小。

提高功率因数常用的方法是在感性负载两端并联电容，如图 2-20（a）所示。

在图 2-20（b）所示的相量图中，电容支路的电流为

$$I_C = I_1 \sin\varphi_1 - I\sin\varphi = \frac{P}{U\cos\varphi_1}\cdot\sin\varphi_1 - \frac{P}{U\cos\varphi}\cdot\sin\varphi = \frac{P}{U}(\tan\varphi_1 - \tan\varphi)$$

而 $I_C = U\omega C$，因此补偿电容的电容量为

$C = \dfrac{P}{\omega U^2}(\tan\varphi_1 - \tan\varphi)$。

需要注意的是，在并联补偿电容前后，感性负载的电流、电压、有功功率和功率因数并没有发生变化。但是通过并联一个适当的补偿电容，就能提高整个电路或整个供电系统的功率因数。

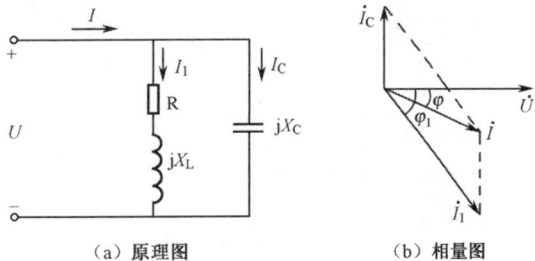

（a）原理图   （b）相量图

图 2-20   提高功率因数的原理图与相量图

疑难汇总、学习随笔、小结

任务6   RLC 串联交流电路谐振的虚拟仿真

1. 任务目标

任务载体	RLC 串联交流电路谐振的虚拟仿真	学　时	2	任务成绩	
学生姓名		日　期		班　级	
实训场所				组　号	
相关器材	电脑，Multisim 软件				
知识目标	1. 理解电路谐振的定义，RLC 串并联交流电路谐振的条件、特征、频率；2. 掌握谐振电路的应用				
能力目标	会用 Multisim 软件构建电路并进行仿真				
职业素养	1. 培养交流与表达、讨论与辩论、演讲与演示的能力；2. 培养实事求是、严肃认真、客观公正的良好品质				
立德树人	增强学生对道路自信、理论自信、制度自信和文化自信的认识与能力				

2. 任务准备（课前）

学习背景知识：

（1）扫一扫下面二维码学习 RLC 串联交流电路谐振等知识，同时增强学生的道路自信、理论自信、制度自信和文件自信的认同和能力。

 扫一扫看微课视频：交流电路的谐振

(2) 扫一扫下面二维码完成参考题。

扫一扫看交流电路谐振参考题

扫一扫看交流电路谐振参考题答案

(3) 扫一扫下面二维码进行 RLC 串联谐振电路的 Multisim 虚拟仿真。

扫一扫进行 Multisim 虚拟仿真：RLC 串联谐振电路

3. 计划与实施（课中、课后）

知识内化	(1) 谐振电路的应用、分析；(2) 谐振频率等参数的计算
任务实施	根据作业要求制定作业计划与方案
	根据作业要求制定作业步骤，明确各项操作规程和安全注意事项，进行人员分工等。
	明确任务要求：用 Multisim 软件构建电路并进行仿真
	完成任务内容：(1) 选取元件构建电路；(2) 进行仿真
	撰写任务实施报告：任务实施的方案、过程、收获、问题、改进措施等

XBP1

C_1 240 nF L_1 100 mH R_1 510 Ω

V_1 1 V 1 000 Hz 0°

应用实例

收音机的调谐接收电路　等效电路

f_3 为上限截止频率
f_1 为下限截止频率

4. 任务评价

项目	评价要素	评价标准	自评 0.2	互评 0.3	师评 0.5	权重	小计
知识考核	(1) 课前在线测试、在线讨论；(2) 课中、课后分析与计算	(1) 谐振电路的应用分析；(2) 谐振频率等参数的计算				0.4	
职业素养	(1) 出勤；(2) 工作态度	(1) 按时按质完成工作任务；(2) 积极主动承担工作任务，勤学好问				0.1	
专业能力	(1) 选取元件构建电路；(2) 进行仿真	(1) 能选取元件构建正确的电路；(2) 进行仿真且仿真结果正确；(3) 完成时间				0.5	
创新能力	(1) 独特见解；(2) 创新建议	(1) 方案的可行性及意义；(2) 建议的可行性				附加	

续表

项目	评价要素	评价标准	自评 0.2	互评 0.3	师评 0.3	权重	小计
思政培养	（1）外在表现； （2）内在提升	制度认同、道路自信				附加	
合计							

5. 课后拓展提高

1. 任务实施报告：任务实施的方案、过程、收获、问题、改进措施等（可另附页）。

2. 任务拓展：

（1）能力提升：对本任务中连接的交流谐振电路进行分析计算与测试数据对比，分析电路的工作状态。

（2）思政深化：结合你的生活成长经历，体会中国特色社会主义制度对中国发展的巨大作用，增强你的道路自信、理论自信、制度自信和文化自信。

在具有电感和电容元件的交流电路中，电路中电压与电流的相位一般是不相同的。如果适当地调节电路中的电感 L、电容 C 或电源频率 f，就可以使它们的相位相同，这种现象被称为**谐振**。按照电路的不同，谐振通常分为串联谐振和并联谐振。

2.3 串联谐振

扫一扫看教学课件：交流电路的谐振

扫一扫看课程思政：制度自信

在图 2-15 所示的 RLC 串联交流电路中，当 $X_L = X_C$ 时，电路呈电阻性，电压与电流同相，这时电路的状态被称为**串联谐振**。

1. 串联谐振的条件

$$X_L = X_C \quad 或 \quad \omega_0 L = \frac{1}{\omega_0 C} \tag{2-43}$$

即

$$\omega_0 = \frac{1}{\sqrt{LC}} \tag{2-44}$$

或

$$f_0 = \frac{1}{2\pi\sqrt{LC}} \tag{2-45}$$

式中，ω_0 为谐振角频率；f_0 为谐振频率，它们只由电路参数 L、C 决定，与电阻 R 无关，这反映了电路自身固有的性质。因此，ω_0、f_0 也被称为谐振电路的固有角频率、固有频率。

要使电路发生谐振，电源频率（谐振频率）必须等于谐振电路的固有频率。在实际应用中，通常通过调节 L 或 C 的大小来实现谐振。

2. 电路的特点

串联谐振电路具有下列特点。

（1）阻抗最小，$Z=R$，电路呈电阻性，即电路中相当于只有一个电阻。

（2）电流最大，$I_0 = \dfrac{U}{|Z|} = \dfrac{U}{R}$，电流与电压同相。

（3）电路中的无功功率为零，表明电源供给的能量全部被电阻消耗，电源与电路之间没有能量交换，只在电感元件和电容元件之间进行能量交换。

（4）电阻电压等于电路的总电压，电感电压与电容电压的大小相等、相位相反，并且都为电路总电压的 Q 倍。

Q 为电感电压或电容电压与电路的总电压之比，被称为串联谐振电路的品质因数，即

$$Q = \frac{\omega_0 L}{R} = \frac{1}{\omega_0 RC} \tag{2-46}$$

提示　串联谐振电路的品质因数

串联谐振时：

$$U_L = I_0 X_L = \frac{U}{R} \cdot \omega_0 L = \frac{\omega_0 L}{R} U$$

$$U_C = I_0 X_C = \frac{U}{R} \cdot \frac{1}{\omega_0 C} = \frac{1}{\omega_0 RC} U$$

所以，$Q = \dfrac{U_L}{U} = \dfrac{U_C}{U} = \dfrac{\omega_0 L}{R} = \dfrac{1}{\omega_0 RC}$。一般串联谐振电路的 Q 值可达几十至几百，即 U_L 或 U_C 可达 U 的几十至几百倍。利用串联谐振可以在电感或电容元件两端获得很高的电压，因此串联谐振又称电压谐振。

Q 值的大小是衡量谐振电路质量优劣的一个重要指标。Q 值越大，谐振电路的频率选择性越好，电路中损耗的能量越少。

串联谐振在电子技术中具有广泛的应用，如调谐电路、反馈电路等。但是在电力工程中，串联谐振时过高的电压有可能击穿线圈或电容的绝缘，造成电气设备损坏及人身伤害。

应用　收音机的调谐电路

各地的广播电台以不同的频率发射无线电波，收音机为什么能让我们收听到某一电台的节目呢？

这是因为收音机中有一个能够选择无线电波频率的电路——调谐电路。调谐电路实际上是串联谐振电路，当我们调节电容器的电容量为一定值时，电路就对某一频率的无线电信号发生串联谐振，此时电路呈现的阻抗最小，电流最大，电容器的两端将产生一个高于信号电压 Q 倍的电压，使我们收听到该频率的电台节目。对于其他频率的无线电信号，电路不能发生串联谐振，其电流很小，信号被电路抑制掉。

因此，通过调节电容器使调谐电路发生串联谐振，就可以从不同的频率中选择所需的电台信号。

【**实例 2-9**】某台收音机调谐电路的电路模型如图 2-21 所示，若电感线圈的电感 $L = 260\,\mu H$，当电容器的电容量调到 100 pF 时，调谐电路发生串联谐振，计算此时收听到的电台广播的信号频率 f。若要收听信号频率为 640 kHz 的电台广播，电容器的电容量 C 应为

多大?

解　电台广播的信号频率 f 即是调谐电路的串联谐振频率 f_0。

根据式（2-45）可得电台广播的信号频率为

$$f = f_0 = \frac{1}{2\pi\sqrt{LC}} \approx \frac{1}{2 \times 3.14 \times \sqrt{260 \times 10^{-6} \times 100 \times 10^{-12}}} \text{kHz} \approx 988 \text{ kHz}$$

当收听到的电台广播的信号频率为 640 kHz 时，电容器的电容量为

$$C = \frac{1}{(2\pi f)^2 L} \approx \frac{1}{(2 \times 3.14 \times 640 \times 10^3)^2 \times 260 \times 10^{-6}} \times 10^{12} \text{ pF} \approx 238 \text{ pF}$$

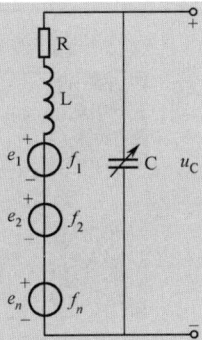

图 2-21　电路模型

疑难汇总、学习随笔、小结

任务7　三相交流电路的连接、测试与仿真

1. 任务目标

任务载体	三相交流电路的连接、测试与仿真	学　时	4	任务成绩	
学生姓名		日　期		班　级	
实训场所				组　号	
相关器材	电脑，Multisim 软件				
知识目标	1. 理解三相对称交流电源、三相对称交流电路的特征；2. 掌握三相负载的两种接法，中线的作用；3. 掌握三相交流电路中电流、电压、功率的计算方法				
能力目标	1. 会计算三相交流电路中的线电流、相电流、电压和功率；2. 会用 Multisim 软件构建电路并进行仿真				
职业素养	1. 培养制定计划的能力，客观评估工作结果；2. 增强安全意识				
立德树人	增强大局意识，强化个人服从集体的观念				

2. 任务准备（课前）

学习背景知识：

（1）扫一扫下面二维码学习三相交流电源、三相负载连接方式、三相负载功率等知识，同时体会个人与集体的关系，增强大局意识，强化个人服从集体的观念。

扫一扫看微课
视频：三相交流
电源

扫一扫看微课
视频：三相交
流电路的分析

（2）扫一扫下面二维码完成参考题。

扫一扫看交流电路参考题

扫一扫看三相交流电路参考题答案

（3）扫一扫下面二维码进行三相负载的星形连接和三相负载的三角形连接的 VR 仿真。

扫一扫下载后进行 VR 仿真：三相负载的星形连接

扫一扫下载后进行 VR 仿真：三相负载的三角形连接

（4）扫一扫下面二维码进行三相交流电路的 Multisim 虚拟仿真。

扫一扫进行 Multisim 虚拟仿真：三相交流电路

3. 计划与实施（课中、课后）

知识内化	（1）三相交流电路的应用、分析； （2）三相交流电路中电流、电压、功率的计算	
任务实施	根据作业要求制定作业计划与方案	
	根据作业要求制定作业步骤，明确各项操作规程和安全注意事项，进行人员分工等。	
	明确任务要求：用 Multisim 软件构建电路并进行仿真	
	完成任务内容：（1）选取元件构建电路；（2）进行仿真	
	撰写任务实施报告：任务实施的方案、过程、收获、问题、改进措施等	

4. 任务评价

项目	评价要素	评价标准	自评 0.2	互评 0.3	师评 0.5	权重	小计
知识考核	（1）课前在线测试、在线讨论； （2）课中、课后分析与计算	（1）会分析三相交流电路的应用； （2）三相交流电路中电流、电压、功率的计算				0.4	
职业素养	（1）出勤； （2）工作态度	（1）按时、按质完成工作任务； （2）积极主动承担工作任务，勤学好问				0.1	
专业能力	（1）选取元件构建电路； （2）进行仿真	（1）能选取元件构建正确的电路； （2）进行仿真且仿真结果正确； （3）完成时间				0.5	
创新能力	（1）独特见解； （2）创新建议	（1）方案的可行性及意义； （2）建议的可行性				附加	
思政培养	（1）外在表现； （2）内在提升	（1）大局意识、集体观念； （2）以全面、发展的眼光看待事物				附加	
合计							

5. 课后拓展提高

1. 任务实施报告：任务实施的方案、过程、收获、问题、改进措施等（可另附页）。

2. 任务拓展：

（1）能力提升：当本任务中连接的三相交流电路的中线断开时，如果有一相短路或开路，会对其它两相造成什么影响，请总结该中线的作用。

（2）思政深化：从三相交流负载对称连接所体现的个人与集体的关系，思考你对集体观的认识。

2.4 三相交流电路

由三个幅值相等、频率相同、相位互差 120° 的电动势组成的电力系统被称为**三相制电路**。前面学习到的交流电路是单相交流电路，只是其中的一相。

三相交流电与单相交流电相比较具有无可比拟的优点：第一，三相交流发电机的结构简单、易于制造，便于使用和维修，其输出功率比相同尺寸的单相交流发电机的输出功率要大，并且运行时的振动较小；第二，在相同的条件下，输送相同的功率，三相交流电比单相交流电要节省输电线，尤其在远距离输电时，优点更显著。因此，三相制电路得到了极其广泛的应用。

2.4.1 三相交流电源

扫一扫看教学课件：三相交流电源

扫一扫看课程思政：大局意识

三相交流发电机是最常见的三相交流电源，它能将汽轮机、水轮机、柴油机等原动机的机械能转换为电能，产生对称三相电动势。

1. 对称三相电动势的产生

1）三相交流发电机的结构

三相交流发电机通常由定子、转子、端盖及轴承等部件构成，最简单的三相交流发电机的结构示意图如图 2-22（a）所示。

在由硅钢片叠成的定子铁芯槽内，按照 120° 的角度均匀地放置三组几何尺寸与匝数完全相同的线圈，从而形成三相交流发电机的对称三相定子绕组 U、V、W。它们的首端分别用 U_1、V_1 和 W_1 表示，末端分别用 U_2、V_2 和 W_2 表示。

励磁绕组绕在三相交流发电机的转子铁芯上，通入直流电以建立磁场，按要求制作转子磁极的形状，可使磁极表面的磁感应强度按正弦规律分布。

2）三相交流发电机的工作原理

在原动机的驱动下，三相交流发电机的转子沿逆时针方向以角速度 ω 匀速转动，对称三相定子绕组将依次切割磁力线，产生感应电动势 e_U、e_V、e_W。这三个感应电动势的最大值（或有效值）相等、频率相同，彼此间的相位差为 120°，具有上述特征的三相电动势被称为对称三相电动势。规定各相电动势的参考方向为自绕组的末端指向始端，而各相绕组端电压的参考方向则为自绕组的始端指向末端，如图 2-22（b）所示。

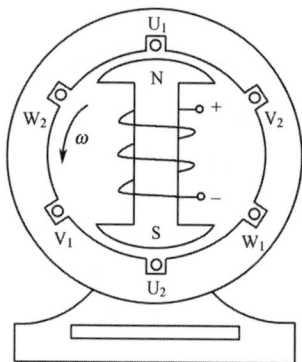

（a）结构示意图　　　　　　　　　　（b）对称三相定子绕组　　　　　　　　（c）外形

图 2-22　三相交流发电机

以 e_U 为参考正弦交流电量，则对称三相电动势的瞬时值表达式分别为

$$e_U = E_m \sin \omega t$$

$$e_V = E_m \sin(\omega t - 120°)$$

$$e_W = E_m \sin(\omega t + 120°)$$

对称三相电动势的瞬时值之和为零，即

$$e_U + e_V + e_W = 0$$

对称三相电动势的波形图如图 2-23（a）所示。

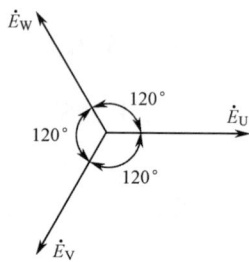

（a）波形图　　　　　　　　　　　　　　　（b）相量图

图 2-23　对称三相电动势

以 $\dot{E}_U$ 为参考相量，则对称三相电动势的相量式分别为

$$\dot{E}_U = E\underline{/0°}$$

$$\dot{E}_V = E\underline{/-120°}$$

$$\dot{E}_W = E\underline{/120°}$$

对称三相电动势的相量之和也为零，即

$$\dot{E}_U + \dot{E}_V + \dot{E}_W = 0$$

对称三相电动势的相量图如图 2-23（b）所示。

3）相序

对称三相电动势随时间按正弦规律变化，它们到达正最大值（或相应零值）的顺序被称为相序。

在图 2-23（a）中，对称三相电动势到达正最大值的顺序为 e_U、e_V、e_W，其相序为 U—V—W—U，被称为正序或顺序；与正序相反的相序 U—W—V—U 则被称为负序或逆序。工程上常用的相序为正序。

2. 三相四线制供电系统

三相交流电源的每一相绕组都可作为一个独立的单相交流电源，如果每相绕组的两端都通过两根输电线与负载连接，则可得到三个互不关联的单相交流电路。但是，这种三相六线制供电系统无法体现三相供电系统的优越性，既不经济又没有实用价值。

因此，三相交流电源的三相绕组必须进行适当的连接，一般情况下采用的是星形连接。

1）三相交流电源绕组的星形连接

将三相交流电源中三相绕组的末端 U_2、V_2、W_2 连接成一个公共端点，并由三相绕组的首端 U_1、V_1、W_1 分别引出三条输电线，这种连接方式被称为星形连接，如图 2-24（a）所示。这种供电方式被称为三相四线制。

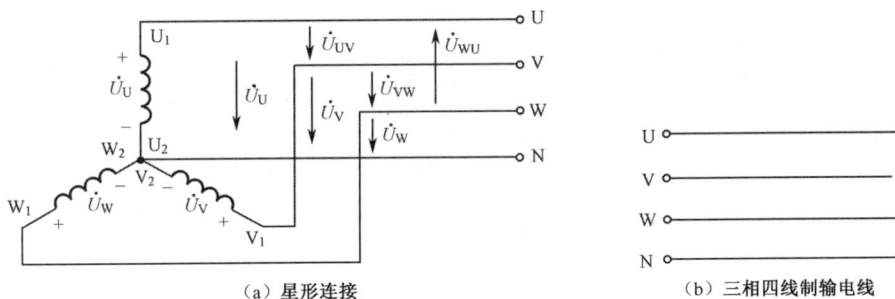

（a）星形连接　　　　　　　　　　　　（b）三相四线制输电线

图 2-24　三相四线制供电系统

电路中的几个术语分别如下。

（1）中性点：三相绕组的末端 U_2、V_2、W_2 连接而成的公共端点，简称中点，用大写字母 N 表示。接大地的中点被称为零点。

（2）中性线：从中点引出的输电线，简称中线。接大地的中线被称为零线或地线。

（3）相线：从三相绕组的首端 U_1、V_1、W_1 引出的三条输电线，又称端线，俗称火线，分别用大写字母 U、V、W 表示。

在工程技术上，相线 U、V、W 分别用黄、绿、红三种颜色来区别，中线则用黑色表示。

在实际应用中，为了简便，一般只画出四条输电线并分别标上 U、V、W 和 N 来表示三相四线制输电线，如图 2-24（b）所示。

2）相电压和线电压

三相四线制供电系统能够提供两种不同的电压，即相电压和线电压。

（1）相电压：相线与中线之间的电压被称为相电压。三相相电压的相量分别用 $\dot{U}_U$、$\dot{U}_V$、$\dot{U}_W$ 表示，它们的参考方向如图 2-24（a）所示。

由图 2-24（a）可以看出，三相相电压就是三相绕组的端电压。由于三相绕组的阻抗很小，因此通常认为相电压等于相应的电动势。因为三相电动势是对称的，所以三相相电压也是对称的，即它们的最大值相等、频率相同，彼此间的相位差为 120°。相电压的有效值通常用 U_P 表示，在我国三相四线制的低压配电线路中相电压 $U_P = 220\ \text{V}$。

以相电压 $\dot{U}_U$ 为参考相量，则三相相电压的相量式分别为

$$\dot{U}_U = U_P\underline{/0°}$$
$$\dot{U}_V = U_P\underline{/-120°}$$
$$\dot{U}_W = U_P\underline{/120°}$$

相电压的相量图如图 2-25 所示。

（2）线电压：相线与相线之间的电压被称为线电压。三相线电压的相量分别用 $\dot{U}_{UV}$、$\dot{U}_{VW}$、$\dot{U}_{WU}$ 表示，它们的参考方向如图 2-24（a）所示。

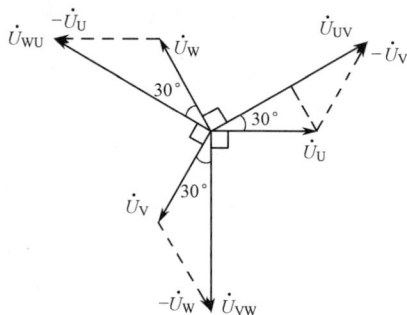

图 2-25 相电压与线电压的相量图

在三相四线制供电系统中，三相线电压也是对称的，它们的最大值相等、频率相同，彼此间的相位差为 120°。线电压的有效值通常用 U_L 表示，在我国三相四线制的低压配电线路中线电压 $U_L = 380\text{ V}$。线电压的相量图如图 2-25 所示。

（3）线电压与相电压的关系。线电压与相电压的数值关系为

$$U_L = \sqrt{3}U_P \qquad (2-47)$$

线电压与相电压的相位关系是线电压的相位超前相应的相电压的相位 30°。

线电压与相电压的关系用相量式可表示为

$$\begin{cases}\dot{U}_{UV} = \sqrt{3}\dot{U}_U\underline{/30°}\\\dot{U}_{VW} = \sqrt{3}\dot{U}_V\underline{/30°}\\\dot{U}_{WU} = \sqrt{3}\dot{U}_W\underline{/30°}\end{cases} \qquad (2-48)$$

> **提示 线电压与相电压的关系**
>
> 在图 2-24（a）中，根据基尔霍夫电压定律可得
>
> $$\dot{U}_{UV} = \dot{U}_U - \dot{U}_V = \dot{U}_U + (-\dot{U}_V)$$
> $$\dot{U}_{VW} = \dot{U}_V - \dot{U}_W = \dot{U}_V + (-\dot{U}_W)$$
> $$\dot{U}_{WU} = \dot{U}_W - \dot{U}_U = \dot{U}_W + (-\dot{U}_U)$$
>
> 根据上述关系，可画出三相线电压的相量图。
>
> 应用平行四边形法则，可得
>
> $$U_{UV} = 2U_U\cos30° = \sqrt{3}U_U = \sqrt{3}U_P$$
>
> 同理，$U_{VW} = \sqrt{3}U_V = \sqrt{3}U_P$，$U_{WU} = \sqrt{3}U_W = \sqrt{3}U_P$。
>
> 因此，线电压与相电压的有效值的数值关系为 $U_L = \sqrt{3}U_P$。
>
> 从图 2-24 中还可以看出，线电压的相位超前相应的相电压的相位 30°。三相线电压的有效值（或最大值）相等，彼此间的相位差为 120°，三相线电压是对称的。

2.4.2 三相负载的连接方式

扫一扫看教学课件：三相交流电路分析

三相负载分为两类：对称三相负载和不对称三相负载。

各相负载的阻抗相同（阻抗模相等，阻抗角相同）的三相负载被称为对称三相负载，如三相电动机、三相变压器、三相电炉等；各相负载不同的三相负载被称为不对称三相负载，如由三个单相照明电路组成的三相负载。

三相负载有两种连接方式，即星形连接和三角形连接。

三相负载的连接要依据两个原则：必须遵循电源电压等于负载额定电压的原则，以此原则确定三相负载的连接方式（星形连接或三角形连接）；对于不对称三相负载，应该尽可能将其均衡地接在三相交流电源上。

1. 三相负载的星形连接

三相负载 Z_U、Z_V 和 Z_W 分别接在相线与中线之间的连接方式被称为三相负载的星形连接，用"Y"标记，如图 2-26 所示。

由图 2-26 可以看出各相负载的端电压分别为电源的三个对称相电压。

图 2-26　三相负载的星形连接

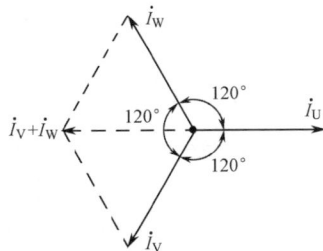

各相负载的电流被称为相电流，分别为

$$\dot{I}_U = \frac{\dot{U}_U}{Z_U} = \frac{U_P\ \underline{/0^\circ}}{|Z_U|\ \underline{/\varphi_U}} = \frac{U_P}{|Z_U|}\ \underline{/-\varphi_U + 0^\circ} = I_U\ \underline{/-\varphi_U + 0^\circ}$$

$$\dot{I}_V = \frac{\dot{U}_V}{Z_V} = \frac{U_P\ \underline{/-120^\circ}}{|Z_V|\ \underline{/\phi_V}} = \frac{U_P}{|Z_V|}\ \underline{/-\phi_V - 120^\circ} = I_V\ \underline{/-\phi_V - 120^\circ}$$

$$\dot{I}_W = \frac{\dot{U}_W}{Z_W} = \frac{U_P\ \underline{/120^\circ}}{|Z_W|\ \underline{/\varphi_W}} = \frac{U_P}{|Z_W|}\ \underline{/-\varphi_W + 120^\circ} = I_W\ \underline{/-\varphi_W + 120^\circ}$$

相电流的有效值用 I_P 表示。

每根相线中的电流被称为**线电流**。从图 2-26 中可以看出线电流等于相电流。线电流的有效值用 I_L 表示。

流过中线的电流被称为中线电流，其有效值用 I_N 表示。

根据基尔霍夫电流定律，中线电流的相量为

$$\dot{I}_N = \dot{I}_U + \dot{I}_V + \dot{I}_W$$

若负载为对称三相负载，在三相对称相电压的作用下，对称三相负载的相电流相量分别为

$$\dot{I}_U = \frac{\dot{U}_U}{Z} = \frac{U_P}{|Z|}\ \underline{/-\varphi + 0^\circ} = I_P\ \underline{/-\varphi + 0^\circ}$$

$$\dot{I}_V = \frac{\dot{U}_V}{Z} = \frac{U_P}{|Z|}\ \underline{/-\varphi - 120^\circ} = I_P\ \underline{/-\varphi - 120^\circ}$$

$$\dot{I}_W = \frac{\dot{U}_W}{Z} = \frac{U_P}{|Z|}\ \underline{/-\varphi + 120^\circ} = I_P\ \underline{/-\varphi + 120^\circ}$$

式中，阻抗模 $|Z| = |Z_U| = |Z_V| = |Z_W|$；阻抗角 $\varphi = \varphi_U = \varphi_V = \varphi_W$；相电流 $I_P = I_U = I_V = I_W = \dfrac{U_P}{|Z|}$。

上式表明，对称三相负载的相电流对称，线电流也对称。为了简化计算，通常可先求出其中一相相电流的相量，再根据三相相电流的对称性写出其余两相相电流的相量。

对称三相负载星形连接的电流相量图如图 2-27 所示，中线电流的相量为

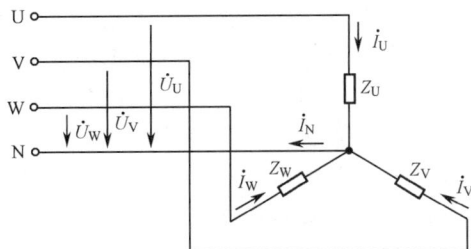

图 2-27　对称三相负载星形连接的电流相量图

$$\dot{I}_N = \dot{I}_U + (\dot{I}_V + \dot{I}_W) = \dot{I}_U - \dot{I}_U = 0$$

提示 中线的作用

对称三相负载按星形连接时，中线电流为零。此时将中线去掉也不会影响电路的正常工作，因此三相四线制供电系统可变成三相三线制供电系统。

在不对称三相负载按星形连接时，中线电流不为零，此时中线具有重要作用，它能使各相负载的相电压对称，保证各相负载都能正常工作。如果中线断开就会导致各相负载的电压重新分配，有的超压工作，有的欠压工作，各相负载不能正常工作。因此，中线不允许断开。为防止其断开，中线上不允许加装熔断器和开关，中线采用机械强度高的材料，如采用带钢芯的导线。

【实例 2-10】 对称三相负载的复阻抗 $Z = (10 + j17.32)\ \Omega$，每相负载的额定电压 $U_N = 220\ V$。三相四线制电源的线电压为 380 V。

（1）如何将对称三相负载接入三相四线制电源？

（2）求三相负载的相电流相量 $\dot{I}_U$、$\dot{I}_V$、$\dot{I}_W$ 及中线电流相量 $\dot{I}_N$。

（3）若 U 相断开，求三相负载的相电流相量 $\dot{I}_U$、$\dot{I}_V$、$\dot{I}_W$ 及中线电流相量 $\dot{I}_N$。

解 （1）三相四线制电源的相电压 $U_P = U_L / \sqrt{3} = (380 / \sqrt{3})\ V \approx 219\ V$。由于每相负载的额定电压 $U_N = 220\ V$，所以该对称三相负载必须按星形连接。

（2）设 $\dot{U}_U = 220\underline{/0°}\ V$，则相电流的相量为

$$\dot{I}_U = \frac{\dot{U}_U}{Z} = \frac{220\underline{/0°}}{10 + j17.32}\ A \approx \frac{220\underline{/0°}}{20\underline{/60°}}\ A = 11\underline{/-60°}\ A$$

由于三相相电流是对称的，所以

$$\dot{I}_V = 11\underline{/-60° - 120°}\ A = 11\underline{/-180°}\ A$$

$$\dot{I}_W = 11\underline{/-60° + 120°}\ A = 11\underline{/60°}\ A$$

中线电流的相量为

$$\dot{I}_N = \dot{I}_U + \dot{I}_V + \dot{I}_W = 11\underline{/-60°}\ A + 11\underline{/-180°}\ A + 11\underline{/60°}\ A = 0\ A$$

（3）若 U 相断开，则相电流的相量 $\dot{I}_U = 0$。由于中线并未断开，因此 V 相和 W 相不受影响，仍然正常工作，其相电流的相量保持不变，即 $\dot{I}_V = 11\underline{/-180°}\ A$，$\dot{I}_W = 11\underline{/60°}\ A$，中线电流的相量为

$$\dot{I}_N = \dot{I}_U + \dot{I}_V + \dot{I}_W = 0 + 11\underline{/-180°} + 11\underline{/60°} = 11\underline{/120°}\ A$$

2. 三相负载的三角形连接

三相负载 Z_U、Z_V 和 Z_W 分别接在相线与相线之间的连接方式被称为三相负载的三角形连接，用 "△" 标记，如图 2-28 所示。

由图 2-28 中的电路可以看出各相负载的相电压等于电源的三个对称线电压。

三相负载的相电流相量分别为

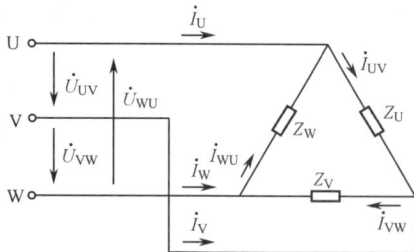

图 2-28 三相负载的三角形连接

$$\dot{I}_{UV} = \frac{\dot{U}_{UV}}{Z_U} = \frac{\sqrt{3}\dot{U}_U\underline{/30°}}{Z_U} = \frac{\sqrt{3}U_P\underline{/0° + 30°}}{|Z_U|\underline{/\varphi_U}} = \frac{U_L}{|Z_U|}\underline{/-\varphi_U + 30°} = I_{UV}\underline{/-\varphi_U + 30°}$$

$$\dot{I}_{VW} = \frac{\dot{U}_{VW}}{Z_V} = \frac{\sqrt{3}\dot{U}_V\underline{/30°}}{Z_V} = \frac{\sqrt{3}U_P\underline{/-120°+30°}}{|Z_V|\underline{/\varphi_V}} = \frac{U_L}{|Z_V|}\underline{/-\varphi_V-90°} = I_{VW}\underline{/-\varphi_V-90°}$$

$$\dot{I}_{WU} = \frac{\dot{U}_{WU}}{Z_W} = \frac{\sqrt{3}\dot{U}_W\underline{/30°}}{Z_W} = \frac{\sqrt{3}U_P\underline{/+120°+30°}}{|Z_W|\underline{/\varphi_W}} = \frac{U_L}{|Z_W|}\underline{/-\varphi_W+150°} = I_{WU}\underline{/-\varphi_W+150°}$$

式中，φ_U、φ_V、φ_W 分别为各相负载的阻抗角或功率因数角。

当负载对称时，三相电流对称。

三相负载按三角形连接时，线电流与相电流不相等。在图 2-28 中，根据基尔霍夫电流定律，不对称三相负载的线电流相量分别为

$$\dot{I}_U = \dot{I}_{UV} - \dot{I}_{WU}$$
$$\dot{I}_V = \dot{I}_{VW} - \dot{I}_{UV}$$
$$\dot{I}_W = \dot{I}_{WU} - \dot{I}_{VW}$$

对称三相负载的线电流与相电流的数值关系为

$$I_L = \sqrt{3}I_P \tag{2-49}$$

线电流与相电流的相位关系是线电流的相位滞后相应的相电流的相位 30°。

线电流与相电流的关系用相量式可表示为

$$\begin{cases} \dot{I}_U = \sqrt{3}\dot{I}_{UV}\underline{/-30°} \\ \dot{I}_V = \sqrt{3}\dot{I}_{VW}\underline{/-30°} \\ \dot{I}_W = \sqrt{3}\dot{I}_{WU}\underline{/-30°} \end{cases} \tag{2-50}$$

上式表明，对称三相负载的线电流也对称。

提示　对称三相负载的线电流与相电流

在图 2-28 中，根据基尔霍夫电流定律可得

$$\dot{I}_U = \dot{I}_{UV} - \dot{I}_{WU}$$
$$\dot{I}_V = \dot{I}_{VW} - \dot{I}_{UV}$$
$$\dot{I}_W = \dot{I}_{WU} - \dot{I}_{VW}$$

根据上述关系，可画出三相相电流和线电流的相量图，如图 2-29 所示。

应用平行四边形法则，可得

$$I_U = 2I_{UV}\cos 30° = \sqrt{3}I_{UV} = \sqrt{3}I_P$$

同理，$I_V = \sqrt{3}I_{VW} = \sqrt{3}I_P$，$I_W = \sqrt{3}I_{WU} = \sqrt{3}I_P$

因此，线电流与相电流的数值关系为

$$I_L = I_U = I_V = I_W = \sqrt{3}I_P$$

从图 2-29 中还可以看出，线电流的相位滞后相应的相电流的相位 30°。

因此，三相线电流和相电流都是对称的。

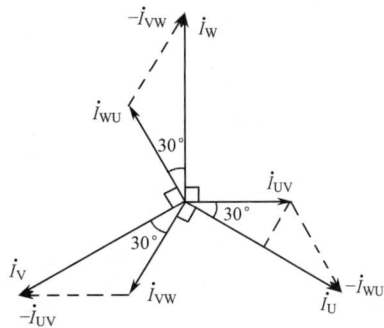

图 2-29　三相相电流和线电流的相量图

2.4.3　三相电路的功率

由于三相电路实际上是三个单相电路的组合，因此无论三相负载按星形连接还是按三角形连接，三相电路的总有功功率 P 都等于各相负载的有功功率 P_U、P_V 和 P_W 之和，即

$$P = P_U + P_V + P_W$$

当三相负载对称时，$P_P = P_U = P_V = P_W = U_P I_P \cos\varphi_P$，所以三相电路的总有功功率为

$$P = 3P_P = 3U_P I_P \cos\varphi \tag{2-51}$$

式中，U_P、I_P 分别表示每相负载的相电压和相电流的有效值；φ 表示每相负载的阻抗角（每相负载的相电压与相电流的相位差）。

在实际工程中，测量线电压、线电流比较方便（按三角形连接的三相负载），因此，三相电路的总有功功率常用线电压和线电流表示，即

$$P = \sqrt{3} U_L I_L \cos\varphi \tag{2-52}$$

同理，对称三相负载的总无功功率和总视在功率分别为

$$Q = \sqrt{3} U_L I_L \sin\varphi \tag{2-53}$$

$$S = \sqrt{P^2 + Q^2} = \sqrt{3} U_L I_L \tag{2-54}$$

⚫注意

在式（2-53）中，U_L、I_L 分别表示三相电源的线电压和线电流，φ 仍为每相负载的阻抗角，不能将 φ 理解为线电压与线电流的相位差。

【实例 2-11】将一个对称三相负载按三角形连接后接到对称三相电源上，已知每相负载的阻抗 $Z = (8 + j6)\,\Omega$，对称三相电源的线电压 $u_{UV} = 380\sqrt{2}\sin(314t - 30°)$ V。试求：（1）三相负载的相电流相量 $\dot{I}_{UV}$、$\dot{I}_{VW}$ 和 $\dot{I}_{WU}$；（2）三相负载的线电流相量 $\dot{I}_U$、$\dot{I}_V$ 和 $\dot{I}_W$；（3）三相负载的总有功功率、总无功功率和总视在功率。

解 （1）由线电压 $u_{UV} = 380\sqrt{2}\sin(314t - 30°)$ V 可得线电压的相量为

$$\dot{U}_{UV} = 380\underline{/-30°}\ \text{V}$$

则相电流的相量为

$$\dot{I}_{UV} = \frac{\dot{U}_{UV}}{Z} = \frac{380\underline{/-30°}}{8+j6}\,\text{A} \approx \frac{380\underline{/-30°}}{10\underline{/36.87°}}\,\text{A} = 38\underline{/-66.87°}\,\text{A}$$

由于三相相电流是对称的，所以

$$\dot{I}_{VW} = 38\underline{/173.13°}\,\text{A}$$

$$\dot{I}_{WU} = 38\underline{/53.13°}\,\text{A}$$

（2）根据 $\dot{I}_U = \sqrt{3}\dot{I}_{UV}\underline{/-30°}$ 可得

$$\dot{I}_U = \sqrt{3}\dot{I}_{UV}\underline{/-30°} = 38\sqrt{3}\underline{/-66.87°-30°}\,\text{A} = 38\sqrt{3}\underline{/-96.87°}\,\text{A}$$

由于三相线电流是对称的，所以

$$\dot{I}_V = 38\sqrt{3}\underline{/-96.87°-120°}\,\text{A} = 38\sqrt{3}\underline{/143.13°}\,\text{A}$$

$$\dot{I}_W = 38\sqrt{3}\underline{/-96.87°+120°}\,\text{A} = 38\sqrt{3}\underline{/23.13°}\,\text{A}$$

（3）总有功功率：$P = \sqrt{3} U_L I_L \cos\varphi = \sqrt{3}\times 380 \times 38\sqrt{3}\times\cos 36.87°$ W ≈ 34.66 kW

总无功功率：$Q = \sqrt{3} U_L I_L \sin\varphi = \sqrt{3}\times 380 \times 38\sqrt{3}\times\sin 36.87°$ var ≈ 25.99 kvar

总视在功率：$S = \sqrt{3} U_L I_L = \sqrt{3}\times 380 \times 38\sqrt{3}$ VA $= 43.32$ kVA

任务8　触电急救

1. 任务目标

任务载体	触电急救	学　时	6	任务成绩	
学生姓名		日　期		班　级	
实训场所				组　号	
参考器材	一个触电模拟人及配套设备				
知识目标	1. 掌握触电的类型和方式；2. 掌握安全用电的措施；3. 掌握防电火灾、防爆、防雷的措施				
能力目标	会进行触电急救				
职业素养	1. 强化安全意识；2. 养成完全操作的基本素养				
立德树人	培养舍己救人的高尚品格和担当精神				

2. 任务准备（课前）

学习背景知识：

（1）扫一扫下面二维码学习安全用电知识、触电方式、触电急救等知识，同时增强安全意识，培养舍己救人的高尚品格和担当精神。

扫一扫看微课视频：安全用电

（2）扫一扫下面二维码完成参考题。

扫一扫看安全用电参考题

扫一扫看安全用电参考题答案

（3）扫一扫下面二维码进行触电急救单人操作、双人操作 VR 仿真。

扫一扫下载后进行 VR 仿真：触电急救单人操作

扫一扫下载后进行 VR 仿真：触电急救双人操作

3. 计划与实施（课中、课后）

知识内化	（1）讨论与分析触电的类型和方式；（2）讨论与分析安全用电的措施；（3）讨论与分析防电火灾、防爆、防雷的措施	
任务实施	根据作业要求制定作业计划与方案	
	根据作业要求制定作业步骤，明确各项操作规程和安全注意事项，进行人员分工等	胸外心脏按压法抢救
	明确任务要求：（1）熟悉触电急救的方法；（2）能进行简单的触电急救操作	
	完成任务内容：（1）判断触电者受电流伤害的程度；（2）为实施抢救做好准备；（3）采用口对口人工呼吸法和胸外心脏按压法抢救	
	撰写任务实施报告：任务实施的方案、过程、收获、问题、改进措施等	

4. 任务评价

项目	评价要素	评价标准	自评 0.2	互评 0.3	师评 0.5	权重	小计
知识考核	（1）课前在线测试、在线讨论；（2）课中、课后分析与计算	（1）掌握触电的类型和方式；（2）掌握安全用电的措施；（3）掌握防电火灾、防爆、防雷的措施				0.4	
职业素养	（1）出勤；（2）工作态度；（3）劳动纪律；（4）团队协作精神	（1）遵守企业规章制度、劳动纪律；（2）按时、按质完成工作任务；（3）积极主动承担工作任务，勤学好问；（4）保证人身安全与设备安全；（5）工作岗位 7S 管理				0.1	
专业能力	（1）能判断触电者的触电情况；（2）能口对口进行人工呼吸；（3）会采用胸外心脏按压法抢救；（4）定额时间为 0.5 h	（1）会判断脉搏是否搏动、瞳孔是否放大；（2）畅通气道吹气，吹气用力适宜；（3）手的放置位置准确；（4）按压用力适宜；（5）能救醒触电者；（6）每超时 10 min 扣分				0.5	
创新能力	（1）独特见解；（2）创新建议	（1）方案的可行性及意义；（2）建议的可行性				附加	
思政培养	（1）外在表现；（2）内在提升	具有舍己求人的担当精神				附加	
合计							

5. 课后拓展提高

1. 任务实施报告：任务实施的方案、过程、收获、问题、改进措施等（可另附页）。

2. 任务拓展：

（1）能力提升：在同学之间，相互模拟进行触电急救。

（2）思政深化：由本任务中所见到的触电事故案例，思考你对安全操作意义的认识，检查你操作过程中的规范性，思考改进措施。结合周围发生的舍己救人的英雄行为，思考你面临这种考验时会如何选择。

2.5　安全用电

扫一扫看教学课件：安全用电

2.5.1　人体的电流反应、阻抗与安全电压

1. 人体的电流反应

人体的电流反应如表 2-2 所示。

表 2-2　人体的电流反应

电　流　大　小	人　体　反　应
100～200 μA	对人体无害，有可能治病
1 mA 左右	引起麻痹
几 mA 到 10 mA	人可以摆脱电源
十几 mA 到 30 mA	感到剧痛、神经麻痹、呼吸困难，有生命危险
三十几 mA 到 100 mA	很短时间内能使人心脏停止跳动，非常危险

注意：① 通过人体的电流越大，时间越长，人的生理反应越明显，受到的伤害越严重，触电死亡的时间越短。

② 电流通过头部时能使人昏迷；通过脊髓时可能导致肢体瘫痪；通过心脏时可造成心脏停跳、血液循环中断；通过呼吸系统时会造成窒息。

③ 电流从左手流经胸部的危险性最大；电流从手流到手、从手流到脚，也是很危险的；电流从脚流到脚的危险性较小，但容易造成腿部肌肉痉挛而摔倒，导致二次触电。

④ 50～60 Hz 的交流电对人最危险，随着频率的升高，触电的危险程度将下降。在电流大小相同的条件下，直流电的危险性要低于交流电。

2. 人体阻抗

人体阻抗包括皮肤阻抗和体内阻抗，工频供电时为 1 000～3 000 Ω。在一般情况下，人体电阻随电压和湿润情况等因素变化，如表 2-3 所示。人体阻抗不是纯电阻，主要由人体电阻决定。人体电阻也不是一个固定的数值。

表 2-3　人体阻抗

接触电压/V	人体阻抗/Ω			
	皮肤干燥	皮肤润滑	皮肤潮湿	皮肤浸入水中
10	7 000	3 500	1 200	600
25	5 000	2 500	1 000	500
50	4 000	2 000	875	440
100	3 000	1 500	770	350
250	1 500	1 000	650	325

实际上，随着作用于人体的电压升高，皮肤将会破裂，人体阻抗将急剧下降，电流会迅速增加。

3. 人体安全电压

人体安全电压就是人安全用电的电压，通常不高于 36 V，但根据环境不同存在一定差异。

（1）在有电击危险的干燥环境中，使用手持电动工具、照明、电源或其他电气设备时，安全电压为42 V以下。

（2）在隧道、人防工程、高温、有导电尘埃或灯具离地面高度低于2 m等场所，安全电压为不大于36 V。

（3）在潮湿、易触及带电体等场所，安全电压为不大于24 V。

（4）在特别潮湿的场所、导电良好的地面、锅炉或金属容器内工作时，安全电压为不大于12 V。

（5）在人体大面积浸水等特别危险的场所，如进行水下作业时，安全电压为不大于6 V。

2.5.2 触电的类型和方式

1. 触电的类型

触电是指人体触及或接近带电导体，发生电流对人体造成伤害的现象。触电时，电流对人体造成的伤害有电击和电灼伤两种类型。

1）电击

电击是指电流流过人体内部，影响心脏、呼吸系统和神经系统的正常功能，造成人体内部组织的损坏，甚至危及生命的现象，是最危险的触电类型。由于电击时电流从身体内部流过，故大部分触电者的外伤并不明显，多数只留下几个放电斑点，这是电击的一大特征。

2）电灼伤

电灼伤是指人体外部受伤，如电弧灼伤，与带电体接触后形成的电斑痕，以及在大电流下熔化而飞溅的金属碎屑对皮肤造成的烧伤等。

2. 触电的方式

按照发生触电时人体与电气设备的状态，触电可分为直接接触触电和间接接触触电。

1）直接接触触电

（1）单相触电。单相触电是指人体接触地面或其他接地体，人体某一部分触及一相带电体的触电方式，如图2-30所示。对于高压带电体，人体虽未直接接触，但如果安全距离不够，高压对人体放电，造成单相接地引起的触电，也属于单相触电。在触电事故中，大部分属于单相触电。

（2）两相触电。两相触电是指人体的两处同时触及两相带电体的触电方式，如图2-31所示。人体两端的电压为线电压，强大的电流会通过人的心脏，造成的后果非常严重，这是最危险的一种触电方式。

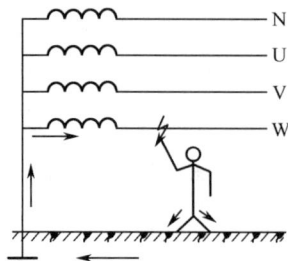

图2-30　单相触电的示意图　　　　图2-31　两相触电的示意图

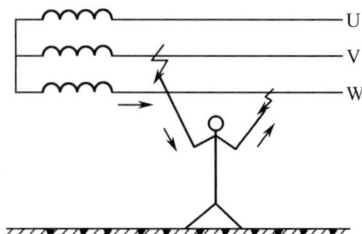

注意：两相触电时更危险。

2）间接接触触电

（1）跨步电压触电。当电气设备或线路发生接地故障时，接地故障电流通过接地体流向大地，在大地表面形成分布电位（在接地体近端电位最高，离开接地体电位逐渐降低，20 m 处电位趋于零），此时若有人在接地体附近行走，则两脚之间的电位差为跨步电压（见图 2-32）。由跨步电压引起的触电被称为跨步电压触电。线路的电压越高，人离接地体越近，触电的危险性越大。

（2）接触电压触电。接触电压是指人站在发生接地短路故障设备的旁边，人手触及设备外壳，手与脚两点之间的电位差。由接触电压引起的触电被称为接触电压触电。

（3）剩余电荷触电。电气设备的相间绝缘和对地绝缘都存在着电容效应，由于电容器具有储存电荷的性能，因此，在刚断开电源的停电设备上，都会保留一定量的电荷，被称为剩余电荷。若此时有人触及停电设备，则可能遭受剩余电荷触电。

图 2-32　跨步电压的示意图

2.5.3　触电急救

触电急救的要点是抢救迅速与救护得法，即用最快的速度在现场采取抢救措施，挽救触电者的生命，使其减轻伤情、减少痛苦，并根据其伤情，迅速联系医疗部门救治。即使触电者已失去知觉、停止心跳，也不能轻率地认定其已死亡，而应看成"假死"，实施急救。有资料表明，触电后 1 min 内开始被实施救治者，90%具有良好的效果；6 min 后开始被实施救治者，只有 10%有效。

1. 触电急救原则

使触电者迅速脱离电源。在未切断电源或触电者未脱离电源时，一定不要触摸触电者。急救时遵循下面的五字原则。

拉：就近拉开电源开关，使电源断开。

切：用具有可靠绝缘柄的电工钳、锹、镐、刀、斧等利器将电源切断。

挑：如果导线搭落在触电者身上或压在身下，可用干燥的木棒、竹竿将导线挑开。

拽：救护人在戴上手套或手上包缠干燥的衣物等绝缘物品后拖拽触电者脱离电源。

垫：如果触电人由于痉挛手指紧握导线或导线绕在身上，这时可先用干燥的木板或橡胶绝缘垫塞进触电人的身下。

2. 对症救护

根据初步检查结果，立即进行对症救护，并采用合适的急救方法。

1）人工呼吸法

对有心跳而呼吸停止（或呼吸不均匀）的触电者，应采用口对口（或口对鼻）人工呼吸法进行抢救，方法如下。

（1）先使触电者仰卧，松开其衣裤，以免影响其呼吸时胸廓及腹部的自由扩张；再使其颈部伸直，头部尽量后仰，掰开口腔，清除口腔杂物，取下假牙，如果其舌头后缩，应拉出舌头，使进出人体的气流畅通无阻，如图 2-33（a）、（b）所示。如果触电者牙关紧闭，可用木片、金属片从嘴角处伸入牙缝，慢慢撬开。

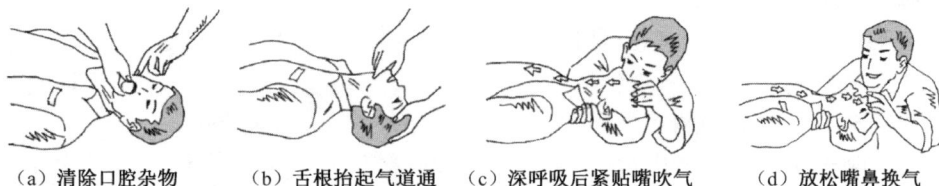

（a）清除口腔杂物　　（b）舌根抬起气道通　　（c）深呼吸后紧贴嘴吹气　　（d）放松嘴鼻换气

图 2-33　口对口人工呼吸法的示意图

（2）救护者位于触电者的头部一侧，用靠近其头部的一只手捏紧触电者的鼻子（防止吹气时气流从鼻孔漏出），并用这只手的外缘压住额部，另一只手托其颈部，将颈上抬，这样可使其头部自然后仰，解除舌头后缩造成的呼吸阻塞。

（3）救护者深呼吸后，用嘴紧贴触电者的嘴（中间也可垫一层纱布或薄布）大口吹气，如图 2-33（c）所示，同时观察触电者胸部的隆起程度，一般应以胸部略有起伏为宜。胸部起伏过大，说明吹气太多，容易吹破肺泡。胸部无起伏或起伏太小，则说明吹气不足，应适当加大吹气量。

（4）吹气至救护者换气时，应迅速离开触电者的嘴，同时放开捏紧的鼻孔，使其自动向外呼气，如图 2-33（d）所示。这时应注意观察触电者胸部的复原情况，倾听口鼻处有无呼气声，从而检查呼吸道是否阻塞。

如此重复进行，每分钟约 12 次。如果触电者张口有困难，可用口对准其鼻孔吹气，即口对鼻人工呼吸法，效果与口对口人工呼吸法类似。抢救过程不可间断，直至触电者苏醒为止。

2）胸外心脏按压法

对有呼吸而心脏停搏（或心跳不规律）的触电者，应采用胸外心脏按压法进行抢救。采用胸外心脏按压法应先使触电者伸直仰卧，其后背着地处须结实（如硬地、木板等），急救者跪跨在触电者的臀部位置，右手掌按图 2-34（a）所示位置放在触电者的胸部，中指指尖置于其颈部凹陷边缘，掌根所在的位置为正确按压区，然后将左手掌压在右手掌上，如图 2-34（b）所示，自上而下均衡地用力按压胸骨下端，使其下陷 3～4 cm，气流方向如图 2-34（c）（箭头方向）所示。接着突然放松按压，要注意手掌不能离开胸壁，使其依靠胸部的弹性自动恢复原状，使心脏自然扩张，如图 2-34（d）所示。按照上述步骤连续操作，每分钟约 60 次（儿童稍快）。

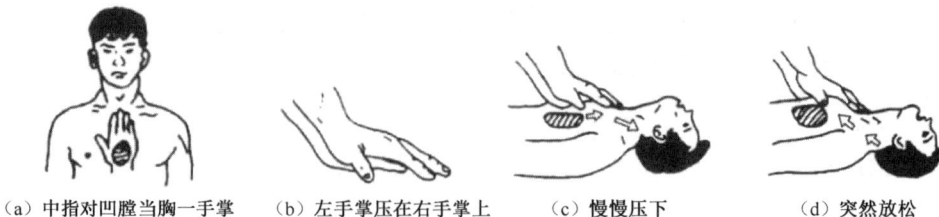

（a）中指对凹腔当胸一手掌　　（b）左手掌压在右手掌上　　（c）慢慢压下　　（d）突然放松

图 2-34　胸外心脏按压法的示意图

按压时定位必须准确，压力要适当，连续操作到触电者苏醒为止。

2.5.4　触电防护技术

当电气设备因绝缘损坏而发生漏电或击穿时，平时不带电的金属外壳及与之相连的其他金属部分便带有电压。人体触及这些意外带电部分时，就可能发生触电事故。减少或避免这类触电事故发生的技术措施有保护接地、保护接零、安装漏电保护器等。

1.　保护接地

当人体触及因绝缘老化或损坏的电气设备或电器装置时将发生触电事故，故一般将电气设备或电器装置的金属外壳通过接地装置与大地可靠地连接起来，这就叫作保护接地。

接地是用来防止间接接触触电的一种重要安全措施。当电气设备发生漏电或电器的金属外壳带电时，绝大部分电流会通过接地体流入地下。

保护接地主要应用于低压不接地电网和高压不接地电网（三相三线制电网）及部分低压中心点直接接地电网（三相四线制公用配电系统），如图 2-35 所示。

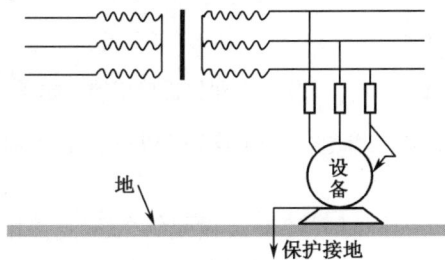

图 2-35　保护接地的示意图

注意：

（1）在同一供电线路上，不允许一部分电气设备保护接地，另一部分电气设备保护接零。如图 2-36 所示，当接地设备的绝缘部分损坏致使外壳带电时，若有人同时接触接地设备的外壳和接零设备的外壳，人体将承受相电压，这是非常危险的。

（2）确保接地可靠。

（3）接地电阻应小于 4 Ω。

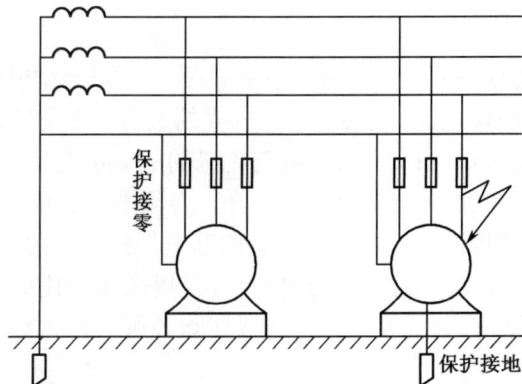

图 2-36　在同一供电线路上一部分电气设备保护接地，另一部分电气设备保护接零

2. 保护接零

所谓保护接零，就是在电源中点直接接地的三相四线制（380 V/220 V）低压电网中，把电气设备在正常情况下不带电的金属外壳与电网的零线可靠地连接起来。它的作用是当电气设备发生碰壳短路时，因电气设备外壳直接接到系统的零线上，这样短路电流经零线而成闭合回路，这种碰壳短路就变成单相短路，该相短路保护装置的熔断器起作用，迅速地切断电源，从而起到保护作用。图 2-37 所示为工作接地和保护接零的示意图。

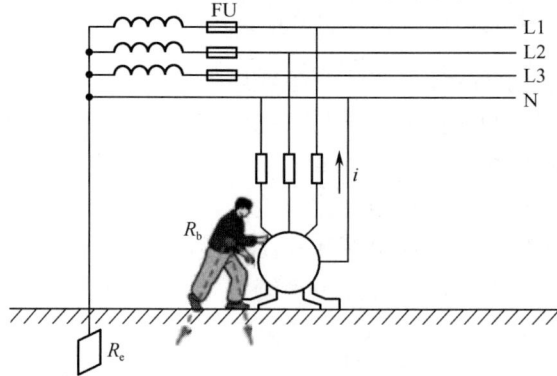

图 2-37　工作接地和保护接零的示意图

保护接零比较适合中点直接接地的三相四线制和三相五线制低压配电系统。

注意：

（1）在采取保护接零措施的同时，还应装设足够的重复接地装置。

（2）在同一低压电网中（指在同一台配电变压器的供电范围内）采取保护接零措施后，便不允许再对其中任一设备采取保护接地措施。

（3）零线上不准装设开关和熔断器。零线的敷设要求应与相线的敷设要求一致，以免出现零线断线故障。

（4）零线的截面应保证当低压电网中任意一处短路时，能够承受大于熔断器额定电流 2.5～4 倍及大于自动开关额定电流 1.25～2.5 倍的短路电流，且该电流不小于相线载流量的一半。

（5）所有电气设备的保护接零线，应以并联的方式接到零干线上。

3. 安装漏电保护器

在低压配电系统中，无论是保护接地还是保护接零，只要相线与电气设备的金属外壳接触，就会形成故障回路并产生故障电流，使触及带电外壳的人有生命危险。若线路的绝缘遭到破坏，则会导致漏电，漏电电流的热效应又会加剧线路绝缘的进一步老化，如此恶性循环的必然后果是酿成电气火灾。因此，为保护人类生命财产安全，必须推广运用比保护接地、保护接零更加完善的附加安全措施，即装设漏电保护器。常见的漏电保护器如图 2-38 和图 2-39 所示。

漏电保护器多用于 1 kV 以下的低压配电系统，是用来防止由间接或直接接触引起的单相触电事故、防止由漏电引起的电气火灾、监测或切除各种一相接地故障、防止电气设备损坏的一种装置。

漏电保护器的安装应按照产品说明书的要求，充分考虑供电线路、供电方式、供电电压及系统接地形式。

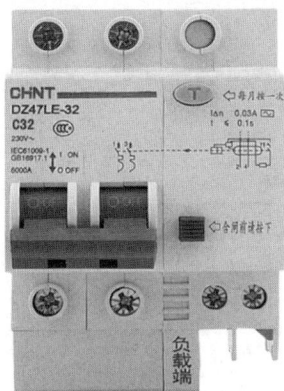

图 2-38　DZ47LE 系列漏电保护器

图 2-39　DZL18 系列漏电保护器

（1）安装漏电保护器时必须严格区分中线和保护线（设备外壳接地线）。漏电保护器的中线应接入漏电保护回路；接零保护线应接入漏电保护器的中线电源侧，不得接至负载侧。经过漏电保护器的中线不得接设备的外露部分；保护线（设备外壳接地线）应单独接地。

（2）漏电保护器负载侧的中线不得与其他回路的中线共用。

（3）漏电保护器标有负载侧和电源侧时，应严格按其规定使用。

（4）安装漏电保护器后，不得撤掉低压供电线路和电气设备的接地保护措施。

（5）漏电保护器安装完毕后，应操作试验按钮，检验其工作性能，确认正常工作后才能将其投入使用。

（6）漏电保护器必须由国家法定机构培训合格的专业电工安装。

在漏电保护器的日常使用中，应每月检查一次试验按钮，看漏电保护器的动作是否正常。在日常使用中，漏电保护器动作后，应进行检查，若未发现事故原因，则允许试送电一次；若再次动作，则必须查明原因找出故障，严禁强行连续送电。有故障的漏电保护器要及时更换。漏电保护器的使用管理、维护保养，应由专业电工进行，非专业人员不得乱动。除经检查确认漏电保护器本身发生故障外，严禁拆除强行送电。

4. 安全电压的选用

人体危险电压=人体最小电阻×工频致命电流，即（800～1 000）Ω×（30～50）mA=（24～50）V。安全电压等级及选用如表 2-4 所示。

表 2-4　安全电压等级及选用

安全电压（交流有效值）		示　例
额　定　值	空载上限值	
42 V	50 V	在有触电危险的场所使用手持电动工具等
36 V	43 V	在矿井中存在多种导电粉尘等场所使用行灯等
24 V	29 V	使用人体可能偶然触及导体的带电设备等
12 V	15 V	
6 V	8 V	

5. 安全距离操作

带电体与地面间、带电体与其他设备间、带电体与带电体间应留有安全距离。工作人员与带电设备的安全距离如表 2-5 所示。

表 2-5　工作人员与带电设备的安全距离

电压等级/kV	安全距离/m	
	无　遮　拦	有　遮　拦
1 及以下	0.10	—
10	0.70	0.35
35	1.00	0.60
110	1.50	1.50
220	3.00	3.00

6. 做好绝缘防护

用绝缘体把可能形成的触电回路隔开，包括外壳绝缘、场地绝缘、工具绝缘。

外壳绝缘：给电气设备的外壳安装绝缘防护罩。

场地绝缘：在人体站立的地方用绝缘层垫起来，使人体与大地隔离。

工具绝缘：在电工工具的手柄上套耐压 500 V 的绝缘套，操作者戴绝缘手套、穿绝缘鞋。

疑难汇总、学习随笔、小结

知识梳理与总结

1. 大小和方向随时间按正弦函数规律变化的电流、电压和电动势被称为正弦交流电量。正弦交流电量由最大值（或幅值）、角频率（周期或频率）和初相位 3 个要素确定。瞬时值表达式、波形图、相量及相量图是正弦交流电量的主要表示方法。

2. 两个同频率的正弦交流电量的相位差等于它们的初相位之差。一般的相位关系有超前或滞后；特殊的相位关系有同相、反相等。

3. 在各种交流电路中，应重点掌握用相量法对交流电路进行分析和计算。在正弦电压的作用下，各种单相交流电路的电压与电流的关系及其功率如表 2-6 所示。

4. 通过提高供电系统的功率因数可以提高供电设备的能量利用率，减少输电线路的能量损耗。对于功率因数较低的电感性负载，可在其两端并联适当的电容来提高供电系统的功率因数。

表 2-6　单相交流电路的电压与电流的关系及其功率

电路参数		阻抗	电压与电流的关系			功率		
			相位关系	数值关系	相量关系	有功功率	无功功率	视在功率
R		R	u_R、i 同相	$U_R = IR$	$\dot{U}_R = R\dot{I}$	$P = U_R I$	$Q_R = 0$	$S = P$
L		jX_L $X_L = \omega L$	u_L 超前 i 90°	$U_L = IX_L$	$\dot{U}_L = jX_L\dot{I}$	$P = 0$	$Q_L = U_L I$	$S = Q_L$
C		$-jX_C$ $X_C = 1/\omega C$	u_C 滞后 i 90°	$U_C = IX_C$	$\dot{U}_C = -jX_C\dot{I}$	$P = 0$	$Q_C = U_C I$	$S = Q_C$
RLC 串联	$X_L > X_C$	$Z = R + jX$ $= \|Z\| \underline{/\varphi}$	u 超前 i 电感性	$U = \|Z\| I$ $\|Z\| = \sqrt{R^2 + X^2}$	$\dot{U} = Z\dot{I}$	$P = UI\cos\varphi$	$Q = UI\sin\varphi$	$S = UI$
	$X_L < X_C$	$X = X_L - X_C$ $\varphi = \arctan(X/R)$	u 滞后 i 电容性					
	$X_L = X_C$	$Z = R$ $\varphi = 0$	u、i 同相 串联谐振	$\|Z\| = R$		$P = UI$	$Q = 0$	$S = P$

5．在含有电感和电容元件的电路中，如果调节电路的参数或电源的频率，那么可使电路的端电压与电流的相位相同，电路发生谐振现象。根据发生谐振现象的电路不同，谐振可分为串联谐振和并联谐振。

6．三相四线制供电系统能够提供两种对称的三相电压，即线电压和相电压。线电压与相电压的数值关系为 $U_L = \sqrt{3}U_P$，线电压的相位超前相应的相电压的相位 30°。

7．根据额定电压的不同，对称三相负载可按星形（Y 形）连接或按三角形（△形）连接。对称三相负载交流电路的性质如表 2-7 所示。

8．安全用电是每一个电气操作人员的基本素质，他们必须了解触电类型，掌握触电急救措施并能规范操作，熟悉安全用电防护措施和触电防护技术。

表 2-7　对称三相负载交流电路的性质

性质	连接方式	
	星形连接	三角形连接
相电压	$\dot{U}_U = U_P\underline{/0°}$　　$\dot{U}_V = U_P\underline{/-120°}$ $\dot{U}_W = U_P\underline{/120°}$	$\dot{U}_{UV} = \sqrt{3}\dot{U}_U\underline{/30°}$　　$\dot{U}_{VW} = \sqrt{3}\dot{U}_V\underline{/30°}$ $\dot{U}_{WU} = \sqrt{3}\dot{U}_W\underline{/30°}$
相电流	$\dot{I}_U = \dot{U}_U/Z = I_P\underline{/-\varphi+0°}$ $\dot{I}_V = \dot{U}_V/Z = I_P\underline{/-\varphi-120°}$ $\dot{I}_W = \dot{U}_W/Z = I_P\underline{/-\varphi+120°}$ $I_P = U_P/\|Z\|$	$\dot{I}_{UV} = \dot{U}_{UV}/Z = I_P\underline{/-\varphi+30°}$ $\dot{I}_{VW} = \dot{U}_{VW}/Z = I_P\underline{/-\varphi-90°}$ $\dot{I}_{WU} = \dot{U}_{WU}/Z = I_P\underline{/-\varphi+150°}$ $I_P = U_L/\|Z\|$
线电流	线电流等于对应的相电流	$\dot{I}_U = \sqrt{3}\dot{I}_{UV}\underline{/-30°}$ $\dot{I}_V = \sqrt{3}\dot{I}_{VW}\underline{/-30°}$ $\dot{I}_W = \sqrt{3}\dot{I}_{WU}\underline{/-30°}$
总功率	$P = \sqrt{3}U_L I_L\cos\varphi$　　$Q = \sqrt{3}U_L I_L\sin\varphi$　　$S = \sqrt{3}U_L I_L$	

自测题 2

扫一扫看自测题 2 答案

一、判断题

1．正弦交流电的角频率表示其变化的快慢。　　　　　　　　　　　　　　　　（　　）

2. 正弦交流电的初相位表示其变化的步调。 （ ）

3. 正弦交流电的瞬时值与其相量相等。 （ ）

4. 与电阻相似，电感、电容的伏安特性也是线性代数关系。 （ ）

5. 无功功率就是无用的功率。 （ ）

6. 复阻抗也是相量。 （ ）

7. 功率因数越高，电源容量的利用率就越高。 （ ）

8. 三相交流电路采用星形接法时，线电压是相电压的 $\sqrt{3}$ 倍，二者的相位相同。 （ ）

9. 采用星形接法时，无论三相负载是否对称，中线都可有可无。 （ ）

10. 三相负载采用三角形接法时，线电流总是相电流的 $\sqrt{3}$ 倍。 （ ）

二、计算题

1. 已知某正弦电压 $u = 220\sqrt{2}\sin(314t - 45°)$ V，试求它的最大值、有效值、角频率、频率、周期和初相位。

2. 根据下列正弦电压的瞬时值表达式，分别写出它们的相量式。
   （1）$u = 20\sqrt{2}\sin\omega t$ V；
   （2）$u = 20\sqrt{2}\sin(\omega t + 90°)$ V；
   （3）$u = 20\sqrt{2}\sin(\omega t - 90°)$ V；
   （4）$u = 20\sqrt{2}\sin(\omega t + 120°)$ V。

3. 试用瞬时值表达式和相量图分别表示角频率均为 ω 的正弦电量 $\dot{U} = 220\underline{/30°}$ V 和 $\dot{I} = 6\underline{/-60°}$ A，并计算它们的相位差 φ，说明它们的相位关系。

4. 已知正弦电压 $u_1 = 60\sqrt{2}\sin(\omega t + 45°)$ V，$u_2 = 80\sqrt{2}\sin(\omega t - 45°)$ V，试用相量法计算电压 $u = u_1 + u_2$。

5. 现有一只标称阻值为 22 Ω 的电阻接在 $u = 220\sqrt{2}\sin(314t + 60°)$ V 的电源上，试求流过电阻的电流 i 及有功功率 P。

6. 在纯电感电路中，电感元件的电感 $L = 0.35$ H，端电压 $u_L = 220\sqrt{2}\sin(314t + 30°)$ V，试求电流 i 及无功功率 Q_L。

7. 在纯电容电路中，电容 $C = 80\,\mu\text{F}$，电路中的电流 $i = 5.5\sqrt{2}\sin(314t + 60°)$ A，试求电容元件的端电压 u_C 及无功功率 Q_C。

8. 一个线圈接在 $U = 120$ V 的直流电源上，$I = 20$ A；如果将其接在 $f = 50$ Hz、$U = 220$ V 的交流电源上，则 $I = 22$ A。试求该线圈的电阻 R 和电感 L。

9. 在 RL 串联交流电路中，电源电压 $U = 10\sqrt{2}$ V，如果电阻电压 $U_R = 10$ V，试求电感电压 U_L 及电源电压与电流的相位差 φ。

10. 在 RLC 串联交流电路中，已知电阻 $R = 40\,\Omega$，电感 $L = 159$ mH，电容 $C = 159\,\mu\text{F}$，电源电压 $u = 220\sqrt{2}\sin(314t + 60°)$ V。试求：（1）电路的等效阻抗 Z；（2）电路中的电流 i；（3）各个元件的端电压 $\dot{U}_R$、$\dot{U}_L$、$\dot{U}_C$；（4）有功功率 P、无功功率 Q 和视在功率 S；（5）画出相量图。

11. 在图 2-41 所示的 RLC 并联交流电路中，已知电阻 $R = 10\,\Omega$，电感 $L = 31.85$ mH，电容 $C = 159.2\,\mu\text{F}$，总电流 $i = 10\sqrt{2}\sin(314t + 15°)$ A。试求：（1）电路的等效阻抗 Z；（2）电源电压 $\dot{U}$；（3）各个元件支路中的电流 $\dot{I}_R$、$\dot{I}_L$、$\dot{I}_C$；（4）有功功率 P、无功功率 Q 和视在功率 S；（5）画出相量图。

12. 在图 2-42 所示的串联交流电路中，已知电源电压 $u = 220\sqrt{2}\sin(314t + 30°)$ V，阻抗 $Z_1 = (3.16 + \text{j}6)\,\Omega$、$Z_2 = (2.5 - \text{j}4)\,\Omega$、$Z_3 = (3 + \text{j}3)\,\Omega$。试求：（1）电路的等效阻抗 Z；（2）电路中的电流 i；（3）有功功率 P、无功功率 Q 和视在功率 S。

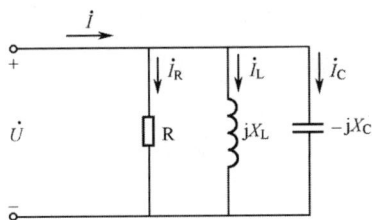

图 2-41　　　　　　　　　　图 2-42

13．在图 2-43 所示的并联交流电路中，已知 $R_1 = 3\,\Omega$，$X_L = 4\,\Omega$，$R_2 = 8\,\Omega$，$X_C = 6\,\Omega$，电源电压 $\dot{U} = 220\underline{/60°}$ V。试求：（1）电路的等效阻抗 Z；（2）电路中的电流 $\dot{I}$ 及 RL、RC 支路中的电流 $\dot{I}_1$、$\dot{I}_2$；（3）有功功率 P、无功功率 Q 和视在功率 S。

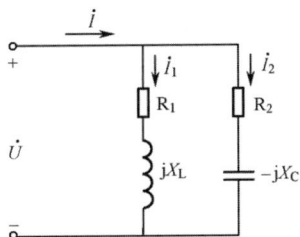

图 2-43

14．JZ7 系列中间继电器线圈的额定电压为 380 V，额定频率为 50 Hz，线圈电阻为 2 kΩ，线圈电感为 43.3 H。试求线圈电流 I 及功率因数 $\cos\varphi$。

15．在三相四线制供电系统中，相电压 $u_W = 220\sqrt{2}\sin(314t - 30°)$ V，按照正序写出对称三相相电压 $\dot{U}_U$、$\dot{U}_V$、$\dot{U}_W$ 和对称三相线电压 $\dot{U}_{UV}$、$\dot{U}_{VW}$、$\dot{U}_{WU}$。

16．在对称三相交流电路中，对称三相负载的额定电压为 220 V，每相负载的阻抗 $Z = (10 + j17.32)\,\Omega$，三相四线制电源的线电压 $u_{VW} = 380\sqrt{2}\sin(314t + 30°)$ V。

（1）该对称三相负载如何接入三相电源才能保证其在额定状态下工作？

（2）计算各相负载的相电压 $\dot{U}_U$、$\dot{U}_V$、$\dot{U}_W$。

（3）计算各相负载的相电流 $\dot{I}_U$、$\dot{I}_V$、$\dot{I}_W$。

（4）计算总有功功率 P、总无功功率 Q 和总视在功率 S。

17．在图 2-44 所示的三相四线制供电系统中，按星形连接的三相电阻性负载的电阻分别为 5.5 Ω、11 Ω 和 22 Ω，对称三相相电压 $\dot{U}_V = 220\underline{/-120°}$ V。试求：（1）负载的相电压 $\dot{U}_U$、$\dot{U}_W$；（2）各相负载的相电流 $\dot{I}_U$、$\dot{I}_V$、$\dot{I}_W$；（3）中线电流 $\dot{I}_N$。

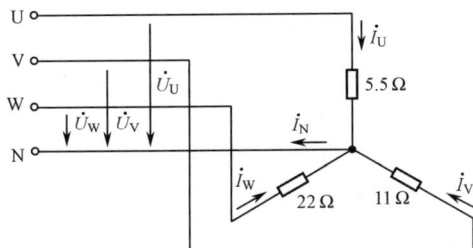

图 2-44

18．在对称三相交流电路中，对称三相负载的额定电压为 380 V，每相负载的阻抗 $Z = (10 + j10)$ Ω，三相四线制电源的相电压 $\dot{U}_U = 220\underline{/45°}$ V。

（1）该对称三相负载如何接入三相电源才能保证其在额定状态下工作？

（2）计算各相负载的线电压 $\dot{U}_{UV}$、$\dot{U}_{VW}$、$\dot{U}_{WU}$。

（3）计算各相负载的相电流 $\dot{I}_{UV}$、$\dot{I}_{VW}$、$\dot{I}_{WU}$ 和线电流 $\dot{I}_U$、$\dot{I}_V$、$\dot{I}_W$。

（4）计算总有功功率 P、总无功功率 Q 和总视在功率 S。

项目3

变压器和电动机的认识、拆装与检测

知识重点	1. 磁场的主要物理量及磁性材料的磁化性质；2. 磁路和磁路的欧姆定律；3. 变压器的结构和工作原理；4. 三相异步电动机的结构、工作原理、电磁转矩和机械特性；5. 单相异步电动机的结构和工作原理；6. 特种电动机的工作原理
知识难点	1. 磁路的欧姆定律；2. 变压器的变换电压、变换电流、变换阻抗原理；3. 三相旋转磁场的产生原理；4. 单相异步电动机的工作原理；5. 特种电动机的工作原理
教学设计	本项目主要围绕变压器和电动机的认识、拆装与检测开展教学活动，以变压器的检测与检修、小型三相异步电动机的拆装与检测两个任务为载体，以工作过程为导向，以教学目标为引领。充分利用信息化教学手段，采用"教、学、做、评"一体化模式，突出对学生实践能力和创新能力的培养。整个教学过程依托教学平台、仿真设计软件等信息化技术手段，将实际应用项目转换为典型教学项目，创造一个同时具备工程体验功能、教学实施功能、学习效果评测功能和实时互动交流功能的多功能信息化教学环境，力求做到"学做合一"，实现"做中教、做中学"，调动学生的积极性和主动性，促进学生自主学习和主动学习，实现建构性学习
推荐教学方式	1. 采用翻转课堂模式，充分利用教学资源库和网络课程学习平台里的教学资源，开展"课前导预习、课上导学习、课后导拓展"的教学活动。 2. 依托网络课程学习平台有效地整合本书提供的视频、图文、动画、仿真等教学资源，为学生创设虚实结合、情景交融的学习环境，为课堂的顺利进行提供保障。 3. 充分利用本书提供的视频、图文、动画、仿真等教学资源，把难点知识变得直观易懂。 4. 通过仿真与实操相结合的方式，使学习场景更贴近实际工作场景，为学生进入工作岗位打好坚实基础
推荐学习方式	1. 课前充分利用本书提供的视频、图文、动画、仿真等教学资源自主学习，并将学习疑难问题记录在活页笔记上。 2. 课中依靠学习小组的协作性进行知识与能力的学习与训练，在老师的指导下内化知识、培养技能、提升素质，在执行任务过程中，分析任务、研究任务、制定方案，在方案实施过程中研究问题、解决问题，学习与训练系统性地完成任务的方法与能力。 3. 课后主动拓展，提升应用实践能力

任务9　变压器的检测与检修

1. 任务目标

任务载体	变压器的检测与检修	学　时	8	任务成绩	
学生姓名		日　期		班　级	
实训场所				组　号	
参考器材	电工实训实验台，小型变压器（220 V/36 V），交流电流表，交流电压表，万用表，兆欧表				
知识目标	1. 理解磁场中各物理量的表示意义、表达式、相互关系；2. 理解安培环路定律；3. 理解磁性材料的磁化性质；4. 理解交流铁芯线圈的磁通、损耗；5. 理解交、直流电磁铁的工作特性；6. 理解变压器的结构、作用				
能力目标	1. 会进行交、直流电磁铁，变压器的应用分析；2. 会进行变压器的变换电压、电流、阻抗计算；3. 会对变压器进行常规检测，排除变压器在使用过程中的常见故障				
职业素养	培养学生的自信心，训练挑战自我、超越自我的能力				
立德树人	1. 传承勤俭节约的传统美德；2. 培育严谨认真、精益求精的工匠精神				

2. 任务准备（课前）

学习背景知识：

（1）扫一扫下面二维码学习磁场主要物理量、磁性材料磁化和磁路、变压器结构及工作原理、交直流电磁铁等知识，同时不断发现自身潜力，培育突破自我、勇于领先、敢于超越的精神。

扫一扫看微课视频：磁场主要物理量	扫一扫看微课视频：磁性材料的磁化与磁路	扫一扫看微课视频：变压器结构及工作原理

扫一扫看微课视频：交直流电磁铁

（2）扫一扫下面二维码学习电流互感器工作原理。

扫一扫看动画：电流互感器工作原理

（3）扫一扫下面二维码完成参考题。

扫一扫看磁场基本物理量参考题	扫一扫看磁场基本物理量参考题答案	扫一扫看磁性材料磁化性质及磁路参考题	扫一扫看磁性材料磁化性质及磁路参考题答案

扫一扫看交流铁芯线圈参考题	扫一扫看交流铁芯线圈参考题答案	扫一扫看变压器参考题	扫一扫看变压器参考题答案

（4）扫一扫下面二维码进行变压器结构、检测的 VR 仿真。

扫一扫下载后进行 VR 仿真：变压器结构	扫一扫下载后进行 VR 仿真：变压器检测

（5）扫一扫下面二维码看任务操作指导。

扫一扫看任务操作指导：变压器检测与检修

3. 计划与实施（课中、课后）

知识内化	（1）进行交、直流电磁铁，变压器的应用分析；（2）进行变压器的变换电压、电流、阻抗计算	
任务实施	根据作业要求制定作业计划与方案	
	根据作业要求制定作业步骤，明确各项操作规程和安全注意事项，进行人员分工等	
	明确任务要求：（1）对变压器进行检查与检测；（2）故障检修	
	完成任务内容：（1）检查外观；（2）测定同极性端；（3）检查绝缘；（4）检查线圈通断；（5）通电检查；（6）检查温升	
	撰写任务实施报告：任务实施的方案、过程、收获、问题、改进措施等	

4. 任务评价

项目	评价要素	评价标准	自评 0.2	互评 0.3	师评 0.5	权重	小计
知识考核	（1）课前在线测试、在线讨论；（2）课中、课后分析与计算	（1）会进行交、直流电磁铁，变压器的应用分析；（2）会进行变压器的变换电压、电流、阻抗计算				0.4	
职业素养	（1）出勤；（2）工作态度；（3）劳动纪律；（4）团队协作精神	（1）遵守企业规章制度、劳动纪律；（2）按时、按质完成工作任务；（3）积极主动承担工作任务，勤学好问；（4）保证人身安全与设备安全；（5）工作岗位 7S 管理				0.1	
专业能力	（1）对变压器进行常规检测；（2）排除变压器在使用过程中的常见故障	（1）仪器仪表的量程正确，操作规范；（2）检测项目正确，检测结果正确；（3）故障排除正确；（4）规范操作，安全文明生产；（5）任务完成快慢				0.5	

续表

项目	评价要素	评价标准	自评 0.2	互评 0.3	师评 0.5	权重	小计
创新能力	（1）独特见解； （2）创新建议	（1）方案的可行性及意义； （2）建议的可行性				附加	
思政培养	（1）外在表现； （2）内在提升	（1）相信自己，敢于挑战自己； （2）传承勤俭节约的传统美德和优秀的传统文化				附加	
合计							

5. 课后拓展提高

1. 任务实施报告：任务实施的方案、过程、收获、问题、改进措施等（可另附页）。

2. 任务拓展：

（1）能力提升：选取合适的变压器，设计一个可以对4Ω负载进行匹配的变压器阻抗匹配电路。

（2）思政深化：由铁磁材料的磁化过程得到启发，思考你对自身潜力的认识并如何发挥其作用；由我国变压器行业取得的成就，思考科技工作者所付出的辛苦努力，你该如何对待专业学习和提升成绩。

在电工技术中有很多电气设备或器件是利用电磁现象及电与磁的相互作用原理来工作的。变压器和电动机是其中的两种，这些电气设备都是由电路和磁路两大部分组成的。在学习它们的工作原理之前先复习有关磁路的一些知识。

变压器是一种变换交流电压的电磁设备，是输配电网络中的主要设备。

电动机是一种将电能转换为机械能的电磁设备，按其用途可分为动力用电动机和控制用电动机。三相异步电动机是一种常用的动力用电动机，伺服电动机和步进电动机是应用较多的两种控制用电动机。

3.1　磁场的主要物理量

扫一扫看教学课件：磁场主要物理量

扫一扫看课程思政：指南针

在电磁器件中通常利用通电线圈来建立磁场，并且使线圈绕在闭合的或接近闭合的铁芯上，如图3-1所示。下面首先简要复习描述磁场的几个物理量。

3.1.1　磁感应强度和磁通

1. 磁感应强度

磁感应强度（B）表示磁场中某点磁场的强弱和方向，其单位为特斯拉（T）。

磁感应强度是矢量，其大小表示磁场中某点磁场的强弱，其方向表示该点的磁场方向。

磁场的分布通常用磁感应线表示，磁感应线某点的切线方向为该点的磁场方向。

2. 磁通

磁通（Φ）是磁场中垂直穿过某面积的磁感应强度的总和，如图3-2所示。

当磁场为均匀磁场，所取面积为平面且与磁场方向垂直时有

$$\Phi = BS \tag{3-1}$$

磁通量的单位为韦伯（Wb）。

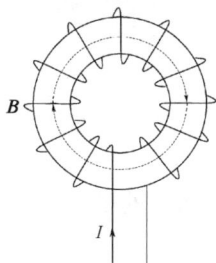

图 3-1　通电线圈的磁场　　　　　　　图 3-2　磁通

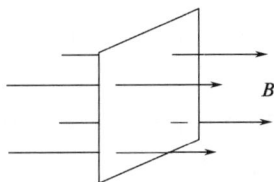

提示

（1）磁通量表示某范围内磁场的强弱，只能反映大小，是标量。磁感应强度表示磁场中某点的磁场强弱，既有大小又有方向，是矢量。

（2）磁通量与磁感应线之间的关系是：穿过某面积的磁感应线的数量越多，该面上的磁通量就越大。

（3）磁感应强度 $B = \dfrac{\Phi}{S}$，又称 B 为磁通密度。

3.1.2　磁场强度和磁导率

实验　磁场强度和媒介质

图 3-3 所示为两个相同的通电线圈，图 3-3（a）所示为铁芯通电线圈，图 3-3（b）所示为铜芯通电线圈。用铁芯通电线圈和铜芯通电线圈分别吸引铁屑，会发现二者的吸力明显不同，铁芯通电线圈的吸力大于铜芯通电线圈的吸力，说明通电线圈产生磁场的强弱不仅与线圈的尺寸、匝数、电流有关，还与媒介质的材料有关。为了表述这些因素对磁场强弱的影响，引入两个物理量，即磁场强度和磁导率。

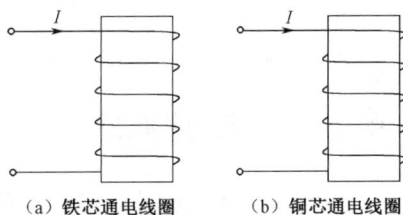

（a）铁芯通电线圈　　　（b）铜芯通电线圈
图 3-3　通电线圈

1. 磁场强度

在通电线圈产生的磁场中，除媒介质外，把其他因素，如线圈的尺寸、匝数、电流等对磁场的影响综合成一个物理量，即磁场强度（H），其单位为 A/m，并且是矢量。

2. 磁导率

磁导率（μ）是表示媒介质对磁场强弱影响的物理量，其单位为 H/m，实验测得真空磁导率为一常数：

$$\mu_0 = 4\pi \times 10^{-7} \ \text{H/m} \tag{3-2}$$

为了比较媒介质对磁场的影响，将任意物质的磁导率与真空磁导率的比值称为相对磁导率，用 μ_r 表示，即

$$\mu_r = \frac{\mu}{\mu_0} \tag{3-3}$$

相对磁导率是一个纯数，经过实验分析将自然界中的物质按相对磁导率的不同分成 3 类。

（1）顺磁物质，μ_r 稍大于 1，如空气、铝、铂。

（2）反磁物质，μ_r 稍小于 1，如氢、铜。

（3）铁磁物质，μ_r 远大于 1，可达到数百甚至数千以上（且不是一个常数），如铁、镍、钴及其合金。

顺磁物质和反磁物质的相对磁导率接近 1，近似认为它们的磁导率相同，与真空磁导率一致，被称为非铁磁物质。

铁磁物质的磁导率很高，在通电线圈的激发下能产生很强的磁场，在电磁器件中有很广泛的应用。

磁场强度和磁导率共同决定磁场强弱。

$$B = \mu H \qquad (3\text{-}4)$$

3.1.3 安培环路定律

在图 3-1 所示的环形磁场内任取一条圆形磁感应线，可知各点的磁感应强度、磁场强度相同。

经证明，磁场强度为

$$H = \frac{NI}{l} \qquad (3\text{-}5)$$

式中，N 为线圈匝数；I 为线圈电流；l 为选取路径的长度。该式被称为**安培环路定律**，表明磁场强度与磁场经历的路径成反比，因为路径越长，磁场越分散，各点的磁场越弱，所以在允许的情况下应尽可能地缩短磁场经历的路径。

扫一扫看教学课件：磁性材料磁化及磁路

扫一扫看课程思政：超越自我

3.2 磁性材料的磁化性质和磁路

3.2.1 铁磁物质和非铁磁物质

自然界中的物质在外磁场作用下所表示出来的磁化性能不同，基本可分为两类，即铁磁物质和非铁磁物质，其磁化性能如表 3-1 所示。

表 3-1 铁磁物质和非铁磁物质的磁化性能

	铁磁物质	非铁磁物质
物质实例	铁、镍、钴、硅钢、铁氧体	空气、铝、铜、胶木
磁导率	$\mu \gg \mu_0$，且为非常数	$\mu \approx \mu_0$，近似为常数
磁化曲线		
磁化性能	1. 高导磁性（μ 很大）； 2. 非线性磁化特性（μ 非常数）； 3. 磁饱和性：当磁场强度增大到一定程度时，磁感应强度基本不再增大，达到饱和	1. 弱导磁性（μ 很小）； 2. 线性磁化特性（μ 为常数）

续表

	铁磁物质	非铁磁物质
反复磁化 特性曲线	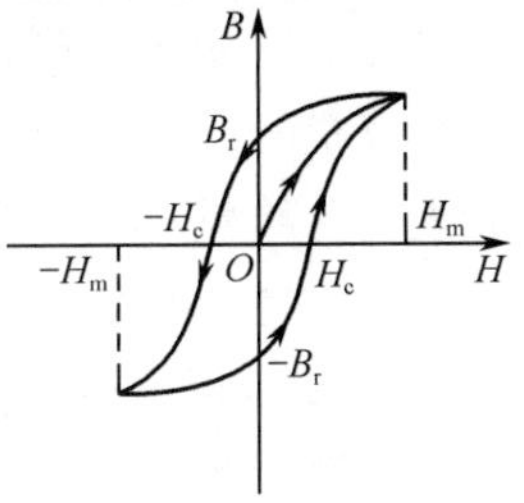 　1．磁滞性：磁感应强度 B 回零滞后于磁场强度 H 回零； 　2．剩磁性：当通电线圈中的电流降为 0 时，H 降为 0，铁芯内的 B 不为 0	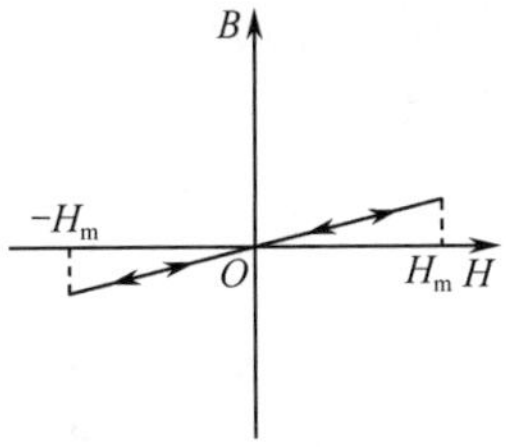 1．无磁滞性； 2．无剩磁性

提示

（1）铁磁物质的剩磁性可以用来制作永久磁铁。
（2）铁磁物质不同，其剩磁大小也不同，据此将铁磁物质分为 3 类。

3.2.2　铁磁物质的分类

铁磁物质的分类如表 3-2 所示。

表 3-2　铁磁物质的分类

分类	磁滞回线	特点	用途
软磁材料	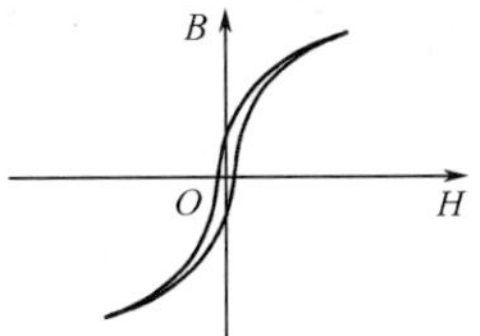	磁导率高，易磁化也易去磁，磁滞回线较窄，磁滞损耗小	硅钢、铸钢、铁镍合金等； 电动机、变压器、继电器铁芯； 高频半导体收音机中的磁棒
硬磁材料	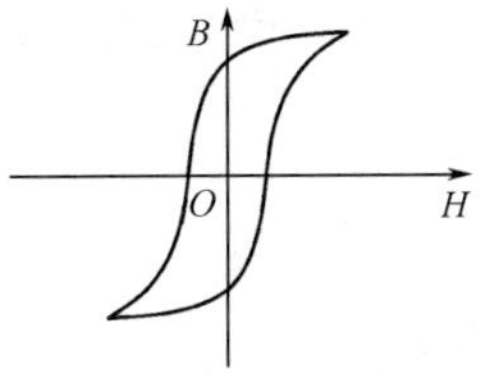	磁滞回线很宽，不易磁化，也不易去磁，一旦磁化后能保持很强的剩磁性，适宜制作永久磁铁	碳钢、钴钢等； 磁电式仪表、扬声器中的磁钢、永久磁铁
矩磁材料	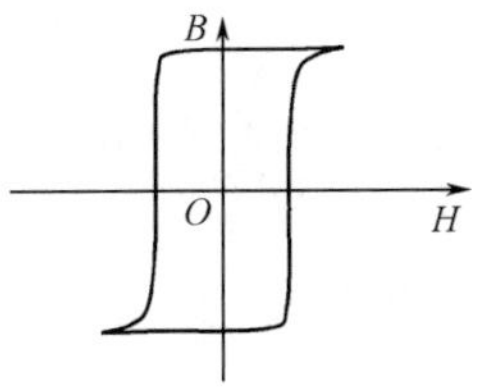	磁滞回线的形状如同矩形。在很小的外磁场作用下就能磁化，一经磁化便达到饱和值，去掉外磁，磁性仍能保持在饱和值，主要用作记忆元件	锰镁铁氧体； 磁带、计算机中存储器的磁芯

铁磁物质之所以具有高导磁性，是因为铁磁物质内部的分子电流形成很多微小磁场，称之为磁畴。当无外磁场作用时，这些磁畴杂乱无章地分布，磁性相互抵消，对外不显磁性。当有外磁场作用时，这些磁畴逐步转向外磁场方向，相互叠加形成一个很强的附加磁场，从而使铁磁物质内部具有很强的磁性。磁性材料的磁化如图 3-4 所示。

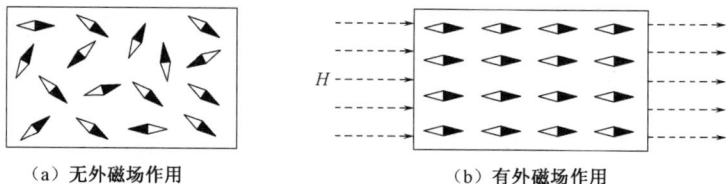

（a）无外磁场作用　　　　（b）有外磁场作用

图 3-4　磁性材料的磁化

应用　磁卡

银行信用卡的磁条记录了银行代码、户头编号、密码等数据，这些数据是用二进制码表示的，在磁化时用磁性的有无表示二进制数的"1"和"0"。

3.2.3　磁路

磁路是磁通经过的路径。

图 3-5 所示的通电线圈为铁磁物质。由于铁磁物质的磁导率远大于空气磁导率，所以铁芯内的磁通远大于空气中的漏磁通，忽略空气中的漏磁通可近似认为通电线圈的磁场几乎全部集中在铁芯内，这种集中在一定路径内的磁场形成的回路被称为**磁路**。显然，磁路的形状取决于铁芯的形状，几种电磁设备的磁路如图 3-6 所示。

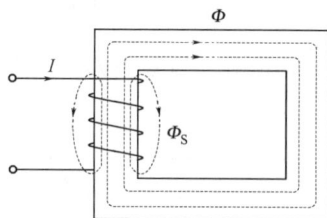

图 3-5　磁路

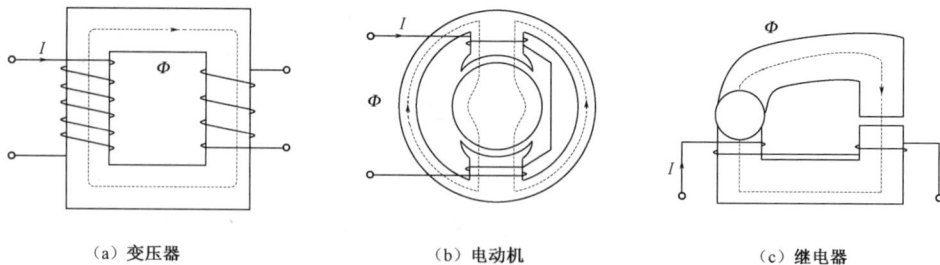

（a）变压器　　　　（b）电动机　　　　（c）继电器

图 3-6　几种电磁设备的磁路

思考题

如果将图 3-7 所示通电线圈的媒介质的材料换作胶木，通电线圈的形成磁路吗？若媒介质虽然是铁芯但不是闭合的，如图 3-7 所示，那么还会形成磁路吗？由此可以总结出磁路形成的条件吗？

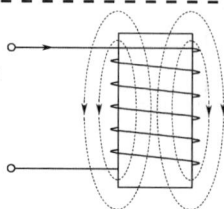

图 3-7　通电线圈

3.2.4 磁路欧姆定律

若媒介质为圆环形铁芯，则当圆环的半径较小时可近似认为圆环内的磁场为均匀磁场，其内部的磁通为

$$\Phi = B \cdot S = \mu \cdot H \cdot S = \frac{\mu \cdot S \cdot N \cdot I}{l} = \frac{N \cdot I}{l / \mu \cdot S} = \frac{F}{R_m} \qquad (3\text{-}6)$$

该式被称为**磁路欧姆定律**。F 表示磁通势，R_m 表示磁阻，分别对应电阻元件在电路中的电动势和电阻，磁通对应电流，该式与欧姆定律的表达式相似，故称此式为磁路欧姆定律。

> **??? 思考题**
>
> （1）变压器、电动机等电磁设备的磁路为什么都选用磁性材料制成？
>
> （2）如果在图 3-8 所示的圆环形铁芯上锯下一小段，形成气隙，在磁通势 F 不变的条件下，磁通 Φ 将如何变化？
>
>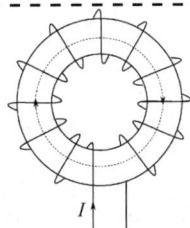
>
> 图 3-8　圆环形铁芯

3.3 交流铁芯线圈

电磁设备中经常用到交流铁芯线圈，如交流电动机、变压器及各种继电器，因此交流铁芯线圈的电路性质和磁路性质非常重要。图 3-9 所示为交流铁芯线圈。

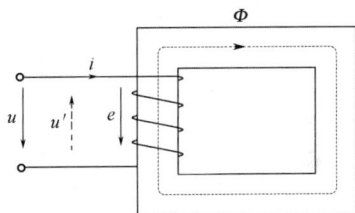

图 3-9　交流铁芯线圈

3.3.1 交流铁芯线圈的磁通

当电源电压为正弦交流电量时，忽略线圈的绕线电阻、漏磁通，铁芯中的磁通应遵循正弦规律。

设主磁通为

$$\Phi = \Phi_m \sin \omega t$$

则感应电动势为

$$e = -N \frac{d\Phi}{dt} = -2\pi f N \Phi_m \sin(\omega t + 90°) = -E_m \sin(\omega t + 90°)$$

式中，$E_m = 2\pi f N \Phi_m$ 是主磁感应电动势的最大值，其有效值为

$$E = \frac{E_m}{\sqrt{2}} = \frac{2\pi f N \Phi_m}{\sqrt{2}} \approx 4.44 f N \Phi_m$$

根据基尔霍夫定律有

$$u = -e$$

则电压的有效值为

$$U = 4.44 f N \Phi_m \qquad (3\text{-}7)$$

扫一扫看教学课件：交直流电磁铁

（1）$U = E = 4.44 fN\Phi_m$ 是分析变压器、交流电动机的重要依据。

（2）由上述分析可以得出结论：当电源电压 U 一定时，只要线圈匝数 N 一定，其主磁通 Φ 也一定，当其他因素变化时，Φ 不应随之变化。这也是一个非常重要的结论。

3.3.2 磁滞损耗和涡流损耗

1. 磁滞损耗

在交变磁场中，铁芯被反复磁化，根据磁滞回线可知，铁芯磁感应强度的下降步调总是滞后于上升步调，这就使交流铁芯线圈在磁感应强度上升时从电源吸收的电能大于磁感应强度下降时释放的电能，即交流铁芯线圈损耗一部分电能，被称为**磁滞损耗**。磁滞损耗与磁滞回线的包围面积成正比。

2. 涡流损耗

交流铁芯线圈的交变磁场穿过铁芯，铁芯本身是导电的，在铁芯内部产生旋涡状的感应电流，被称为涡流，如图 3-10 所示。涡流在铁芯内循环流动，在铁芯的电阻中产生热消耗，被称为**涡流损耗**。

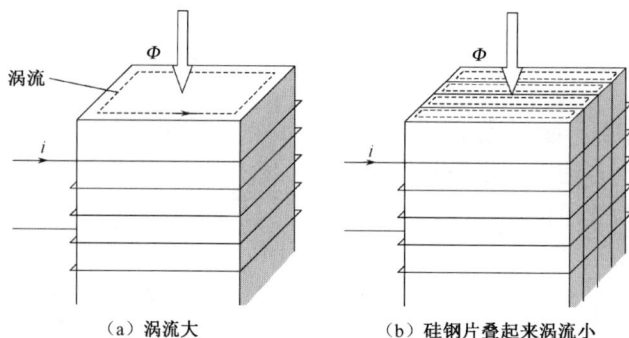

（a）涡流大　　（b）硅钢片叠起来涡流小

图 3-10　涡流

在电动机、变压器等电磁设备中应尽可能地减小涡流损耗，可以将硅钢片叠起来作为铁芯，如图 3-10（b）所示，一方面加长涡流路径，提高电阻、减小涡流；另一方面加入硅提高铁芯的电阻率。此外，也有很多利用涡流工作的场合，例如，工业生产中的高频感应炉利用涡流加热和冶炼金属，生活中的电磁炉也利用涡流加热。

3.3.3 交、直流电磁铁

1. 交流电磁铁

交流电磁铁是很常用的一种电磁设备，如图 3-11、图 3-12 所示。电磁铁的结构包括线圈、铁芯（静铁芯）和衔铁（动铁芯），如图 3-13 所示。当线圈与交流电源连接时，在铁芯、衔铁和微小气隙构成的磁路中建立磁场。将铁芯、衔铁磁化，在铁芯与衔铁的端面上出现极性相异的磁极，彼此相吸，衔铁被吸向铁芯，从而带动某一机械结构运动，完成特定的机械动作，如起重、制动、吸持（吸盘）、开闭阀门等。

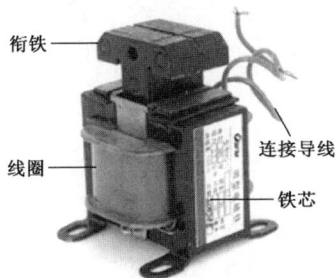

图 3-11 牵引电磁铁

图 3-12 起重电磁铁

图 3-13 电磁铁的结构

提示

交流电磁铁的吸力与气隙的磁感应强度和磁极面积成正比。

2. 直流电磁铁

直流电磁铁的线圈接直流电,由于其电压、电流恒定,因此在线圈两端没有感应电动势。在电源电压 U 的作用下,线圈中的电流 $I = \dfrac{U}{R}$,当 U 一定时,电流 I 一定,R 为线圈电阻,一般很小,当 U 很大时,直流铁芯线圈中的电流 I 很大,可能因过热造成损坏,交流电磁铁与直流电磁铁在各个方面的特性比较如表 3-3 所示。

表 3-3 交流电磁铁与直流电磁铁在各个方面的特性比较

项目		特性	
		交流电磁铁	直流电磁铁
电源电压 U 一定		Φ 一定 $\Phi_{m} = \dfrac{U}{4.44fN}$	$I = \dfrac{U}{R}$ 一定
磁滞损耗、涡流损耗		有	无
在衔铁吸合过程中	磁阻 $R_{m} = \dfrac{l}{\mu S}$	变小	变小
	磁通 Φ	不变	变大
	吸力	平均吸力不变	吸力变大

???思考题

(1)交流电磁铁的衔铁被卡住,长时间不能吸合,会烧毁线圈,为什么?

(2)直流铁芯线圈和交流铁芯线圈一般不能换用,为什么?

3.4 变压器

扫一扫看教学课件：变压器结构与工作原理

扫一扫看课程思政：勤俭节约

变压器是一种变换交流电压的电磁设备，这也是"变压器"名称的由来。变压器实际起到的作用主要有以下几个。

（1）变换电压，主要用于输配电电路。

（2）变换电流，主要用于电工测量。

（3）变换阻抗，主要用于电子技术领域。

在交流电路中，输送相同的电功率，电压越高，线路中的电流越小，线路损耗越小，同时对输电线的要求越低，所以在输配电网络中常采用高压输电，利用变压器将发电机发出的交流电压升高向用户输送。电能被送到用电区后，再根据用户的不同需求，利用变压器将电压降低至用户所需的电压。例如，大型动力设备和工厂的用电电压为 10 kV、6 kV、3 kV；小型动力设备和照明的用电电压为 380 V、220 V；特殊场合的用电电压为 36 V、24 V、12 V、6 V。

变压器的种类很多，常见的变压器如图 3-14 所示。按用途分，可将其分为用于输配电的电力变压器，用于电工测量的仪用互感器，用于电子电路的整流变压器和阻抗变换器等。按电能变换相数分，可将其分为单相变压器和三相变压器。

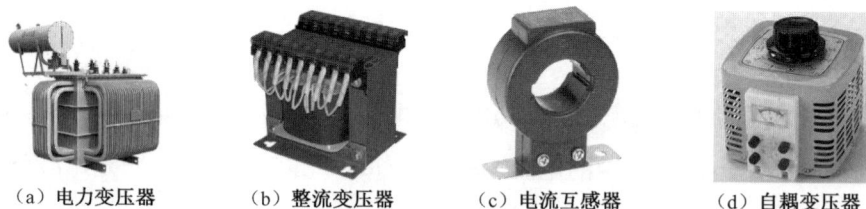

（a）电力变压器　　（b）整流变压器　　（c）电流互感器　　（d）自耦变压器

图 3-14　常见的变压器

3.4.1 变压器的结构

变压器主要由铁芯和绕在铁芯上的两个线圈或多个线圈组成。变压器按其铁芯的结构形式分为壳式变压器和芯式变压器两种，如图 3-15 所示。

壳式结构一般用于小容量变压器，芯式结构一般用于大容量变压器。

图 3-16、图 3-17 所示为单相双绕组变压器的原理结构示意图及其表示符号。其中与电源连接的线圈（绕组）被称为原绕组、初级绕组或一次绕组。对应的电压和匝数分别用 u_1、N_1 表示；与负载连接的线圈被称为副绕组、次级绕组或二次绕组，对应的电压和匝数分别用 u_2、N_2 表示。

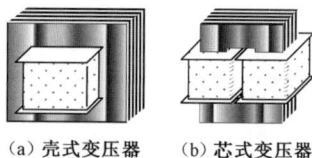

（a）壳式变压器　　（b）芯式变压器

图 3-15　变压器按其铁芯的结构形式分类

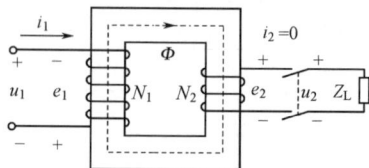

图 3-16　单相双绕组变压器的原理结构示意图

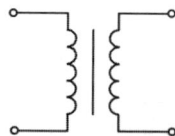

图 3-17　单相双绕组变压器的表示符号

3.4.2 变压器的工作原理

在图 3-16 中，原绕组接交流电源，在铁芯内建立交变磁场，该交变磁场在原绕组和副绕组中分别产生感应电动势 e_1、e_2，感应电动势 e_2 作用于负载，实现电能由电源向负载的传输。

1. 空载运行状态

在图 3-16 中，负载开路时为变压器空载运行状态，副边电流 i_2 为 0，原边电流 i_1 被称为空载电流。为了分析简便，忽略绕组的绕线电阻、铁芯损耗、磁路漏磁通及磁饱和等的影响，即假设变压器为理想变压器。

变压器的原边电压为

$$u_1 = -e_1 = N_1 \frac{\mathrm{d}\varPhi}{\mathrm{d}t}$$

变压器的副边电压为

$$u_2 = e_2 = -N_2 \frac{\mathrm{d}\varPhi}{\mathrm{d}t}$$

原边、副边电压之比：

$$\frac{u_1}{u_2} = -\frac{N_1}{N_2} \tag{3-8}$$

该式也可写成电压相量形式：

$$\frac{\dot{U}_1}{\dot{U}_2} = -\frac{N_1}{N_2} \tag{3-9}$$

2. 负载运行状态

变压器的副绕组接负载时为负载运行状态，此时，变压器的原边、副边电流分别为 i_1、i_2。

变压器在负载运行状态时，当电源电压与空载时的电压相同时，根据公式 $U_1 = 4.44 f N_1 \varPhi_m$，则铁芯中的主磁通 $\varPhi_m$ 不变，副边电压 U_2 不变，即空载运行状态时的变压公式可用于负载运行状态。

相对于空载运行状态，由于铁芯中的主磁通没变，铁芯的磁阻也没有变化，则线圈的磁动势也不变，即

$$N_1 i_1 = N_1 i_1 + N_2 i_2$$

由于铁芯的磁导率很高，在铁芯中建立一定强度的磁场，所需的电流很小，近似分析可认为空载电流 i_1 为 0，因此有

$$N_1 i_1 + N_2 i_2 \approx 0$$

$$\frac{i_1}{i_2} = -\frac{N_2}{N_1} = -\frac{1}{k} \tag{3-10}$$

该式也可写成电流相量形式：

$$\frac{\dot{I}_1}{\dot{I}_2} = -\frac{N_2}{N_1} = -\frac{1}{k} \tag{3-11}$$

原边、副边电流的有效值之比为

$$\frac{I_1}{I_2} = \frac{N_2}{N_1} = \frac{1}{k} \tag{3-12}$$

结论

（1）变压器在负载运行状态时，原边、副边电流的方向与图 3-18 所示的参考方向一致时，互为反相。

（2）原边、副边电流之比与匝数之比成反比。

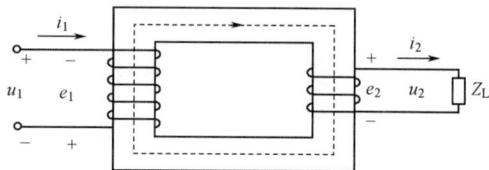

图 3-18　变压器的负载运行状态

3. 变压器的阻抗变换

变压器的阻抗变换如图 3-19 所示，负载经变压器与电源连接时，对电源而言，其负载 Z'_{L} 为

$$Z'_{\mathrm{L}} = \frac{\dot{U}_1}{\dot{I}_1} = \frac{-k\dot{U}_2}{-\frac{1}{k}\dot{I}_2} = k^2 \frac{\dot{U}_2}{\dot{I}_2} = k^2 Z_{\mathrm{L}} \tag{3-13}$$

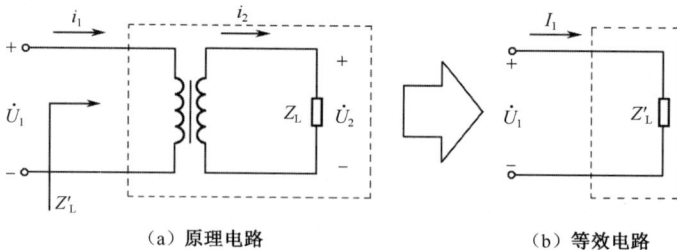

（a）原理电路　　　　　　　　　　　（b）等效电路

图 3-19　变压器的阻抗变换

结论

（1）变压器原边等效阻抗的性质与负载的性质相同。

（2）变压器原边等效阻抗 $\left| Z'_{\mathrm{L}} \right| = k^2 \left| Z_{\mathrm{Ld}} \right|$，当改变原、副绕组的匝数时，可改变变压器的原边等效阻抗。

变压器的阻抗变换常用于电子电路中的阻抗匹配。在电子放大电路中，放大器用来有效地驱动负载工作，常要求负载的电阻与放大器的等效内阻相等（阻抗匹配），使负载从放大器中取用最大的电功率。如果实际负载不符合匹配要求，那么可在负载与放大器的输出端之间连接变压器，进行阻抗变换。

【实例 3-1】某晶体管收音机的输出变压器的原绕组的匝数 $N_1 = 240$ 匝，副绕组的匝数 $N_2 = 80$ 匝，原来配接阻抗为 8 Ω 的扬声器，达到匹配要求。现要改接同样功率，阻抗为 4 Ω 的扬声器，副绕组的匝数应改为多少？

解　该收音机匹配的阻抗为

$$Z_L = k^2 \cdot Z_{Ld} = \left(\frac{240}{80}\right)^2 \times 8 = 72\,(\Omega)$$

改接阻抗为 4 Ω 的扬声器后，Z_L 不变，则需要副绕组的匝数变为

$$N_2' = \frac{N_1}{k'} = \frac{240}{\sqrt{\frac{72}{4}}} = \frac{240}{3\sqrt{2}} \approx 57 \;(\text{匝})$$

3.4.3　三相变压器和特殊变压器

1. 三相变压器

三相变压器用于三相交流电的传输，其外形和结构示意图如图 3-20 所示。三相变压器一般用于电力传输系统，其容量大、电压高，在结构上为了使铁芯和绕组间的绝缘和散热良好，铁芯和绕组浸泡在装有绝缘油的油箱内，油箱外表面装有油管散热器。

三相变压器的工作原理与单相变压器的相同，每相高、低压绕组绕在同一铁芯上，穿过同一磁通，通过电磁感应进行电能传输。

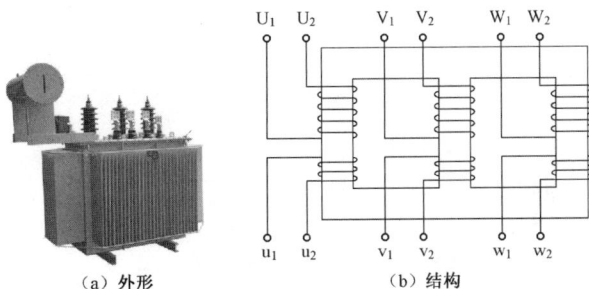

（a）外形　　　　（b）结构

图 3-20　三相变压器的外形和结构示意图

高、低压绕组都采用星形、三角形接法，相互组合可有 6 种接法。其中最常用的有 3 种接法：Y、yn 接法，Y、d 接法和 YN、d 接法。

Y、yn 接法为将高压绕组接成星形，将低压绕组接成星形且带中线；Y、d 接法为将高压绕组接成星形，将低压绕组接成三角形；YN、d 接法为将高压绕组接成星形且带中线，将低压绕组接成三角形。

2. 特殊变压器

常用的特殊变压器有自耦变压器、电流互感器、电压互感器。它们的外形如图 3-14 所示，其特点与应用如表 3-4 所示。

表 3-4　特殊变压器的特点与应用

项目	名称		
	自耦变压器	电流互感器	电压互感器
结构特点	（1）原、副绕组共用一个线圈； （2）绕组抽头为活动抽头； （3）用料省，效率高	（1）原绕组的匝数少、导线粗； （2）副绕组的匝数多	（1）原绕组的匝数多； （2）副绕组的匝数少

续表

项目	名称		
	自耦变压器	电流互感器	电压互感器
应用及注意事项	输出电压调节方便，方便用在实验室中。 （1）高压侧、低压侧相通，高压侧的故障会影响低压侧，低压侧要有过电压保护措施； （2）输入相线、零线接反，输出零线接高电压； （3）注意接线要正确，不能用作电源隔离变压器	用小量程电流表测量大电流。 （1）副绕组一端和铁芯可靠接地； （2）副绕组不允许开路。若副绕组开路，则副边电流为0，由于原边电流基本不变，副绕组磁通势的去磁作用消失，磁通很大、铁芯损耗很大、铁芯发热明显，严重时会烧毁电流互感器，另外由于副边匝数很多，同时副边产生很大的感应电动势，危及操作人员及设备的安全	用小量程电压表测量大电压。 （1）副绕组一端和铁芯可靠接地； （2）副绕组不允许短路。若副绕组短路，则副边电压为0，原边电压也为0，负载被短路
工作原理	$\dfrac{U_1}{U_2}=\dfrac{N_1}{N_2}=k$ 改变滑动触头的位置，可以改变输出电压 U_2	$\dfrac{I_1}{I_2}=\dfrac{N_2}{N_1}=\dfrac{1}{k}$　$I_1=\dfrac{1}{k}I_2$ $N_2>N_1$，$I_2<I_1$，可用小量程电流表测量大电流	$\dfrac{U_1}{U_2}=\dfrac{N_1}{N_2}=k$　$U_1=kU_2$ $N_2<N_1$，$U_2<U_1$，可用小量程电压表测量高电压
结构及接线			

疑难汇总、学习随笔、小结

....

....

....

....

....

任务 10　小型三相异步电动机的拆装与检测

1. 任务目标

任务载体	小型三相异步电动机的拆装与检测	学　时	8	任务成绩	
学生姓名		日　期		班　级	
实训场所				组　号	
参考器材	三相异步电动机，拉具，呆扳手，套筒扳手，手锤，紫铜棒，小盒（或纸盒）				
知识目标	1. 理解三相异步电动机的转动原理、机械特性；2. 掌握三相异步电动机的启动、制动、调速、正反转控制方法；3. 理解单相异步电动机、伺服电动机、步进电动机的原理与应用				

能力目标	1．会计算转差率、同步转速；2．会计算额定转矩、启动转矩、最大转矩；3．能按流程正确拆装变压器和三相异步电动机
职业素养	向马伟明、洪家光等劳动模范学习，培养学生锲而不舍、永不放弃的工匠精神
立德树人	养成规律学习与工作的习惯，培育不忘初心、牢记使命、勇于创新、报效国家的精神

2．任务准备（课前）

学习背景知识：

（1）扫一扫下面二维码学习三相异步电动机的组成、旋转磁场与工作原理、转矩特性和机械特性、启动、变速、制动等知识，同时培育学生不忘初心、牢记使命、勇于创新、报效国家的精神。

扫一扫看微课视频：三相异步电机结构

扫一扫看微课视频：三相异步电机的旋转原理

扫一扫看微课视频：三相异步电机的电磁转矩和机械特性

扫一扫看微课视频：三相异步电机的控制

（2）扫一扫下面二维码学习单相异步电机、步进电机、伺服电机的运行原理、3D 结构。

扫一扫看动画：单相异步电机运行原理

扫一扫看动画：步进电机运行原理

扫一扫看动画：伺服电机运行原理

扫一扫看微课视频：单相异步电机 3D 结构

扫一扫看微课视频：步进电机 3D 结构

扫一扫看微课视频：伺服电机 3D 结构

扫一扫下载后看动画：伺服电机的外形与种类

（3）扫一扫下面二维码完成参考题。

扫一扫看三相异步电机参考题

扫一扫看三相异步电机参考题答案

（4）扫一扫下面二维码进行三相异步电动机的安装与检测、单相电动机的安装 VR 仿真。

扫一扫下载后进行 VR 仿真：三相异步电机的安装

扫一扫下载后进行 VR 仿真：三相异步电机的检测

扫一扫下载后进行 VR 仿真：单相异步电机的安装

（5）扫一扫下面二维码看小型三相异步电动机的拆装与检测任务操作指导。

扫一扫看任务操作指导：小型三相异步电机的拆装与检测

3. 计划与实施（课中、课后）

知识内化	（1）会计算转差率、同步转速；（2）会计算额定转矩、启动转矩、最大转矩	
任务实施	根据作业要求制定作业计划与方案	
	根据作业要求制定作业步骤，明确各项操作规程和安全注意事项，进行人员分工等	
	明确任务要求：（1）对电动机进行拆装；（2）将电动机装配后检验	
	完成任务内容：（1）准备；（2）按流程拆卸；（3）按流程装配；（4）装配后检验；（5）通电检查	
	撰写任务实施报告：任务实施的方案、过程、收获、问题、改进措施等	

4. 任务评价

项目	评价要素	评价标准	自评 0.2	互评 0.3	师评 0.5	权重	小计
知识考核	（1）课前在线测试、在线讨论；（2）课中、课后分析与计算	（1）会计算转差率、同步转速；（2）会计算额定转矩、启动转矩、最大转矩				0.4	
职业素养	（1）出勤；（2）工作态度；（3）劳动纪律；（4）团队协作精神	（1）遵守企业规章制度、劳动纪律；（2）按时、按质完成工作任务；（3）积极主动承担工作任务，勤学好问；（4）保证人身安全与设备安全；（5）工作岗位7S管理				0.1	
专业能力	（1）拆装电动机；（2）装配后检验	（1）拆卸前的准备工作全面、规范；（2）拆卸方法、流程正确，标记清楚，不损坏绕组和零部件；（3）装配方法、流程正确，标记清楚，不损坏绕组和零部件，轴承清晰干净，润滑油适量，螺钉拧紧，转动灵活；（4）接线熟练、正确，外壳接地良好；（5）绝缘检测项目完整，方法正确；（6）通电检测方法正确；（7）规范操作，安全文明生产；（8）任务完成快慢				0.5	
创新能力	（1）独特见解；（2）创新建议	（1）方案的可行性及意义；（2）建议的可行性				附加	
思政培养	（1）外在表现；（2）内在提升	（1）养成规范、规律学习、工作的习惯；（2）强化工程设备维护保养、防患未然的意识				附加	
合计							

5. 课后拓展提高

1. 任务实施报告：任务实施的方案、过程、收获、问题、改进措施等（可另附页）。

2. 任务拓展：

（1）能力提升：搜索并整理单相异步电机、伺服电机、步进电机的拆装与检验方法与流程。

（2）思政深化：学习劳动模范不畏艰难、敢于战胜困难和失败的事迹，回顾你在学习过程中遇到的困难，如何能更好地克服自己遇到的困难。

扫一扫看教学课件：三相异步电机旋转原理

扫一扫看课程思政：马伟明的永不放弃精神

3.5　三相异步电动机的转动原理

3.5.1　异步电动机的转动原理和转差率

图 3-21（a）所示为异步电动机的转动模型，图 3-21（b）所示为异步电动机的转动原理。手柄与磁极相连，手柄转动，磁极随之转动，磁极中间放置一个由短路铜环做成的转子，当手柄带动磁极转动时，会发现短路铜环随磁极同方向旋转。

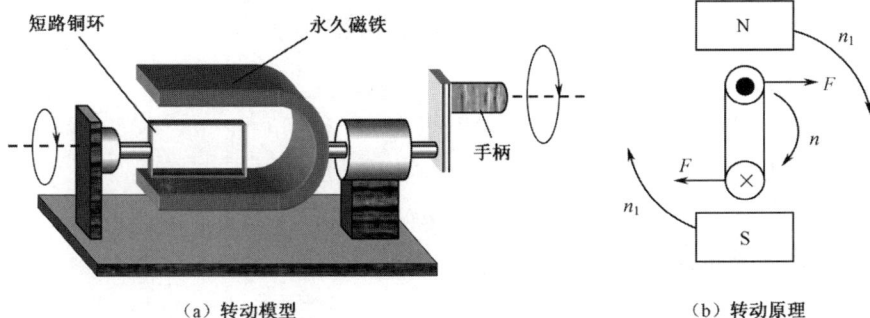

（a）转动模型　　　　（b）转动原理

图 3-21　异步电动机的转动原理

提示　为什么电动机的转子会转动起来？

当磁场旋转时，磁场与转子间有相对运动，铜条切割磁感应线，在铜条回路中产生感应电流，使铜条成为载流导体，载流导体在磁场力的作用下转动起来。

转子的旋转方向与磁场的旋转方向相同，但转子的转速总是低于磁场的转速。

定义磁场的转速为同步转速，用 n_1 表示，转子的转速为 n，则转差率为

$$s = \frac{n_1 - n}{n_1} = \frac{\Delta n}{n_1} \tag{3-14}$$

转差率是电动机的一个重要参数，其范围为 $0 < s \leq 1$。

3.5.2 三相异步电动机的旋转磁场

由异步电动机的转动模型可知，磁场的旋转是电动机旋转的前提，在三相异步电动机中，给三相定子绕组通入三相对称交流电流使之产生旋转磁场。

三相异步电动机的基本结构为定子和转子。其中，定子是固定的中空的铁芯，在其内壁槽中对称放置三相绕组，三相绕组与三相电源连接，如图 3-22 所示。三相绕组接成星形，如图 3-23 所示。

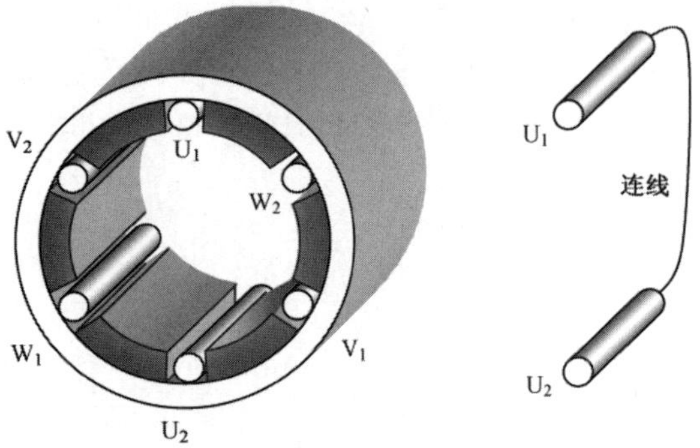

图 3-22 三相异步电动机的定子铁芯与三相单匝绕组

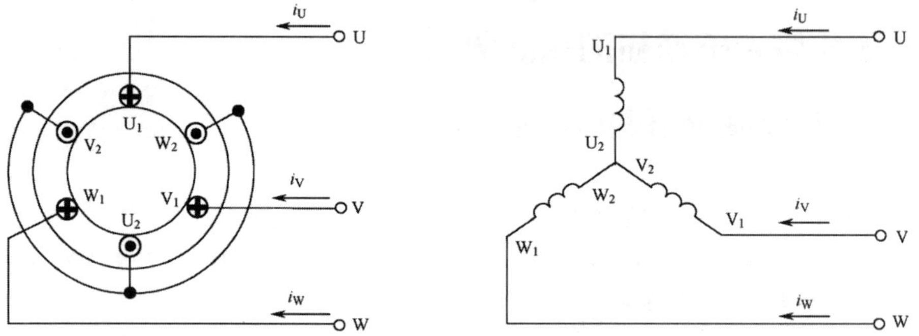

图 3-23 三相绕组接成星形

三相电流分别为

$$i_U = I_m \sin \omega t$$
$$i_V = I_m \sin(\omega t - 120°)$$
$$i_W = I_m \sin(\omega t + 120°)$$

三相绕组的电流波形图如图 3-24 所示。

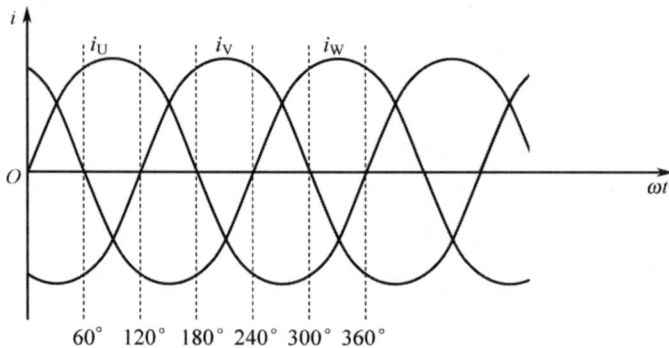

图 3-24 三相绕组的电流波形图

在不同时刻分析定子内部的磁场情况，三相旋转磁场的产生如图 3-25 所示。

(a) $\omega t=0°$　　　　(b) $\omega t=60°$　　　　(c) $\omega t=120°$　　　　(d) $\omega t=180°$

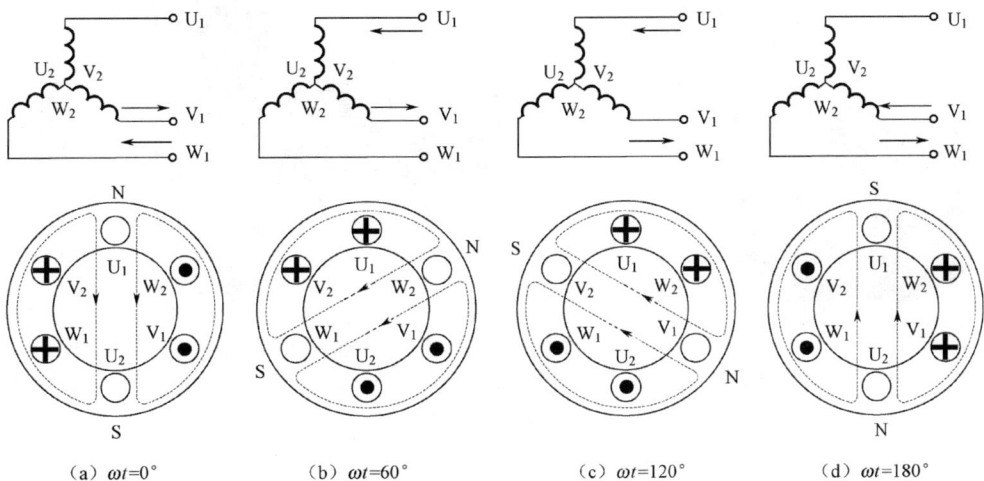

图 3-25　三相旋转磁场的产生

由图 3-25 可以看出，在定子内部形成了二极（一对磁极）旋转磁场。交流电的频率为 50 Hz，1 分钟（60 s）内交流电变化 60×50 次。交流电变化一周，磁场旋转一周，即二极旋转磁场的同步转速 n_1=60×50=3 000（r/min）。

转子安装在定子铁芯内部，转子在旋转磁场的作用下转动起来。

🔊**提示**

（1）任意对调三相绕组中两相绕组与电源的连接位置，即改变三相绕组中的电流相序，可以改变旋转磁场的旋转方向，这是我们改变电动机转向的方法。

（2）如果每相绕组有两个线圈，其对称分布在定子铁芯内部，那么可以形成四极（两对磁极）磁场。这时磁场的同步转速为

$$n_1 = \frac{60f_1}{2} = \frac{60×50}{2} = 1\,500（\text{r/min}）$$

依次类推，当每相绕组的线圈增加，产生 p 对磁极时，磁场的同步转速为

$$n_1 = \frac{60f_1}{p} \tag{3-15}$$

❓**思考题**

对于工频交流电，当旋转磁场的磁极对数分别为 $p=1$、$p=2$、$p=3$、$p=4$ 时，其同步转速分别是多少？

3.6　三相异步电动机的结构

扫一扫看教学课件：三相异步电机结构

扫一扫看课程思政：洪家光的工匠精神

三相异步电动机由定子和转子两大部分组成。图 3-26 所示为三相异步电动机的外形，图 3-27 所示为三相异步电动机的基本结构。

图 3-26　三相异步电动机的外形

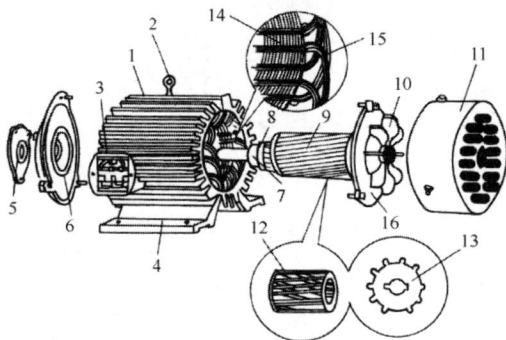

1—散热筋；2—吊环；3—接线盒；4—机座；5—前轴承外盖；6—前端盖；
7—前轴承；8—前轴承内盖；9—转子；10—风叶；11—风罩；12—鼠笼式
转子绕组；13—转子铁芯；14—定子铁芯；15—定子绕组；16—后端盖。

图 3-27　三相异步电动机的基本结构

3.6.1　定子

定子的作用是产生旋转磁场，其主要包括定子铁芯、定子绕组和机座等部件。

定子铁芯是电动机磁路的一部分，并在其上放置定子绕组。定子铁芯的厚度一般为 0.35～0.5 mm，其表面由具有绝缘层的硅钢片冲制、叠压而成，在定子铁芯的内圆上冲有均匀分布的槽，用以嵌放定子绕组。图 3-28 所示为定子铁芯冲片。

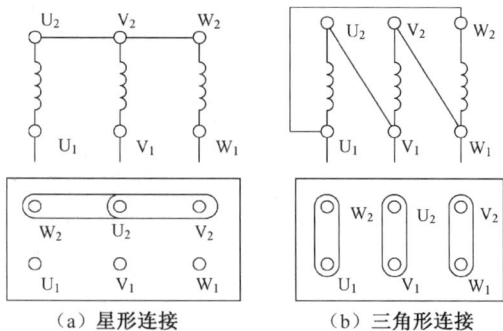

定子绕组是电动机的电路部分，通入三相对称交流电，产生旋转磁场。小型异步电动机的定子绕组通常是用高强度漆包线绕制成线圈后，再将其嵌放在定子铁芯槽内制成的；大中型电动机的定子绕组则是用铜条进行绝缘处理后，再将其嵌放在定子铁芯槽内制成的。

三相绕组的 3 个首端、3 个尾端接在电动机外壳的接线盒上，以便与三相电源连接。三相绕组有两种接法，即星形连接和三角形连接，如图 3-29 所示。

图 3-28　定子铁芯冲片

（a）星形连接　　（b）三角形连接

图 3-29　三相绕组的连接

3.6.2　转子

转子是电动机的旋转部分，包括转子铁芯、转子绕组和转轴等部件。

转子铁芯作为电动机磁路的一部分，一般由厚度为 0.5 mm，相互绝缘的硅钢片冲制、叠压而成，在硅钢片的外圆上冲有均匀分布的槽，用以嵌放转子绕组。

转子绕组的作用是切割定子的旋转磁场，产生感应电动势和电流，并在旋转磁场的作用下产生电磁力矩而使转子转动。根据构造的不同，可将其分为鼠笼式转子和绕线式转子。

鼠笼式转子通常有两种结构形式：中小型异步电动机的鼠笼式转子一般为铸铝转子，将融化了的铝浇铸在转子铁芯槽内，连同两端的短路环形成一个完整体；另一种结构为铜条转子，即在转子铁芯槽内放置铜条，铜条的两端用短路环焊接起来，形成一个鼠笼的形状，如图 3-30 所示。

绕线式异步电动机的定子绕组与鼠笼式异步电动机的完全一样，但其转子绕组与鼠笼式异步电动机的不同，绕线式转子绕组也和定子绕组一样被制成三相对称绕组，如图 3-31 所示。三相转子绕组一般都接成星形。一般绕线式异步电动机的转子绕组与外接变阻器连接，改变电阻的阻值可以调节电动机的转速，所以绕线式异步电动机的调速性能好，但其成本高，一般用于起重机、卷扬机、压缩机等对调速性能有特别要求的场合。

转轴用以传递转矩及支承转子的重量，一般由中碳钢或合金钢制成。

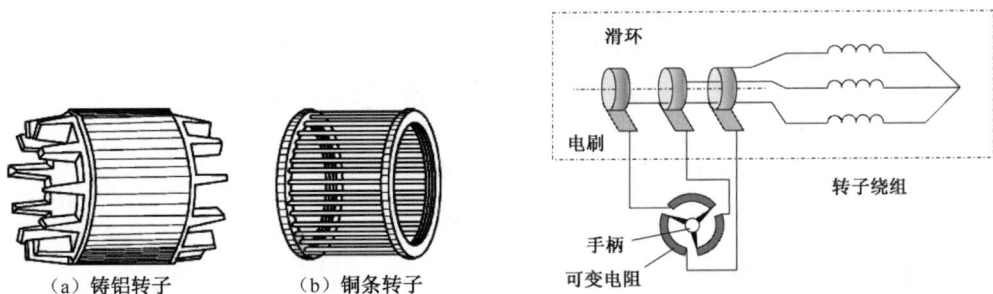

（a）铸铝转子　　　　（b）铜条转子

图 3-30　鼠笼式转子

图 3-31　绕线式转子绕组

3.7　三相异步电动机的电磁转矩和机械特性

扫一扫看教学课件：三相异步电机的电磁转矩与机械特性

3.7.1　电磁转矩

三相异步电动机的电磁转矩应与磁场强弱、转子的感应电流成正比，所以电磁转矩 T 为

$$T = C_T \Phi I_2 \cos\varphi_2$$

式中，T 还与转子绕组电路的功率因数 $\lambda_2 = \cos\varphi_2$ 有关，这是因为转子绕组是感性电路，电动机的电磁转矩产生的机械功率与电路的平均功率对应；C_T 是由电动机自身结构决定的系数，被称为电动机的转矩常数。

进一步分析得到：

$$T = C_T \Phi I_2 \cos\varphi_2 = K U_1^2 \frac{sR_2}{R_2^2 + (sX_{20})^2} \tag{3-16}$$

拓展知识　三相异步电动机的电磁转矩公式分析

1）磁通

三相异步电动机的结构和工作原理与变压器的类似。三相异步电动机的定子绕组和转子绕组相当于变压器的原绕组和副绕组，它们都是彼此相互独立的电路。定子绕组外接交流电源，产生旋转磁场，旋转磁场以同步转速 n_1 切割静止的定子绕组，产生感应电动势 E_1，与变压器的工作原理类似：

$$U_1 \approx E_1 \approx 4.44 f_1 N_1 \Phi$$

$$\Phi \approx \frac{U_1}{4.44 f_1 N_1} \qquad (3-17)$$

上式表明，旋转磁场的磁通量 Φ 由电源电压 U_1 决定。当 U_1 不变时，Φ 就基本是恒定的，与电动机转轴上的机械负载无关。

电动机的转子绕组相当于变压器的副绕组，其感应电动势 E_2 为

$$E_2 \approx 4.44 f_2 N_2 \Phi$$

但转子绕组电路中电量的频率 f_2 与交流电源的频率 f_1 不同，f_2 小于 f_1。这是因为旋转磁场以同步转速 n_1 切割定子绕组，而以相对转速 $\Delta n = n_1 - n$ 切割转子绕组，使转子回路内各个电量的频率为

$$f_2 = \frac{\Delta n}{60} \cdot p = \frac{n_1 - n}{60} \cdot p = \frac{n_1 - n}{n_1} \cdot \frac{pn_1}{60} = sf_1$$

$$E_2 \approx 4.44 f_2 N_2 \Phi = 4.44 sf_1 N_2 \Phi \qquad (3-18)$$

在电动机启动瞬间，$s=1$，感应电动势亦为最大值，用 E_{20} 表示:

$$E_{20} = 4.44 f_1 N_2 \Phi$$

电动机正常运行时，转子绕组的感应电动势为

$$E_2 = sE_{20}$$

2）转子电流和功率因数

转子电流为

$$I_2 = \frac{E_2}{\sqrt{R_2^2 + X_2^2}} = \frac{sE_{20}}{\sqrt{R_2^2 + (sX_{20})^2}}$$

$$X_2 = \omega_2 L_2 = 2\pi f_2 L_2 = 2\pi sf_1 L_2$$

在电动机启动瞬间，$s=1$，感抗用 X_{20} 表示，其值为

$$X_{20} = 2\pi f_{20} L_2 = 2\pi f_1 L_2$$

电动机运行时的感抗为

$$X_2 = sX_{20}$$

功率因数为

$$\lambda_2 = \cos\varphi = \frac{R_2}{\sqrt{R_2^2 + X_2^2}} = \frac{R_2}{\sqrt{R_2^2 + (sX_{20})^2}}$$

将 Φ、I_2、λ_2 的表达式带入 T 的表达式可得到:

$$T = C_T \Phi I_2 \cos\varphi_2 = KU_1^2 \frac{sR_2}{R_2^2 + (sX_{20})^2} \qquad (3-19)$$

由上式可画出电磁转矩 T 随转差率 s 变化的转矩特性曲线，如图 3-32 所示。图中 T 随 s 变化分成两个阶段。

（1）Ob 段: 当 s 很小时，$X_2 = sX_{20}$，由于 s 很小，sX_{20} 可以忽略，所以 T 与 s 近似成正比。

（2）ba 段: 当 s 较大时，忽略电阻 R_2，T 与 s 成反比。

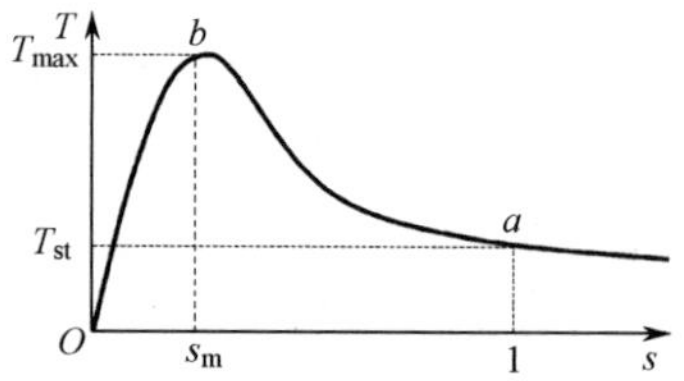

图 3-32　转矩特性曲线

3.7.2　机械特性

当电动机的电源电压 U_1 保持恒定，转子电路中的参数 R_2、X_{20} 为定值时，其转速 n 与电磁转矩 T 的关系被称为机械特性。

由转矩特性曲线可转换得到机械特性曲线，如图 3-33 所示。

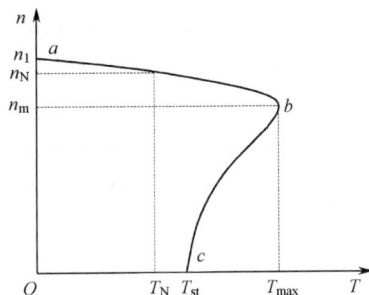

图 3-33　机械特性曲线

1. 稳定运行区和非稳定运行区

机械特性曲线的 ab 段与转矩特性曲线的 Ob 段对应，是电动机的稳定运行区，机械特性曲线的 bc 段与转矩特性曲线的 ba 段对应，是电动机的非稳定运行区。最大转矩 T_{max} 所对应的转差率 s_m 被称为**临界转差率**。

在电动机启动瞬间，$n=0$、$s=1$，所以对应的电磁转矩 T_{st} 被称为**启动转矩**。

电动机在稳定运行区运行时有自动调节转矩适应负载变化的能力。在此区段内，若机械负载增大，因为阻力矩大于电磁转矩，所以电动机的转速 n_2 下降，随着转速 n_2 下降，电磁转矩增大，当电磁转矩与阻力矩平衡时，电动机以较低的转速稳定运行。

在 bc 区段内，若机械负载增大，则电动机的转速 n_2 下降，随着转速 n_2 下降，电磁转矩减小，转速进一步下降，直至停转，所以电动机在 bc 区段内不可能稳定运行。

2. 三个典型转矩

1）额定转矩

电动机在额定状态下运行时的电磁转矩为额定转矩，其计算公式为

$$T_N = \frac{P_N}{\omega_N} = \frac{P_N \times 10^3}{2\pi n_N / 60} \approx 9549 \frac{P_N}{n_N} \quad （\text{N}\cdot\text{m}） \tag{3-20}$$

式中，P_N、n_N 分别为额定功率和额定转速，其单位分别为 kW 和 r/min。

2）最大转矩

经分析可知，当

$$s_m = \frac{R}{X_{20}}$$

时，电磁转矩为最大转矩：

$$T_{max} = K \frac{U_1^2}{2X_{20}} \tag{3-21}$$

最大转矩与额定转矩之比被称为过载系数，T_{max}/T_N 表示电动机的过载能力。一般电动机的过载系数为 1.8～2.5。

> 📢 提示
>
> （1）最大转矩与电源电压成正比，当电源电压降低时，最大转矩按平方规律下降。当负载大于最大转矩时，电动机停车，这时旋转磁场以最大的相对转速切割转子绕组，转子电流、定子电流最大。此时如果不及时切断电源容易出现"闷车"，即电动机因过热而烧毁。

（2）临界转差率与转子绕组的电阻成正比，增大转子绕组的电阻，临界转差率提高，临界转速下降，而最大转矩不变，其机械特性变化曲线如图3-34所示。这时稳定运行区的范围变大，调速范围变大；另外，启动转矩增大，启动性能变好。

绕线式电动机外接可调电阻，其转子绕组的电阻大，所以其调速性能、启动性能好。

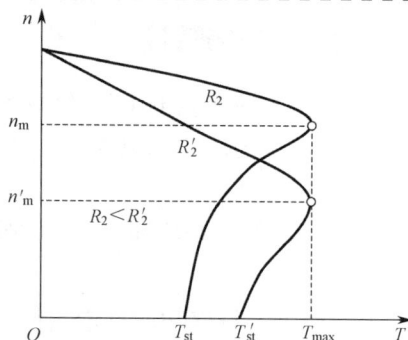

图3-34 机械特性变化曲线

3）启动转矩

电动机启动时，$n=0$、$s=1$，将其代入 $T = KU_1^2 \dfrac{sR_2}{R_2^2 + (sX_{20})^2}$，得到启动转矩：

$$T_{st} \approx KU_1^2 \frac{R_2}{X_{20}} \tag{3-22}$$

上式表明启动转矩与电源电压、转子绕组的电阻成正比。提高电源电压或转子绕组的电阻可提高电动机的启动能力，电动机越易于启动，其启动越迅速。

启动转矩与额定转矩之比 T_{st}/T_N 被称为启动系数，表示电动机的启动能力。一般电动机的启动系数为 1.7～2.2。

应用 三相异步电动机的铭牌及数据

在三相异步电动机的机座上都装有一块铭牌，如图 3-35 所示。铭牌上标出了该电动机的型号及一些技术数据，以便正确选用电动机。

（1）型号（Y-112M-4）说明：

Y——异步电动机；

112——机座的中心高（mm）；

M——机座的类别代号，S 为短机座，M 为中机座，L 为长机座；

4——磁极数。

（2）额定功率 P_N（4 kW）：表示电动机在额定工作状态下运行时允许输出的机械功率，单位为 W 或 kW。

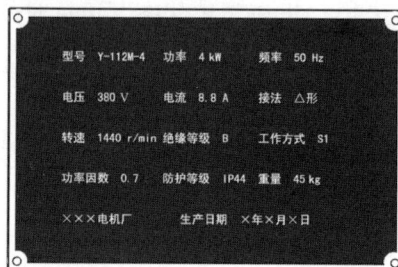

图3-35 三相异步电动机的铭牌

（3）额定电流 I_N（8.8 A）：表示电动机在额定工作状态下运行时定子电路中输入的线电流，单位为 A。

（4）额定电压 U_N（380 V）：表示电动机在额定工作状态下运行时的线电压，单位为 V。

（5）额定转速 n_N（1 440 r/min）：表示电动机在额定工作状态下运行时的转速，单位为 r/min。

（6）接法：表示电动机的三相定子绕组与交流电源的连接方法，对 J02 系列及 Y 系列电动机而言，国家规定凡 3 kW 及以下的电动机大多采用星形接法，4 kW 及以上的电动机采用三角形接法。

（7）防护等级（IP44）：表示电动机外壳防护的型式。

（8）频率 f_N（50 Hz）：表示电动机使用的交流电源的频率。

（9）功率因数 $\cos\varphi$：功率因数是电动机重要的技术经济指标。三相异步电动机是感性负载，定子绕组的相电流滞后于相电压的角度为 φ。在额定工作状态下，电动机的功率因数约为 0.7～0.9；在空载或轻载运行时，其功率因数仅为 0.2～0.3。

3.8　三相异步电动机的控制

〔扫一扫看教学课件：三相异步电机的控制〕　〔扫一扫看课程思政：攻坚克难〕

3.8.1　三相异步电动机的启动

三相异步电动机的启动电流很大，一般为额定电流的 4～7 倍。过大的启动电流一方面使负载的端电压下降，影响其他负载的正常工作；另一方面如果电动机频繁启动，绕组发热，就会损坏绝缘，甚至烧毁电动机。

提示

电动机刚启动时，其转速为 0，转差率最大，根据前面分析的转子电流可知，其定子电流最大。

三相异步电动机的启动方法有如下几种。

1. 直接启动

定子绕组直接与电源连接的启动被称为直接启动，其优点是启动简单、可靠，成本低，速度快。但是其启动电流大，所以只能用于小容量电动机，一般用于容量低于 7.5 kW 的小型电动机。

2. 降压启动

启动时降低定子绕组的电压，以减小启动电流，正常运行时再恢复正常电压，这种启动方法被称为降压启动，具体有下面几种方法。

1）定子绕组串联电阻

启动时定子绕组串联电阻与电源连接，使绕组的电压降低，如图 3-36 所示。这种方法的缺点是电阻消耗能量，一般换用电抗器，但是电抗器的体积大、成本高，目前这种方法已很少被使用。

2）Y-△形变换

启动时将三相定子绕组接成 Y 形，正常运行时换成△形，如图 3-37 所示。这种方法的优点是设备简单、价格低，但是只能用于正常运行时为△形接法的电动机，且由于其启动转矩低，不能用于重载启动。

3. 绕线式电动机启动

如前面所述，绕线式电动机的转子可以与外接变阻器连接，启动时将电阻调至最大，达到正常转速后将电阻切除。

采取这种方法既降低了启动电流，又提高了启动转矩，所以绕线式电动机适用于要求频繁启动且启动转矩较大的机械设备。

这种方法还可以采用频敏电阻，利用电阻随频率自动变化的特性，使启动过程更平滑。

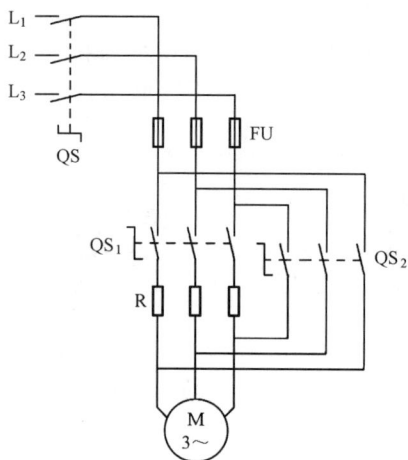

图 3-36　定子绕组串联电阻降压启动

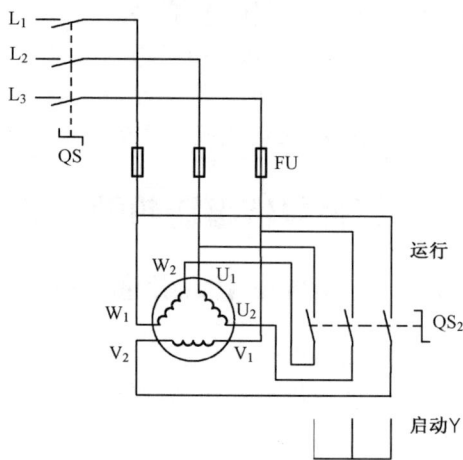

图 3-37　Y-△形降压启动

3.8.2　三相异步电动机的调速

调速是指当负载不变时，人为改变电动机转速的过程。

注意

电动机的调速与转速自动变化不同。电动机的负载变化时，转速会自动变化以适应负载的变化，但这不是调速。

电动机转速的表达式为

$$n = (1-s) \cdot n_1 = (1-s)\frac{60f_1}{p}$$

由上式可知，通过改变磁极对数 p、转差率 s 和电源频率 f_1 可以调速。

1. 改变磁极对数调速

定子绕组的每相通常有多个绕组，采取改变各个绕组连接方式的方法，可以改变旋转磁场的磁极对数。这种操作方法决定了只能进行有级调速，其级数少，一般只有 2～4 个同步转速，且只能用于鼠笼式电动机，但这种调速方法的优点是设备简单。

2. 改变转差率调速

这种调速方法只能用于绕线式电动机。由式 $s_m = \dfrac{R_2}{X_{20}}$ 可知，改变转子回路的电阻，临界转差率就会变化。改变转子回路的电阻，机械特性曲线改变，所以对同一负载采用不同的转速可以实现调速。这种调速方法的优点是设备比较简单，并且操作方便，可实现平滑调速；缺点是电阻耗能大，机械特性变软。

3. 变频调速

随着变频技术的发展，可以应用专门的变频设备（变频器）进行调速。这种方法的调速性能优于上面的两种，其调速范围宽、平滑性好、机械特性硬，目前已得到广泛应用。

3.8.3　三相异步电动机的反转

任意交换定子绕组的两相绕组与电源的连接位置，可以改变旋转磁场的旋转方向，从而改变电动机的转向。

3.8.4　三相异步电动机的制动

电动机被切断电源后，由于惯性会持续运转一段时间，然后逐渐停止，为使电动机快速停止，须采取相应的方法。

1. 反接制动

当需要电动机停止时，将定子绕组改成反转接法，旋转磁场反向旋转，转子受到反方向的作用力快速停止。使用这种方法要注意，当转速接近 0 时及时切断电源，以免电动机反向启动。

2. 能耗制动

能耗制动如图 3-38 所示，当切断电动机的交流电源后，给任意两相绕组接入一个直流电源，直流电流产生一个恒定磁场，转子仍在惯性旋转，切割磁场产生感应电流，该电流使转子导体受到相反的磁力矩作用，电动机快速停转。采用这种方法时，转子消耗直流电能，故称能耗制动。

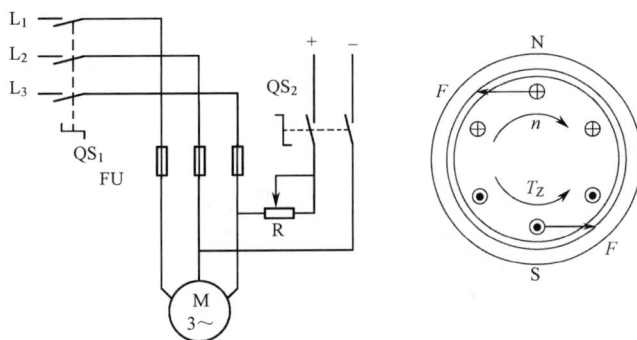

图 3-38　能耗制动

3.9　单相异步电动机

三相异步电动机运行平稳、工作稳定、功率大，广泛应用于大型机械设备的拖动。但在生活用电或其他只有单相交流电的场合不能使用三相异步电动机，单相异步电动机可用于这些场合。单相异步电动机具有结构简单、成本低廉、运行可靠、维护方便等优点，主要用于小功率（容量在 0.6 kW 以下）的电扇、鼓风机、油泵、医疗器械、小型车床和家用电器中。单相异步电动机的外形如图 3-39 所示。

3.9.1　单相异步电动机的结构

单相异步电动机的定子、转子结构与三相异步电动机的定子、转子结构相似，但单相异步电动机定子内的绕组是单相绕组，与单相交流电源连接，如图 3-40 所示。电动机内产生一个脉动磁场，该脉动磁场随绕组中交流电流在一周期内的正负半波变化，电动机内产生一个脉动磁场，如图 3-40 所示。在电流正半波时，磁场垂直向下，大小不断变化；在电流负半波时，磁场垂直向上，大小不断变化。虽然磁场的方向、大小不断变化，但其轴线位置不变，不是旋转磁场，所以单相异步电动机不能自行启动。为使单相异步电动机自行启动，一般采用电容分相式、电阻分相式、罩极式等方式。

图 3-39　单相异步电动机的外形

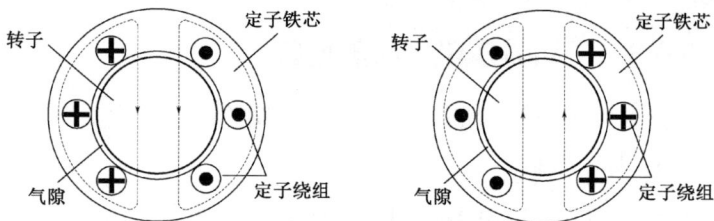

图 3-40　单相异步电动机的结构及脉动磁场

3.9.2　单相异步电动机的运行原理

1. 电容分相式单相异步电动机

电容分相式单相异步电动机如图 3-41 所示，其定子上有两套绕组，一相为主绕组 LA（工作绕组），另一相为副绕组 LB（启动绕组）。两相绕组垂直放置。主绕组的电流相位滞后电压相位 $90°$，副绕组中因串入电容 C，其电流 i_B 的相位超前 i_A 的相位。适当选择电容的容量，可使电流 i_B 的相位超前 i_A 的相位 $90°$，这样就会在电动机内产生旋转磁场，实现单相异步电动机的启动。

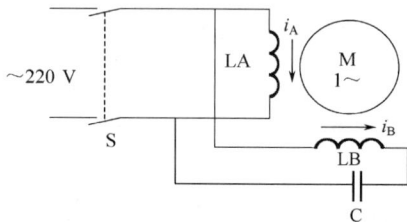

> ■提示
> 　　取几个不同的瞬时状态，可分析旋转磁场的形成。

图 3-41　电容分相式单相异步电动机

启动后副绕组即使断开，电动机仍可继续运行。在启动绕组中串联一个离心开关，刚开始启动时离心开关闭合，当电动机的转速达到 75%～85% 的同步转速时，离心开关自动断开，将副绕组从电源上切除，主绕组进入单独运行状态。这种电动机被称为单相电容启动异步电动机。因其具有较大的启动转矩，适用于各种满载启动的机械，如小型空气压缩机、部分冰箱压缩机。

单相异步电动机的副绕组也可以不断开，随电动机长期工作，这种电动机被称为单相电容运行异步电动机。这种电动机的运行性能较好，其功率因数、过载能力比普通单相异步电动机的好，但其启动性能不如单相电容启动异步电动机的，常用于吊扇、空调器、吸尘器等场合。

改变电动机运行方向的方法是将任意一个绕组的两个接线端互换。

> ■应用　洗衣机的电动机控制电路
>
> 　　图 3-42 所示为某台洗衣机的电动机控制电路原理图。当按强洗开关 S_1 时，电容接入副绕组，电动机启动，并一直单方向转动。当按标准洗开关 S_2 时，S_3 定时控制，S_4 合向上面位置，电动机正转；S_4 合向下面位置，电动机反转。
>
>
>
> 图 3-42　某台洗衣机的电动机控制电路原理图

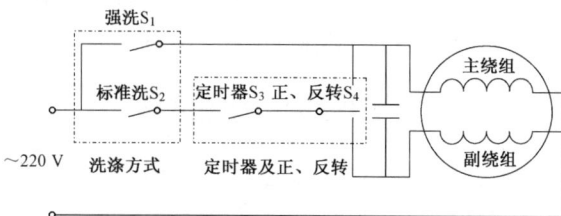

2. 电阻分相式单相异步电动机

如果副绕组中串入的不是电容，而是串入适当的电阻或副绕组，其所采用的导线比主绕组的截面细、匝数少，那么可近似看成流过绕组的电流的相位滞后电源电压的相位 $90°$，两个绕组中电流的相位相差近似 90°，达到启动目的。单相电阻启动异步电动机在冰箱压缩机中应用广泛。

3. 罩极式单相异步电动机

罩极式单相异步电动机的定子铁芯一般都做成凸极式的，单相励磁绕组集中放在凸极上。在磁极的端部开一个凹槽将磁极分成两部分，其中一部分嵌入短路环，如图 3-43 所示。

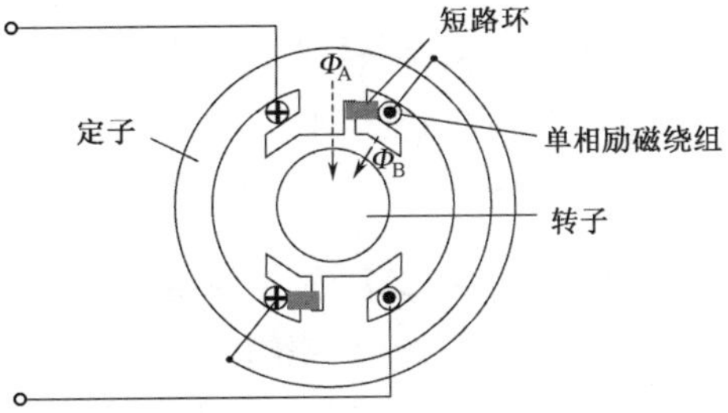

图 3-43　罩极式单相异步电动机的结构

励磁绕组接通单相电源，产生的磁通被分成两部分，一部分是不经过短路环的磁通 Φ_A，另一部分是经过短路环的磁通 Φ_B。由于穿过变动磁场，短路环中会产生感应电流，依据电磁感应定律，感应电流的磁场阻止原磁场的变化，使磁通 Φ_B 滞后于磁通 Φ_A 变化。例如，当磁通 Φ_A 为最大值时，磁通 Φ_B 为 0，再过一段时间磁通 Φ_A 为 0，磁通 Φ_B 为最大值。这就相当于磁场的轴线产生移动，在此移动磁场的作用下电动机启动。

罩极式单相异步电动机的结构简单、工作可靠，但其启动转矩小、效率低。它较多地应用在对启动转矩要求不高的场合，如电吹风机、电风扇及电子仪器的通风设备中。

> **??思考题**
>
> 　三相异步电动机在运行时，由于一相绕组断开而烧毁电动机是常出现的故障。结合单相异步电动机的运行特征，分析绕组烧毁的原因。如果断相发生在启动时，电动机能启动吗？如果不能及时断开电源，电动机很容易烧毁，为什么？

3.10　特种电动机

三相异步电动机是动力用电动机，其主要作用是拖动机械负荷，功率大。特种电动机是控制用电动机，其主要作用是用所接收的电信号去控制被驱动对象的运行方式。特种电动机主要有伺服电动机、步进电动机。

3.10.1　交流伺服电动机

伺服电动机的作用是把所接收的电信号转换为电动机转轴的转向、角位移或角速度，以实现电信号对被驱动对象运行方式的控制。按电源性质的不同，伺服电动机可分为交流和直流两大类。本书只介绍交流伺服电动机。

1. 结构

交流伺服电动机的外形如图 3-44 所示。

交流伺服电动机的定子结构和单相异步电动机的相似，交流伺服电动机是两相异步电动机，其定子上绕有两个形式相同并在空间上呈 90° 的绕阻，其中一个是励磁绕组，另一个是控制绕组。

图 3-44　交流伺服电动机的外形

交流伺服电动机的转子与一般异步电动机的有很大差别，常见的有鼠笼式转子和非磁性空心杯转子两种。鼠笼式转子的结构与普通异步电动机鼠笼式转子的结构相似，但有两个重要的特征：一是外形细而长，以减小转动惯量；二是转子绕组的电阻大，保证转子启动迅速，并且当控制信号消失时能快速停转。

非磁性空心杯转子通常用铝合金或铜合金制成空心薄壁圆筒，以减小转动惯量。为了减小磁阻，在非磁性空心杯转子内放置固定的内定子。

2. 工作原理

交流伺服电动机的工作原理图如图 3-45 所示。图中 f 为励磁绕组，它由恒定电压的交流电源励磁；K 为控制绕组，一般由伺服放大器供电。两个绕组的轴线的电角度相差 90°。控制绕组上所加的控制电压 U_K 与励磁电压 U_f 有一定的相位差，在理想的情况下，相位差为 90°。两个绕组中的电流共同在气隙中建立一个旋转磁场，从而使电动机启动运行。

当控制电压 U_K 为 0 时，电动机内的磁场为脉动磁场，转子不转；当控制绕组加上控制电压时，电动机内产生旋转磁场，转子转动。当改变控制电压的大小时，电动机的机械特性曲线如图 3-46 所示变化。在同一负载下，电动机的转速不同；当控制电信号消失时，转子迅速停止。

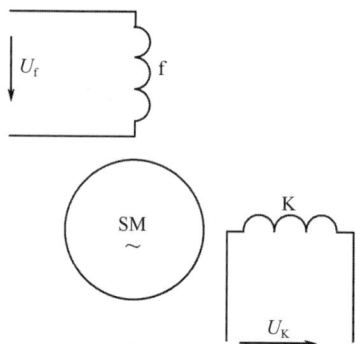

图 3-45 交流伺服电动机的工作原理图

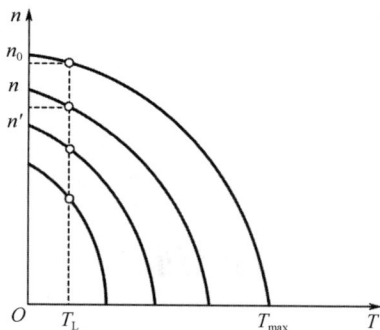

图 3-46 交流伺服电动机的机械特性曲线

3. 控制方式

上面说明了如何用控制信号的幅值大小控制电动机的转速，其实也可以用其他方式进行控制。交流伺服电动机有以下 3 种控制方式。

（1）幅值控制。控制电压与励磁电压的相位差保持 90° 不变，改变控制电压的大小以控制电动机的转速。

（2）相位控制。控制电压的大小保持不变，改变控制电压与励磁电压之间的相位差。相位差越大，转速越高；相位差为 0 时，转速为 0。

（3）幅值-相位控制。同时改变控制电压的幅值和相位进行控制。

4. 运行特点

（1）运行范围大。由于转子的电阻很大，交流伺服电动机的稳定运行区宽，所以调速范围大。

（2）无自转现象。交流伺服电动机由于转子的结构特征，转动惯量很小。另外，转子的电阻很大，在控制信号消失时，交流伺服电动机能迅速自行停止转动。

（3）启动迅速，反应灵敏。交流伺服电动机由于转子的电阻很大、启动转矩大，所以启动迅速，且由于其转动惯量小，控制电压变化，其能迅速做出反应。

3.10.2　步进电动机

步进电动机是将电脉冲信号变换为角位移或直线位移的执行元件。每输入一个电脉冲，电动机就转动一个角度或前进一步，故称**步进电动机**，又称脉冲电动机。随着数控技术的发展，步进电动机的应用更为广泛。步进电动机可分为磁阻式、感应式和永磁式 3 种。本书主要介绍磁阻式步进电动机。步进电动机的外形如图 3-47 所示。下面以三相磁阻式步进电动机为例分析其工作原理。

图 3-47　步进电机的外形

1. 结构

三相磁阻式步进电动机的结构如图 3-48 所示，其定子上装有 6 个均匀分布的磁极，每个磁极上都有控制绕组，将该绕组接成 Y 形，其中每两个相对的磁极组成一相，定子铁芯由硅钢片叠成；其转子上没有控制绕组，转子铁芯由硅钢片或软磁材料叠成，具有 4 个均匀分布的齿。

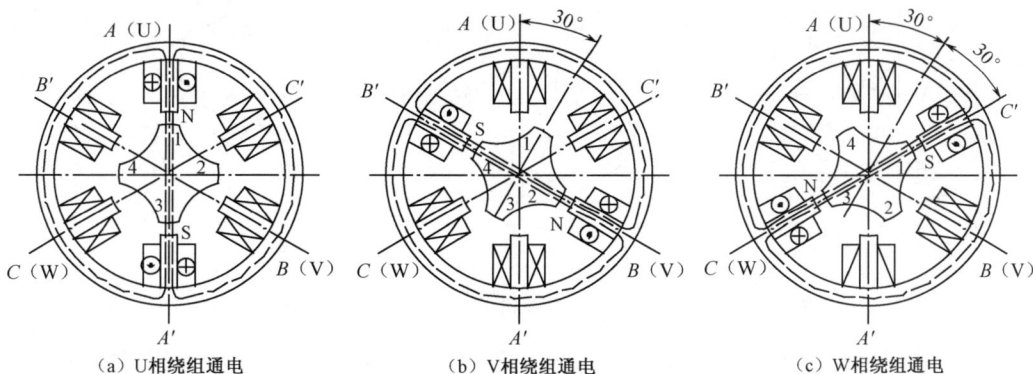

（a）U相绕组通电　　　（b）V相绕组通电　　　（c）W相绕组通电

图 3-48　三相磁阻式步进电动机的结构

2. 三相单三拍通电方式

如图 3-48 所示，当 U 相控制绕组中通入电脉冲时，气隙中产生一个沿 A—A' 轴线方向的磁场，由于磁通总是要沿磁阻最小的路径闭合，于是产生磁拉力，使转子铁芯的齿 1 和齿 3 与轴线 A—A' 对齐，如图 3-48（a）所示。此时，转子只受沿 A—A' 轴线上的拉力作用而具有自锁能力。如果将通入的电脉冲从 U 相控制绕组换到 V 相控制绕组，则由于同样的原因，转子铁芯的齿 2 和齿 4 将与轴线 B—B' 对齐，即转子顺时针转过 30°，如图 3-48（b）所示。当 W 相控制绕组通电而 V 相控制绕组断电时，转子铁芯的齿 1 和齿 3 又与 C—C' 轴线对齐，转子又顺时针转过 30°，如图 3-48（c）所示。若定子的三相控制绕组按 U→V→W→U→… 的顺序通电，则转子就沿顺时针方向一步一步地转动，每一步转过 30°，每一步转过的角被称为步距角 θ。从一相控制绕组通电换接到另一相控制绕组通电称作一拍，每一拍转子转过一个步距角。如果通电顺序改为 U→W→V→U→…，则步进电动机将沿反方向一步一步地转动。步进电动机的转速取决于脉冲的频率，频率越高，转速越高。

上述的通电方式被称为三相单三拍通电方式，"单"是指每次只有一相控制绕组通电，"三拍"是指一个循环只换接 3 次。对于三相单三拍通电方式，在一相控制绕组断电而另一相控制绕组开始通电时容易造成失步，而且单一控制绕组通电吸引转子，也容易造成转子在平衡位置附近产生振荡，转子的运行稳定性较差，所以很少采用。

3. 三相单、双六拍运行方式

三相磁阻式步进电动机的三相单、双六拍运行方式如图 3-49 所示，步进电动机按 U→U、V→V→V、W→W→W、U→U、…顺序循环通电，首先给 U 相控制绕组通电，使转子铁芯的齿 1、齿 3 与轴线 A—A' 对齐。然后给 U、V 两相控制绕组同时通电，这时转子铁芯的齿 1、齿 3 仍受到定子磁极 A—A' 的吸力，而转子铁芯的齿 2、齿 4 受到定子磁极 B—B' 的吸力，所以转子只能转到两者之间的平衡位置，转动 15°。接着将 U 相控制绕组断电，只给 V 相控制绕组通电，转子转到齿 2、齿 4 与轴线 B—B' 对齐，再转动 15°。每拍转过 15°，即步距角 θ=15°。采用这种通电方式，有时给一相控制绕组通电，有时给两相控制绕组通电，所以称之为单、双六拍。

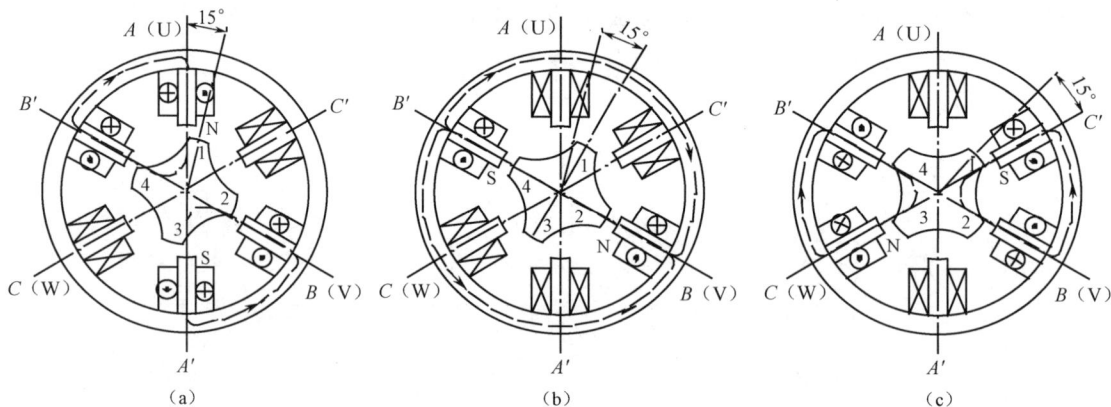

图 3-49　三相磁阻式步进电动机的三相单、双六拍运行方式

步进电动机必须由专门的驱动电源供电。普通步进电动机的驱动电源是由逻辑电路与功率放大器组成的，近年来微处理器技术与微型计算机技术给步进电动机的控制开辟了新的途径。驱动电源和步进电动机是一个整体，步进电动机的功能和运行性能是两者配合的结果。

疑难汇总、学习随笔、小结

知识梳理与总结

1. 表示磁场强弱的物理量有磁感应强度、磁通量、磁导率、磁场强度。

磁感应强度表示某点的磁场强弱，是矢量；磁通量表示某个范围内的磁场强弱，是标量；

磁导率表示磁场中媒介质对磁场强弱的影响；磁场强度表示线圈的尺寸、匝数、电流等因素对磁场强弱的影响。

2. 自然界中的物质按其导磁能力大体可分为两种：非导磁物质、铁磁物质。铁磁物质的磁导率很高、导磁性能很好，适合做各种电磁器件的铁芯。其磁化性能除了高导磁性，还有磁饱和性、磁滞性、剩磁性。按剩磁大小，铁磁物质可分为软磁材料、硬磁材料和矩磁材料。

3. 磁路是磁通经过的路径。在闭合的或接近闭合的铁芯中形成磁路，其磁场基本分布在铁芯内部。磁路欧姆定律是分析磁路的重要依据。

4. 交流铁芯线圈的应用很广泛，电动机、变压器等都属于交流铁芯线圈。交流铁芯线圈的磁通是由电源电压决定的。当电源电压确定时，磁通基本不随其他因素的变化而变化，这是交流铁芯线圈非常重要的性质。$U = 4.44fN\Phi_m$ 是非常重要的关系式。

5. 变压器有 3 种变换作用：电压变换作用、电流变换作用和阻抗变换作用。对应 3 种变换作用，变压器分别应用在电力供电电路、测量装置和电子电路中。

6. 三相异步电动机是一种常用的动力用电动机，三相异步电动机的结构和工作原理与变压器的相似。旋转磁场是其转动的基本条件，旋转磁场的转速为同步转速，由交流电频率和磁极对数决定。电动机的转速总是低于旋转磁场的转速，但它们的方向相同。转差率是表示同步转速、电动机转速差别的参数，是非常重要的电动机参数。

三相异步电动机的机械特性表示电动机的运行性能，正常工作时应工作在稳定运行区，在此区域内电动机有自动调节转速适应负载变化的能力。三相异步电动机有 3 个重要的转矩参数：额定转矩、最大转矩、启动转矩。额定转矩表示电动机的额定工作能力；最大转矩表示电动机超负荷运行的能力；启动转矩表示电动机的启动能力。

电动机的启动电流大，会影响其他电气设备正常工作，小容量电动机可以直接启动，大容量电动机一般应降压启动。降压启动的方法有定子绕组串联电阻启动法和 Y-△ 形变换启动法两种。绕线式电动机采用转子外接变阻器启动，其启动电流小且启动转矩大，其启动性能优于鼠笼式电动机。

三相异步电动机的调速方法包括改变磁极对数、改变转差率和改变电源频率 3 种。其中，变频调速的调速性能最好，目前应用非常广泛。

任意交换三相异步电动机两相定子绕组的连接位置即可改变转向。

三相异步电动机的电气制动方法有反接制动、能耗制动。

7. 单相异步电动机更多地应用于日常生活。单相交流电只能产生脉动磁场，因此单相异步电动机不能自行启动。单相异步电动机采用电容分相式、电阻分相式、罩极式等方式启动。

8. 伺服电动机和步进电动机是控制用电动机中应用较多的两种，主要应用在控制系统中，完成对输入信号的传递、检测和执行。

自测题 3

扫一扫看自测题 3 答案

一、填空题

1. 磁感应强度是表示磁场_____的物理量，既有_____，又有_____，是____量。磁通是表示磁场_____的物理量，是_____量。

2. 磁导率是表示_____对磁场强弱影响的物理量。其中，非导磁物质的磁导率很_____，且为_____数；铁磁物质的磁导率很_____，且为_____数。

3．铁磁物质的磁化性能有_____、_____、_____、_____、_____。

4．制作永久磁铁应选用剩磁_____的材料，而制作变压器、电动机的铁芯应选用剩磁_____的材料。

5．磁路是_____的路径，形成磁路应选用_____的铁芯。闭合铁芯的磁路中如果开一个气隙，磁场会变____。

6．根据磁路欧姆定律可知，当磁路的磁阻变小时，在电流不变的情况下，磁场会变_____。

7．在交流铁芯线圈中，当电源电压不变时，磁通_____，电源电压的有效值与磁通的关系是_____。

8．交流电磁铁的吸力随衔铁吸合_____，线圈中的电流随衔铁吸合_____；直流电磁铁的吸力随衔铁吸合_____，线圈中的电流随衔铁吸合_____。

9．交流铁芯线圈的损耗包括_____和_____，采用硅钢片叠成的铁芯可以_____涡流损耗。

10．变压器绕组的同名端是指_____。
绕组串联时正确的接法是_____。
绕组并联时正确的接法是_____

11．电压互感器的副绕组比原绕组的匝数_____，电流互感器的副绕组比原绕组的匝数_____。

12．三相异步电动机的同步转速是指_____，转差率表达式为_____，其取值范围为_____。

13．三相异步电动机的旋转磁场产生的条件是_____。

14．三相异步电动机的机械特性曲线中包括_____区和_____区，正常工作时应工作在_____区。

15．三相异步电动机改变运行方向的方法是_____。

16．三相异步电动机的启动方法有_____和_____。其中_____方法是为了降低启动电流。

17．三相异步电动机的调速是指_____，方法有_____、_____和_____。其中，_____调速是目前应用最多的一种。

18．单相异步电动机_____自行启动，其启动方法有_____、_____和_____。

19．三相异步电动机的电气制动方法有_____和_____。

20．交流伺服电动机的功能是_____，其运行特点有_____、_____和_____。

21．步进电动机的转速和角位移由_____决定。

二、计算题

1．有一均匀磁场，其磁感应强度 $B=0.15$ T，求在与磁场垂直的方向上面积 $S=100$ cm² 内的磁通量。若介质的相对磁导率为 3 000，求磁场强度。

2．有一均匀环形密绕空心线圈如图 3-50 所示，其平均直径 $D=40$ cm，匝数为 2 000 匝，若其中心线处的磁感应强度 $B=1.5$ T，求线圈中的电流。

3．一个交流铁芯线圈接在电压 $U=110$ V、频率 $f=50$ Hz 的交流电源上，线圈的匝数 $N=600$ 匝，铁芯的截面积 $S=10$ cm²。

（1）求铁芯中磁通的最大值和磁感应强度的最大值。

（2）如果在铁芯上再加装一个匝数为 60 匝的开路线圈，其电压为多少？

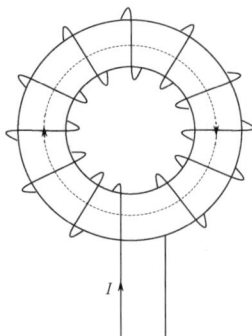

图 3-50

4. 一台单相变压器主绕组的电压为 380 V，匝数为 1 560 匝，副绕组的电压分别为 110 V、24 V、6.3 V。计算副绕组的匝数分别是多少。

5. 单相变压器主绕组、副绕组的额定电压为 220 V、36 V，容量为 2 kVA。

（1）求变压器主绕组、副绕组的额定电流。

（2）副绕组接 36 V、100 W 的白炽灯 10 盏，此时主绕组、副绕组的电流为多少？

6. 图 3-51 所示为某个电子放大电路的输出级，扬声器的电阻为 8 Ω，为了在输出变压器的主绕组中得到 256 Ω 的等效阻抗，求输出变压器的变比。

7. 图 3-52 所示为单相变压器，若想得到 12 V、15 V、18 V 电压，副绕组应该怎样连接？

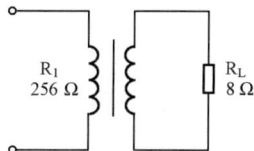

图 3-51

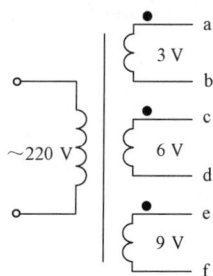

图 3-52

8. 三相异步电动机的磁极对数 p =2，电源频率 f=50 Hz，求其同步转速。若电动机以转速 n =1 000 r/min 运行，求其转差率。

9. 三相异步电动机的额定转速为 2 950 r/min，其磁极对数、同步转速、额定转差率是多少？

10. 三相异步电动机的额定功率为 P_N =18.5 kW，额定转速为 n_N =2 930 r/min，T_{max}/T_N =2.2，T_{st}/T_N =2，计算其额定转矩 T_N、启动转矩 T_{st}、最大转矩 T_{max}。

项目 4

三相异步电动机控制电路的安装与分析

教学导航

知识重点	1. 三相异步电动机基本控制电路中常用低压电器的结构、工作原理、用途及型号含义；2. 三相异步电动机基本控制电路的工作原理；3. 三相异步电动机基本控制电路的安装方法
知识难点	1. 交流接触器的工作原理；2. 热继电器的工作原理；3. 三相异步电动机 Y-△形降压启动控制电路的工作原理；4. 三相异步电动机基本控制电路的安装方法
教学设计	本项目主要围绕三相异步电动机控制电路的安装与分析开展教学活动，以三相异步电动机正反转控制电路的安装与控制任务为载体，以工作过程为导向，以教学目标为引领，充分利用信息化教学手段，采用"教、学、做、评"一体化模式，突出对学生实践能力和创新能力的培养。整个教学过程依托教学平台、仿真设计软件等信息化技术手段，将实际应用项目转换为典型教学项目，创造一个同时具备工程体验功能、教学实施功能、学习效果评测功能和实时互动交流功能的多功能信息化教学环境，力求做到"学做合一"，实现"做中教、做中学"，调动学生的积极性和主动性，促进学生自主学习和主动学习，实现建构性学习
推荐教学方式	1. 采用翻转课堂模式，充分利用教学资源库和网络课程学习平台里的教学资源，开展"课前导预习、课上导学习、课后导拓展"的教学活动。 2. 依托网络课程学习平台有效地整合本书提供的视频、图文、动画、仿真等教学资源，为学生创设虚实结合、情景交融的学习环境，为课堂的顺利进行提供保障。 3. 充分利用本书提供的视频、图文、动画、仿真等教学资源，把难点知识变得直观易懂。 4. 通过仿真与实操相结合的方式，使学习场景更贴近实际工作场景，为学生进入工作岗位打好坚实基础
推荐学习方式	1. 课前充分利用本书提供的视频、图文、动画、仿真等教学资源自主学习，并将学习疑难问题记录在活页笔记上。 2. 课中依靠学习小组的协作性进行知识与能力的学习与训练，在老师的指导下内化知识、培养技能、提升素质，在执行任务过程中，分析任务、研究任务、制定方案，在方案实施过程中研究问题、解决问题，学习与训练系统性地完成任务的方法与能力。 3. 课后主动拓展，提升应用实践能力

任务 11　三相异步电动机正反转控制电路的安装与控制

1. 任务目标

任务载体	三相异步电动机正反转控制电路的安装与控制	学　时	8	任务成绩	
学生姓名		日　期		班　级	
实训场所				组　号	
参考器材	组合开关（HZ10-25/3），熔断器（RL1-60/3，熔体的额定电流为 20 A），熔断器（RL1-15，熔体的额定电流为 5 A），交流接触器（CJ0-20，线圈电压为 380 V），热继电器（JR16-20/3D，15.4 A），按钮（LA10-3H），接线端子（JD0-1020），三相异步电动机（Y132M-4-B3，7.5 kW，1450 r/min）				
知识目标	1. 理解各种常用低压电器的作用、工作原理、使用方法；2. 理解三相异步电动机启动、正反转、往返控制电路的工作原理				
能力目标	1. 会分析三相异步电动机的运行控制原理并设计简单的控制电路；2. 会选用、检测、连接常用的低压电器；3. 会连接电路；4. 会对三相异步电动机进行运行控制；4. 会安装三相异步电动机的配电盘				
职业素养	培养学生的工匠精神和爱岗敬业、诚实守信、勤奋上进的品格与素质				
立德树人	向劳动模范学习，培养爱岗敬业、不畏艰难、履职尽责、追求卓越的精神				

2. 任务准备（课前）

学习背景知识：

（1）扫一扫下面二维码学习开关、熔断器、继电器、接触器的结构和工作原理等知识，同时培养学生在平凡工作岗位上爱岗敬业、不畏艰难、履职尽责、追求卓越的精神。

扫一扫看动画：按钮结构与工作原理　　扫一扫看微课视频：闸刀开关 3D 结构　　扫一扫看微课视频：组合开关 3D 结构

扫一扫看微课视频：瓷插式熔断器 3D 结构　　扫一扫看微课视频：管式熔断器 3D 结构　　扫一扫看微课视频：行程开关 3D 结构

扫一扫看微课视频：热继电器 3D 结构　　扫一扫看动画：热继电器工作原理　　扫一扫看动画：时间继电器工作原理

扫一扫看微课视频：时间继电器 3D 结构　　扫一扫看微课视频：断路器 3D 结构　　扫一扫看动画：断路器工作原理

扫一扫看动画：交流接触器结构与工作原理　　扫一扫看微课视频：交流接触器 3D 结构

（2）扫一扫下面二维码学习三相异步电动机的控制原理。

扫一扫看动画：三相异步电机点动控制原理　　扫一扫看动画：三相异步电机持续运行控制原理　　扫一扫看动画：三相异步电机正反转控制原理

（3）扫一扫下面二维码完成参考题。

扫一扫看低压电器参考题	扫一扫看低压电器参考题答案	扫一扫看三相异步电动机控制电路参考题	扫一扫看三相异步电动机控制电路参考题答案

（4）扫一扫下面二维码进行按钮、继电器、接触器的安装检测与电动机控制电路的 VR 仿真。

扫一扫下载后进行 VR 仿真：按钮检测	扫一扫下载后进行 VR 仿真：接触器检测	扫一扫下载后进行 VR 仿真：接触器组装
扫一扫下载后进行 VR 仿真：热继电器检测	扫一扫下载后进行 VR 仿真：时间继电器检测	扫一扫下载后进行 VR 仿真：三相异步电动机连续运行控制电路接线
扫一扫下载后进行 VR 仿真：三相异步电动机连续运行控制	扫一扫下载后进行 VR 仿真：双重互锁的正反转控制电路接线	扫一扫下载后进行 VR 仿真：三相异步电动机正反转运行控制

（5）扫一扫下面二维码看任务操作指导。

扫一扫看任务操作指导：三相异步电动机正反转控制电路安装与运行控制

3. 计划与实施（课中、课后）

知识内化	（1）分析三相异步电动机的运行控制原理；（2）设计简单的控制电路	
任务实施	根据作业要求制定作业计划与方案	
	根据作业要求制定作业步骤，明确各项操作规程和安全注意事项，进行人员分工等	
	明确任务要求：安装三相异步电动机正反转的配电盘	
	完成任务内容：（1）检测各种低压电器；（2）安装三相异步电动机正反转的配电盘；（3）运行控制；（4）排除故障	
	撰写任务实施报告：任务实施的方案、过程、收获、问题、改进措施等	

4. 任务评价

项目	评价要素	评价标准	自评 0.2	互评 0.3	师评 0.5	权重	小计
知识考核	（1）课前在线测试、在线讨论；（2）课中、课后分析与计算	（1）分析三相异步电动机的运行控制原理；（2）设计简单的控制电路				0.4	

续表

项目	评价要素	评价标准	自评 0.2	互评 0.3	师评 0.5	权重	小计
职业素养	（1）出勤； （2）工作态度； （3）劳动纪律； （4）团队协作精神	（1）遵守企业规章制度、劳动纪律； （2）按时、按质完成工作任务； （3）积极主动承担工作任务，勤学好问； （4）保证人身安全与设备安全； （5）工作岗位 7S 管理				0.1	
专业能力	（1）检测各种低压电器； （2）安装三相异步电动机正反转的配电盘； （3）运行控制； （4）排除故障	（1）元件的检测项目全面、检测方法正确、检测结果无误； （2）元件布置整齐、匀称、合理； （3）元件安装紧固，无漏装木螺钉； （4）走槽线的安装符合要求； （5）无损坏元件； （6）按电路图布线； （7）接点无松动、无漏铜、不压绝缘层、不反圈等； （8）布线中没有损伤导线绝缘或线芯； （9）无漏套或错套编码套管； （10）主电路、控制电路中熔体的规格不能配错； （11）通电试车成功； （12）安全文明生产				0.5	
创新能力	（1）独特见解； （2）创新建议	（1）方案的可行性及意义； （2）建议的可行性				附加	
思政培养	（1）外在表现； （2）内在提升	践行实践检验真理、主观与客观相结合的正确实践观				附加	
合计							

4. 课后拓展提高

1. 任务实施报告：任务实施的方案、过程、收获、问题、改进措施等（可另附页）。

2.任务拓展：

（1）能力提升：分析三相异步电机星/三角启动控制电路原理。

（2）思政深化：学习八一勋章获得者马伟明的先进事迹，对你的学习和工作有什么启发？你将如何践行始终如一、永不言败的信念。

4.1　电动机控制电路中的常用低压电器

扫一扫看教学课件：低压电器

4.1.1　手动电器

扫一扫看课程思政：柯晓宾的爱岗敬业精神

1. 刀开关

刀开关的外形如图 4-1 所示，刀开关的结构如图 4-2 所示。

刀开关主要由动触刀、静夹座、操作手柄和绝缘底座组成。其主要靠手动来实现动触刀与静夹座的接触与分离，以便对电路实现接通与分断控制。

刀开关按刀的极数可分为单极刀开关、双极刀开关和三极刀开关。刀开关的图形符号如图 4-3 所示，其文字符号为 QS。

图 4-1　刀开关的外形　　图 4-2　刀开关的结构　　图 4-3　刀开关的图形符号

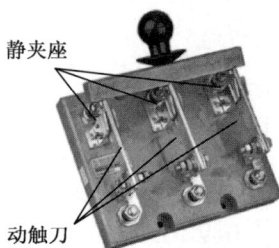

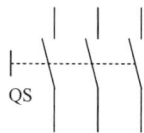

刀开关一般用于接通或分断小负荷电路，主要用于照明设备、电热设备及小容量电动机控制电路中，供手动不频繁地接通和分断电路用，或用于电源侧作为隔离开关（不带负载操作）。

> **提示**
>
> 安装时刀开关应垂直放置，保证开关分断时，动触刀自然垂落在下方。电源进线接上面的进线座，负载接下面的出线座，以保证操作时的人身安全。

刀开关又称开启式负荷开关，其型号及含义如下。

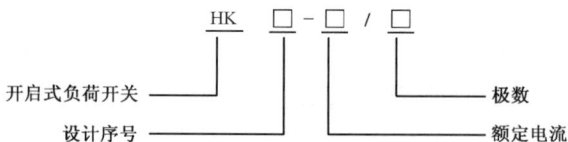

2. 组合开关

组合开关又称转换开关，其触点对数多、接线方式灵活、体积小、操作方便。组合开关内部装有扭簧储能机构，能快速闭合与分断。图 4-4 所示为组合开关的外形，图 4-5 所示为组合开关的结构。三极组合开关有 6 个静触点和 3 个动触片，3 个动触片装在绝缘板上并套在转轴上，手柄带动转轴做 90° 正反向转动，使动触点与静触点接通或分断。其图形符号如图 4-6 所示，文字符号为 QS。

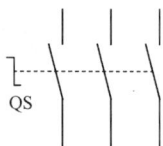

图 4-4　组合开关的外形　　图 4-5　组合开关的结构　图 4-6　组合开关的图形符号

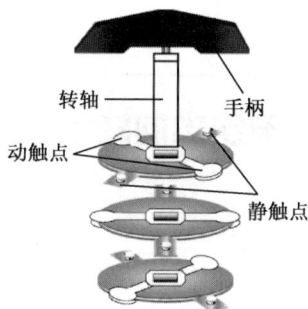

组合开关可作为电源的隔离开关，也可用于不频繁地直接接通或分断小负荷电路，比如控制小容量（5 kW 以下）三相异步电动机的启动、正反转和停止。

组合开关的型号及含义如下。

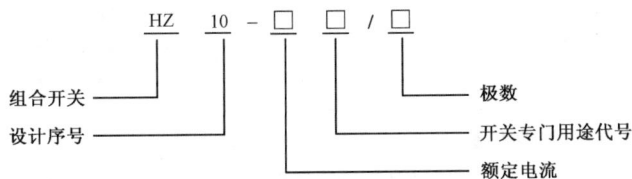

HZ 10 -□ □/□

组合开关
设计序号
额定电流
开关专门用途代号
极数

3. 按钮

按钮也起接通或分断电路的作用，但它的触点面积小，不能用来控制大电流的主电路，其额定电流不能超过 5 A，只能短时接通和分断小电流的控制电路以发出指令，所以又称主令电器。按钮的外形如图 4-7 所示，复合按钮的结构如图 4-8 所示，按钮的图形符号如图 4-9 所示，其文字符号为 SB。

图 4-7　按钮的外形

按钮一般由按钮帽、复位弹簧、桥式动触点、静触点、支柱连杆及外壳等部分组成。

按钮按静态（不受外力作用）时触点的分合状态，可分为常开按钮（启动按钮）、常闭按钮（停止按钮）和复合按钮。

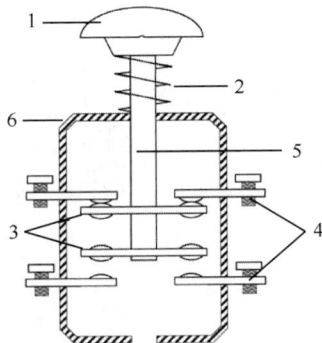

1—按钮帽；2—复位弹簧；3—桥式动触点；
4—静触点；5—支柱连杆；6—外壳。

图 4-8　复合按钮的结构

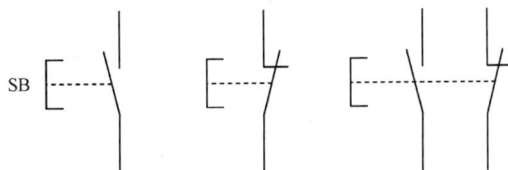

（a）常开按钮　　（b）常闭按钮　　（c）复合按钮

图 4-9　按钮的图形符号

常开按钮在常态下触点是断开的，按下按钮帽后，触点闭合；松开按钮帽后，常开按钮在复位弹簧的作用下自动复位。

常闭按钮在常态下触点是闭合的，按下按钮帽后，触点断开；松开按钮帽后，常闭按钮在复位弹簧的作用下自动复位。

复合按钮将常开和常闭按钮组合为一体，按下按钮帽后，常闭触点先断开，常开触点后闭合，松开按钮帽后，复合按钮在复位弹簧的作用下自动复位，在自动复位的过程中常开触点先恢复断开，常闭触点后恢复闭合。

按钮的型号及含义如下。

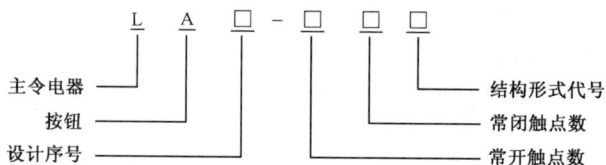

主令电器
按钮
设计序号

结构形式代号
常闭触点数
常开触点数

提示　常开触点与常闭触点

所谓常开触点、常闭触点，是指电器在不受外力或电力作用时触点所处的状态。

在很多电器上都存在常开触点、常闭触点组成的复合触点，当电器受外力或电力作用时，常闭触点先断开，常开触点后闭合；当电器失去外力或电力作用时，常开触点先断开，常闭触点后闭合。这种动作顺序对分析电路的控制原理非常重要。

---

4. 行程开关

行程开关也是主令电器的一种，通常行程开关用来限制机械运动的位置或行程，使机械按一定的位置或行程实现自动停止、反向运动、变速运动或自动往返运动等。图4-10所示为各类行程开关的外形。

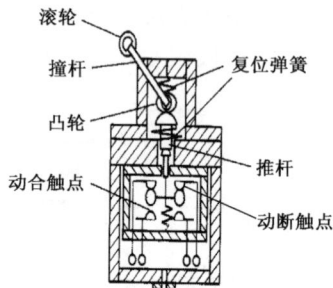

从结构上来看，行程开关由3个部分组成：触点系统、操作机构和外壳。

图4-11所示为单轮式行程开关的结构。当运动部件的挡铁碰压行程开关的滚轮时，撞杆转动，使凸轮推动推杆，当推杆被压到一定位置时，推动微动开关快速动作，使其常闭触点断开、常开触点闭合。当滚轮上的挡铁移开后，复位弹簧就使行程开关的各个部位恢复原始位置。

图4-10　各类行程开关的外形

滚轮
撞杆
凸轮
动合触点

复位弹簧
推杆
动断触点

图4-11　单轮式行程开关的结构

行程开关的触点的图形符号如图4-12所示，其文字符号为SQ。行程开关有LX19和JLXK1系列。JLXK1系列的型号及含义如下。

机床电器
主令电器
行程开关
快速
设计序号

派生代号
常闭触点数
常开触点数
1—单轮；2—双轮；3—直动无轮；
4—直动带轮；5—万向型

5. 接近开关

接近开关又称无触点行程开关，当物体与其接近到一定距离时发出动作信号。接近开关可作为检测装置使用，用于高速计数、测速、检测金属等。

接近开关按工作原理可分为高频振荡型接近开关、电容型接近开关、磁感应式接近开关和非磁性金属接近开关 4 种。

接近开关的触点的图形符号如图 4-13 所示，其文字符号为 SQ。

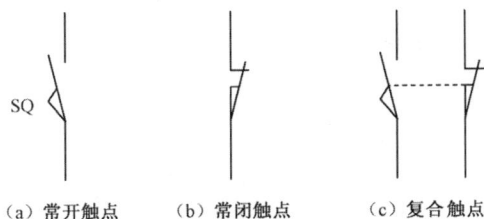

| （a）常开触点 | （b）常闭触点 | （c）复合触点 | | （a）常开触点 | （b）常闭触点 |

图 4-12　行程开关的触点的图形符号　　　　图 4-13　接近开关的触点的图形符号

4.1.2　自动控制电器

1. 交流接触器

接触器是一种自动的电磁式开关，适用于远距离频繁地接通或分断交直流主电路，可分为交流接触器和直流接触器两类，二者结构相似。本书只介绍交流接触器。图 4-14 所示为交流接触器的外形。

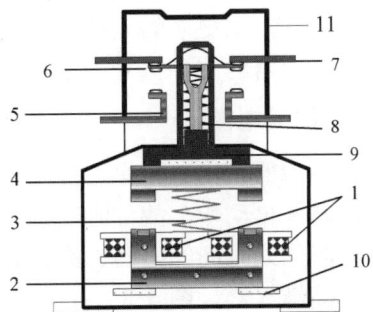

图 4-15 所示为 CJ10-20 型交流接触器的结构。它主要由电磁机构、触点系统、灭弧装置及辅助部件 4 个部分组成。

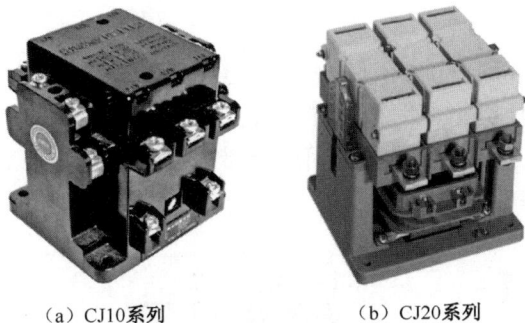

1—电磁线圈；2—静铁芯；3—反作用弹簧；4—衔铁；
5—常开触点；6—动触点；7—常闭触点；8—触点压力弹簧；
9—传动机构；10—缓冲垫；11—灭弧罩。

（a）CJ10系列　　　（b）CJ20系列

图 4-14　交流接触器的外形　　　　图 4-15　CJ10-20 型交流接触器的结构

（1）交流接触器的电磁机构由电磁线圈、静铁芯和衔铁 3 个部分组成。当电磁线圈通电或断电时，衔铁和静铁芯吸合或释放，从而带动动触点与静触点闭合或断开，以实现接通或分断电路。

（2）交流接触器的触点系统分为主触点和辅助触点。主触点用于通断电流较大的主电路，一般由 3 对常开触点组成；辅助触点用于通断电流较小的控制电路，通常由 2 对常开触点和 2 对常闭触点组成，起电气联锁或控制作用。

（3）交流接触器的灭弧装置的作用是使触点断开时产生的电弧被分割、冷却、迅速熄灭。

（4）交流接触器的辅助部件包括反作用弹簧、缓冲垫、触点压力弹簧、传动机构等。

当交流接触器的电磁线圈 1 的两端接交流电源时，电磁线圈中有电流流过，产生磁场，使静铁芯 2 产生足够大的吸力，克服反作用弹簧 3 的反作用力，将衔铁 4 吸合。通过中间的传动机构 9 带动动触点 6 使常闭触点 7 先断开，常开触点 5 后闭合。当加在交流接触器电磁线圈两端的电压为零或显著低于电磁线圈的额定电压时，由于电磁吸力消失或过小，不足以克服反作用弹簧的反作用力，所以衔铁会在反作用力下复位，带动常开触点先恢复断开，常闭触点后恢复闭合。

交流接触器的线圈及触点的图形符号如图 4-16 所示，其文字符号为 KM。

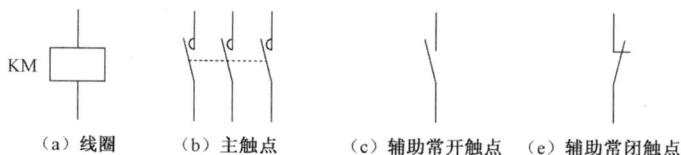

（a）线圈　　（b）主触点　　（c）辅助常开触点　　（e）辅助常闭触点

图 4-16　交流接触器的线圈及触点的图形符号

交流接触器的型号及含义如下。

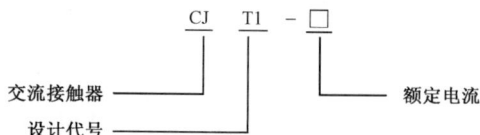

交流接触器
设计代号
额定电流

2. 中间继电器

中间继电器的结构和工作原理与交流接触器的基本相同，只是中间继电器的触点容量较小，且没有主、辅之分，但是触点数量多，一般在控制电路中当其他的触点数量不够时作为补充触点，以控制更多的元件或回路。

中间继电器的文字符号为 KA，其线圈、触点的图形符号与交流接触器的相同。

3. 时间继电器

时间继电器利用电磁原理控制触点的闭合或断开。其中一部分触点在线圈得电或断电后延迟一段时间再动作，故称时间继电器。它的种类很多，按动作原理分，有电磁式时间继电器、空气阻尼式时间继电器、晶体管式时间继电器、电动式时间继电器等，本书只介绍空气阻尼式时间继电器。图 4-17 所示为时间继电器的外形。

（a）空气阻尼式时间继电器　　（b）晶体管式时间继电器　　（c）电动式时间继电器

图 4-17　时间继电器的外形

空气阻尼式时间继电器又称气囊式时间继电器，它利用空气阻尼的原理获得延时。图 4-18 所示为空气阻尼式时间继电器的结构。

线圈 1 通电后，铁芯 2 产生吸力，衔铁 3 吸合，带动推板 5 立即动作，使瞬动触点 16 受压，其触点瞬时动作，同时活塞杆 6 在塔形弹簧 8 的作用下向上移动，带动活塞 12 及橡皮膜 10 向上移动，其运动速度受到进气孔 14 进气速度的限制，这时橡皮膜 10 下方气室的空气稀薄，与橡皮膜 10 上方的空气形成压力差（形成负压），对活塞 12 的移动产生阻尼作用，所以活塞杆 6 只能缓慢地向上移动，经过一段时间后，活塞 12 才能完成全部行程而压动行程开关，使延时常闭触点延时断开、延时常开触点延时闭合，达到通电延时的目的。

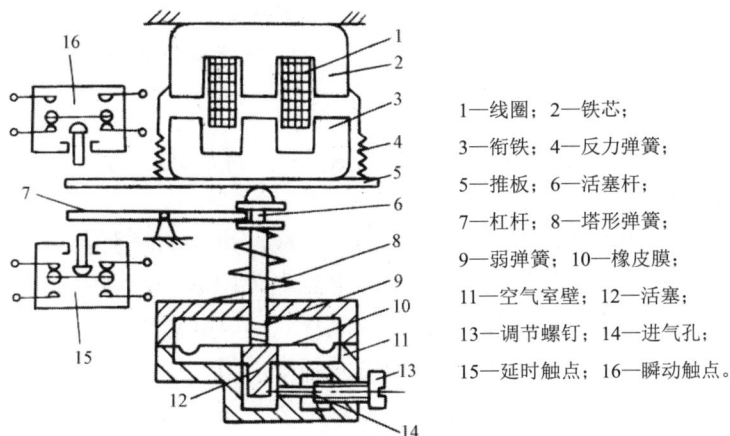

1—线圈；2—铁芯；

3—衔铁；4—反力弹簧；

5—推板；6—活塞杆；

7—杠杆；8—塔形弹簧；

9—弱弹簧；10—橡皮膜；

11—空气室壁；12—活塞；

13—调节螺钉；14—进气孔；

15—延时触点；16—瞬动触点。

图 4-18　空气阻尼式时间继电器的结构

这种时间继电器的延时时间的长短取决于进气孔的大小，可通过调节螺钉 13 进行调整。线圈 1 断电后，衔铁 3 在反力弹簧 4 的作用下释放，并通过活塞杆 6 将活塞 12 推向下端，这时橡皮膜 10 下方气室内的空气通过橡皮膜 10 和活塞 12 的局部所形成的单向阀迅速从橡皮膜 10 上方的气室缝隙中排掉，使延时触点 15 和瞬动触点 16 的各对触点迅速复位。

空气阻尼式时间继电器的优点是：结构简单、延时范围大（0.4～180 s）、寿命长、价格低。其缺点是：延时误差大，不能精确地整定延时值。因此，它适用于对延时精度要求不高的场合。

图 4-19 所示为空气阻尼式时间继电器的线圈及触点的图形符号，其文字符号为 KT。

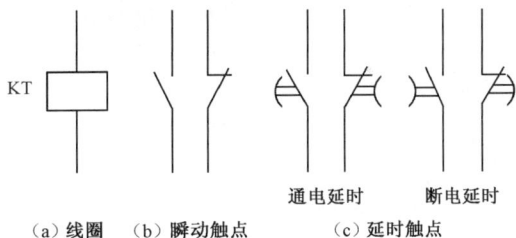

（a）线圈　（b）瞬动触点　（c）延时触点

图 4-19　空气阻尼式时间继电器的线圈及触点的图形符号

> **提示　时间继电器**
>
> 时间继电器分为通电延时型时间继电器和断电延时型时间继电器。通电延时型时间继电器的线圈通电后，延时触点延时动作，其线圈断电后，延时触点瞬时动作；断电延时型时间继电器的线圈通电后，延时触点瞬时动作，线圈断电后，延时触点延时动作。
>
> 将通电延时型时间继电器的电磁线圈倒转 180° 即可将通电延时型时间继电器转换成断电延时型时间继电器（空气阻尼式时间继电器）。

空气阻尼式时间继电器的型号及含义如下。

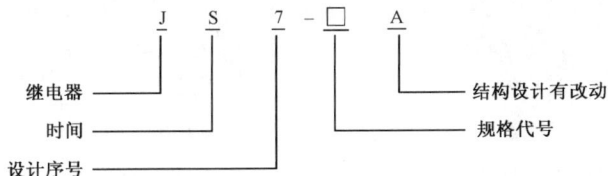

继电器
时间
设计序号
结构设计有改动
规格代号

4.1.3 保护电器

为保证三相异步电动机的安全可靠运行，需要采取一些保护措施，最常用的是采取短路保护措施和过载保护措施。熔断器和热继电器可起到这些保护作用。

1. 熔断器

熔断器用于配电电路的短路保护，分为 RL 系列螺旋式熔断器、RC 系列插入式熔断器、管式熔断器，其外形及图形符号如图 4-20 所示。

熔断器主要由熔体、熔管和熔座 3 个部分组成。熔体的材料有两种：一种由铅、铅锡合金或锌等熔点较低的材料制成，主要用于小电流电路；另一种由银或铜等熔点较高的材料制成，主要用于大电流电路。熔体的形状多制成片状、丝状或栅状。熔体串联在电路中，当电路发生短路故障时，熔体快速熔断，保护电源和电动机。

熔断器的主要技术数据是额定电压、额定电流和熔体的额定电流。选用熔断器时，应该使熔断器的额定电压大于或等于电路的额定电压，使熔断器的额定电流大于或等于熔体的额定电流，熔体的额定电流根据负载及其电流大小来确定。

图 4-20（c）所示为熔断器的图形符号，其文字符号为 FU。

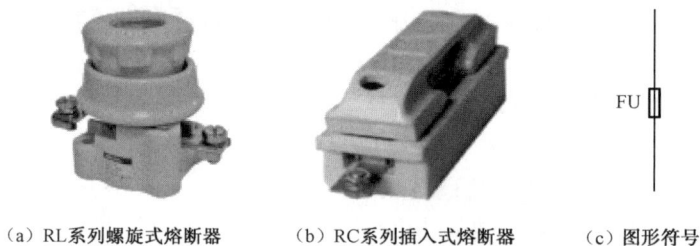

FU

（a）RL系列螺旋式熔断器　　（b）RC系列插入式熔断器　　（c）图形符号

图 4-20　熔断器的外形及图形符号

2. 热继电器

热继电器是由于流过继电器的电流所产生的热效应而动作的继电器。它主要用于电动机的过载保护、断相保护、电流不平衡运行的保护及其他电气设备发热状态的控制。

热继电器的外形如图 4-21 所示，热继电器的结构如图 4-22 所示。热元件串接在电动机的定子绕组中，常闭触点串接在控制电路的接触线圈回路中。当电动机过载时，流过热元件的电流超过热继电器的整定电流，双金属片受热向左弯曲，推动导板向左移动。经过一定时间后，双金属片推动导板使热继电器的触点动作，使接触器的线圈断电，进而切断主电路，起到保护作用。电源切除后，双金属片逐渐冷却恢复原位，动触点在弹簧片的作用下自动复位。

图 4-21　热继电器的外形

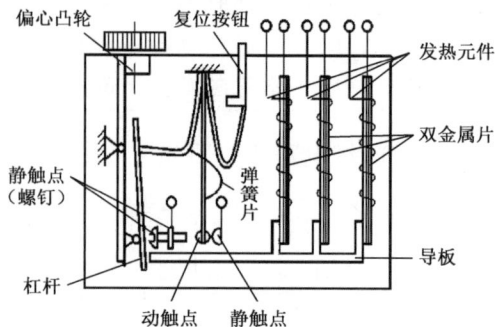

偏心凸轮　复位按钮　发热元件　双金属片　静触点（螺钉）　弹簧片　杠杆　动触点　静触点　导板

图 4-22　热继电器的结构

热继电器的热元件及触点的图形符号如图 4-23 所示，其文字符号为 FR。

（a）热元件 （b）常闭触点

图 4-23 热继电器的热元件及触点的图形符号

提示

　　对于电动机的负载，熔断器不能替代热继电器起过载保护作用，因为电动机的启动电流大，熔体的额定电流要按启动电流选取；热继电器也不能替代熔断器起短路保护作用，因为热继电器的热元件动作需要经历一段时间，积累一定的热量。

3. 低压断路器

低压断路器亦称空气开关或空气断路器。它集控制功能和多种保护功能于一体，既可作为手动开关，用于电路的通断控制；又可用于短路保护、过载保护、欠电压保护和过电压保护等。

图 4-24 所示为低压断路器的外形，其内部设有过流脱扣机构、过载脱扣机构、欠压脱扣机构，当电路出现短路、长时间过载、欠压情况时，自动跳闸，切断电路。

低压断路器的图形符号如图 4-25 所示，其文字符号为 QF。

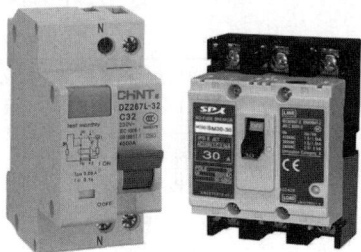

图 4-24 低压断路器的外形

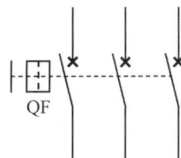

图 4-25 低压断路器的图形符号

4.2 三相异步电动机的控制电路

三相异步电动机的控制电路由主电路和控制电路两部分组成。主电路是由电动机与电源组成的部分电路，其工作电流大，取决于电动机的容量；控制电路是由控制电器组成的部分电路，其工作电流小。

电气控制电路图有以下几个特征。

（1）一般将主电路画在左侧，将控制电路画在右侧。

（2）同一电器的各个部件（如线圈和触点）一般不画在一起，但其文字符号相同。

（3）接触器、继电器的触点的状态为不通电时的状态（常态）；各种刀开关的状态为没有合闸时的状态；按钮、行程开关的触点的状态为没有操作时的状态（常态）。

4.2.1 启动控制电路

三相异步电动机的启动有直接启动和降压启动两种方式。在变压器的容量允许的情况下，笼型三相异步电动机应尽可能地采用全电压直接启动，这样一方面可以提高控制电路的可靠性，另一方面可以减少电气维修的工作量。

扫一扫看教学课件：三相异步电机启动控制电路

扫一扫看课程思政：苏宝信的不畏艰难精神

1. 点动控制电路

图 4-26 所示为三相异步电动机的点动控制电路，它由主电路和控制电路两部分组成。

主电路中的电源开关 QS 起隔离电源的作用；熔断器 FU_1 为主电路提供短路保护，主电路的接通和分断是由交流接触器 KM 的三相主触点实现的。由于点动控制，电动机的运行时间短，所以不设置过载保护装置。

控制电路中的熔断器 FU_2 用于短路保护；常开按钮 SB 控制交流接触器 KM 的线圈通断。电路的工作原理分析如下。

（1）启动：合上电源开关 QS，引入三相电源，按下常开按钮 SB，交流接触器 KM 的线圈得电，使衔铁吸合，同时带动 KM 的 3 对主触点闭合，电动机 M 接通电源启动运转。

（2）停止：当需要电动机停转时，松开常开按钮 SB，其常开触点恢复断开，交流接触器 KM 的线圈失电，衔铁恢复断开，同时通过连动支架带动 KM 的 3 对主触点恢复断开，电动机 M 失电停转。

2. 连续运行控制电路

图 4-27 所示为三相异步电动机的连续运行控制电路。此电路在点动控制电路的基础上，在常开按钮的两端并联交流接触器的辅助常开触点，串入停止常闭按钮，另外增设热继电器。

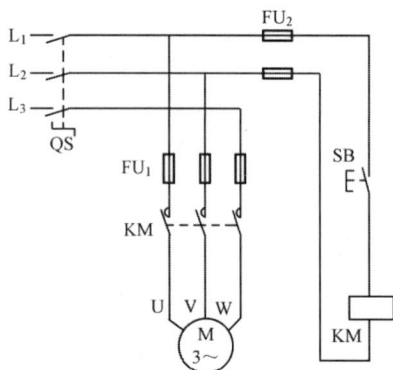

图 4-26　三相异步电动机的点动控制电路　　图 4-27　三相异步电动机的连续运行控制电路

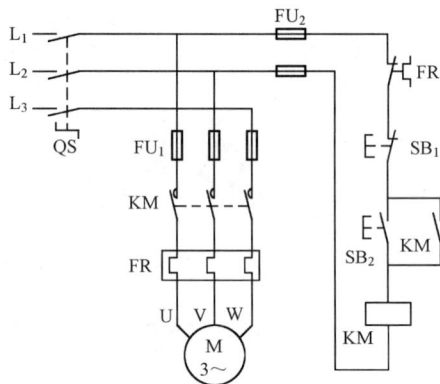

电路可以实现连续运行的原理如下。

合上电源开关 QS，然后按下启动按钮 SB_2，交流接触器 KM 的线圈得电，KM 的 3 对主触点闭合，电动机 M 接通电源直接启动运转。与此同时，与 SB_2 并联的 KM 的辅助常开触点闭合。这样，即使松开 SB_2，KM 的线圈仍可通过 KM 的触点通电，从而保证电动机连续运行。若须停止，按下停止按钮 SB_1，将 KM 的线圈回路切断，这时 KM 断电释放，KM 的三相常开主触点恢复断开，切断三相电源，电动机 M 失电停止运转。

在图 4-27 所示的电路中采取的保护措施：熔断器 FU_1 和 FU_2 起短路保护作用；热继电器 FR 起过载保护作用；交流接触器 KM 起失压（或零压）和欠压保护作用。

> **提示**
>
> 在图 4-27 所示的电路中，与启动按钮 SB_2 并联的交流接触器 KM 的辅助常开触点在松开 SB_2 后，仍使 KM 的线圈保持通电的控制方式叫作"自锁"，其辅助常开触点被称为自锁触点。

　　失压保护：电动机在正常运行过程中，由于某种原因引起突然断电时能自动切断电动机的电源，当重新供电时保证电动机不能自行启动，以保证人身和设备的安全。交流接触器可实现失压保护，因为交流接触器的辅助常开触点和主触点在电源断电时已经断开，在电源恢复供电时，只要不按下启动按钮，电动机就不会自行启动运转。

　　欠压保护：电路电压低于电动机应加的额定电压，当电路电压下降到某一数值时，保证电动机自动脱离电源停转，避免电动机在电压不足的状态下长期运行，因定子电流过大损坏电动机。交流接触器可避免电动机欠压运行，因为当电路电压下降到一定值（一般指低于额定电压的 85%）时，交流接触器线圈两端的电压同样下降到此值，从而使交流接触器线圈的磁通减弱，使其产生的电磁吸力减小。当电磁吸力减小到小于反作用弹簧的拉力时，动铁芯被迫释放，交流接触器的主触点、辅助常开触点同时断开，自动切断主电路和控制电路，电动机失电停转，达到欠压保护的目的。

??? 思考题

　　图 4-28（a）所示的电路既可点动又可连续运行，图 4-28（b）所示的电路为两地控制电路，它们的工作原理分别是什么？

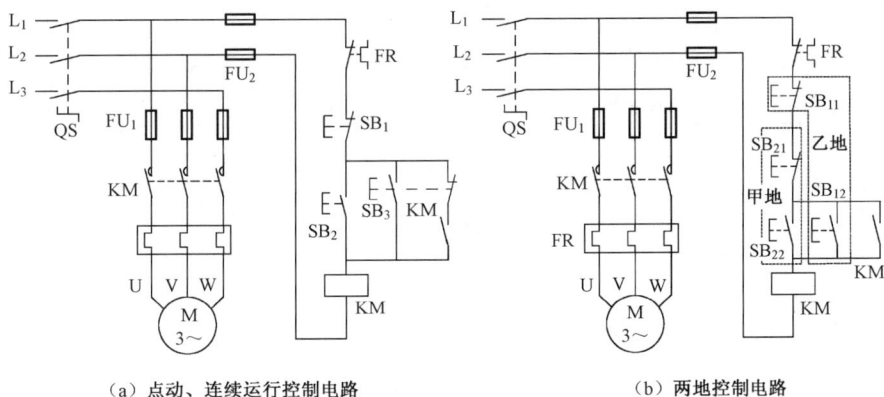

（a）点动、连续运行控制电路　　　　　　　（b）两地控制电路

图 4-28　电动机的控制电路

4.2.2　正反转控制电路

　　在生产加工过程中，往往要求电动机能够实现可逆运行，如机床工作台的前进与后退、主轴的正转与反转、起重机的上升与下降等，这就要求电动机可以正反转。

　　由电动机的原理可知，若改变通入电动机定子绕组的三相电源的相序，即把接入电动机三相电源进线中的任意两根对调接线，电动机就可以反转，所以可逆运行控制电路实质上是两个方向相反的单向运行电路。

　　图 4-29 所示为接触器联锁的正反转控制电路。电路中有两个交流接触器，即正

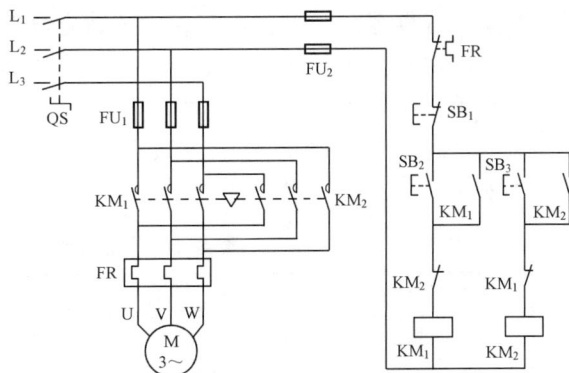

扫一扫看教学课件：三相异步电机正反转控制电路

扫一扫看课程思政：贾衍强的履职尽责精神

图 4-29　接触器联锁的正反转控制电路

转用的 KM_1 和反转用的 KM_2。它们分别由正转按钮 SB_2 和反转按钮 SB_3 控制。

电路的工作原理如下。

（1）正转启动：先合上电源开关 QS，按下正转按钮 SB_2，交流接触器 KM_1 的线圈得电，根据交流接触器触点的动作顺序可知，其辅助常闭触点先断开，切断交流接触器 KM_2 的线圈回路，起到联锁作用，然后 KM_1 的辅助常开触点闭合， KM_1 的主触点闭合，电动机 M 启动正转运行。

需要停止时，按下停止按钮 SB_1，KM_1 的线圈失电，KM_1 的常开主触点断开，电动机 M 失电停转，KM_1 的辅助常开触点断开，解除自锁，KM_1 的辅助常闭触点恢复闭合，解除对 KM_2 的联锁。

（2）反转启动：先合上电源开关 QS，然后按下反转按钮 SB_3，KM_2 的线圈得电，KM_2 的辅助常闭触点断开，解除对 KM_1 的联锁，KM_2 的常开主触点闭合，电动机 M 启动反转运行，KM_2 的辅助常开触点闭合自锁，电动机 M 启动反转运行。

需要停止时，按下停止按钮 SB_1，控制电路失电，KM_1（或 KM_2）的主触点断开，电动机 M 失电停转。

思考题

（1）在图 4-29 所示的电路中，为什么要对 KM_1、KM_2 进行联锁？

（2）如果不对 KM_1、KM_2 进行联锁，会出现什么后果？

疑难汇总、学习随笔、小结

知识梳理与总结

1. 三相异步电动机的基本控制电路由交流接触器、继电器、按钮等控制电器组成。控制电器有很多种，按工作电压不同可分为低压电器和高压电器，用于三相异步电动机控制的电器一般是低压电器。其工作电压在交流额定电压 1 200 V 以下，直流额定电压 1 500 V 以下。低压电器按其动作方式不同可分为手动控制电器和自动控制电器，按其功能不同可分为控制用电器和保护用电器。

2. 三相异步电动机的控制方式很多，其控制电路也很多。几种常用控制电路的总结如表 4-1 所示。

表 4-1　三相异步电动机的基本控制电路

电路名称	主要控制原理
点动控制电路	由按钮的复位功能及交流接触器的电磁开关功能实现控制
连续运行控制电路	在点动控制电路的基础上，利用交流接触器的辅助常开触点将启动按钮"锁住"，形成"自锁"，从而实现连续运行控制

续表

电路名称	主要控制原理
两地控制电路	启动按钮并联引出、停止按钮串联引出形成两地控制，依此法可实现多地控制
Y-△形降压启动控制电路	利用时间继电器控制两个交流接触器转接，以实现三相异步电动机绕组的 Y-△形换接
电动机正反转控制电路	将控制正转和反转的两个交流接触器的辅助常闭触点分别串入对方的线圈电路，使两个交流接触器不能同时得电，这种控制方法被称为"联锁"或"互锁"
自动往返行程控制电路	利用一个行程开关的常闭触点分断电动机的正转控制电路，之后利用该行程开关的常开触点接通反转控制电路，实现正反转转换。利用两个行程开关即可实现自动往返行程控制

自测题 4

扫一扫看
自测题 4
答案

一、简答题

1．刀开关与组合开关有何异同？其图形符号及文字符号分别是什么？

2．按钮在控制电路中起什么作用？有什么特点？其图形符号及文字符号分别是什么？操纵按钮时，其常开触点、常闭触点的动作顺序如何？

3．交流接触器也起接通或分断电路的作用，它与刀开关有什么区别？其电磁线圈、主触点、辅助常开触点、辅助常闭触点的图形符号分别是什么？

4．时间继电器主要分为几种？空气阻尼式时间继电器分为哪两种？其瞬动触点、延时触点的图形符号分别是什么？

5．三相异步电动机的运行电路中一般有哪几种保护措施？分别由哪种电器保护？

6．熔断器与热继电器能否互用？为什么？

7．在三相异步电动机的控制电路中何为自锁？何为互锁？分别起什么作用？

8．什么是主电路？什么是控制电路？二者有什么区别？

9．在图 4-27 所示的电路中都有哪些保护措施？

10．在图 4-29 所示的电路中，若 KM_1、KM_2 的主触点同时闭合，会出现什么后果？

二、分析题

1．图 4-30 所示的电路为某人设计的点动和连续运行控制电路，请问电路是否合理？

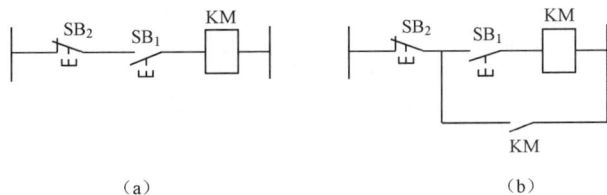

（a） （b）

图 4-30

2．图 4-31 所示的电路为两台电动机的顺序启动电路，试分析其控制原理。

3．画出具有自锁、互锁环节的正反转控制电路。

4．图 4-32 所示的电路为具有双重互锁的电动机正反转控制电路，试分析其控制原理。

5．图 4-33 所示的电路为三相异步电动机定子绕组串联阻抗的降压启动控制电路，试分析其控制原理。

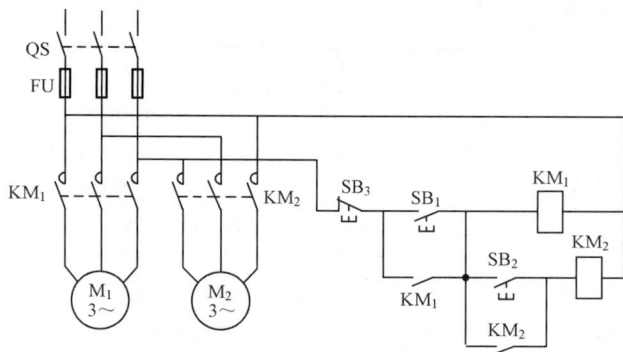

图 4-31

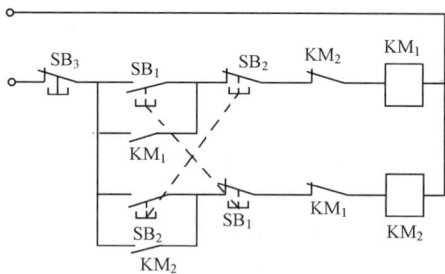

图 4-32

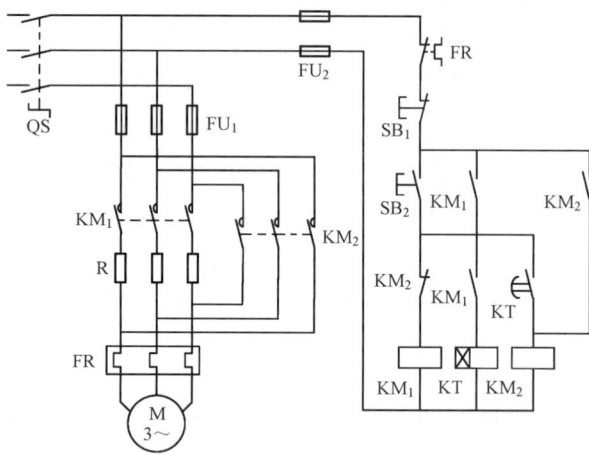

图 4-33

6. 图 4-34 所示的电路为 Y-△形降压启动电路，试分析其控制原理。

图 4-34

项目 5

三极管放大电路的制作、调试与分析

教学导航

知识重点	1. 二极管的单向导电性；2. 三极管的放大作用、开关作用及所需条件；3. 三极管放大电路的组成，静态和动态参数的估算
知识难点	1. 三极管放大电路的微变等效电路；2. 分压式放大电路稳定静态工作点的原理；3. 反馈判断及对电路的影响；4. 甲乙类互补对称电路的工作原理
教学设计	本项目主要围绕三极管放大电路的制作、调试与分析开展教学活动，以助听器电路的制作任务为载体，以工作过程为导向，以教学目标为引领，充分利用信息化教学手段，采用"教、学、做、评"一体化模式，突出对学生实践能力和创新能力的培养。整个教学过程依托教学平台、仿真设计软件等信息化技术手段，将实际应用项目转换为典型教学项目，创造一个同时具备工程体验功能、教学实施功能、学习效果评测功能和实时互动交流功能的多功能信息化教学环境，力求做到"学做合一"，实现"做中教、做中学"，调动学生的积极性和主动性，促进学生自主学习和主动学习，实现建构性学习
推荐教学方式	1. 采用翻转课堂模式，充分利用教学资源库和网络课程学习平台里的教学资源，开展"课前导预习、课上导学习、课后导拓展"的教学活动。 2. 依托网络课程学习平台有效地整合本书提供的视频、图文、动画、仿真等教学资源，为学生创设虚实结合、情景交融的学习环境，为课堂的顺利进行提供保障。 3. 充分利用本书提供的视频、图文、动画、仿真等教学资源，把难点知识变得直观易懂。 4. 通过仿真与实操相结合的方式，使学习场景更贴近实际工作场景，为学生进入工作岗位打好坚实基础
推荐学习方式	1. 课前充分利用本书提供的视频、图文、动画、仿真等教学资源自主学习，并将学习疑难问题记录在活页笔记上。 2. 课中依靠学习小组的协作性进行知识与能力的学习与训练，在老师的指导下内化知识、培养技能、提升素质，在执行任务过程中，分析任务、研究任务、制定方案，在方案实施过程中研究问题、解决问题，学习与训练系统性地完成任务的方法与能力。 3. 课后主动拓展，提升应用实践能力

任务 12　助听器电路的制作

1. 任务目标

任务载体	助听器电路的制作		学　时	24	任务成绩	
学生姓名			日　期		班　级	
实训场所					组　号	
参考器材	晶体管（S9015），电阻 R_1（2.2 kΩ），R_2、R_4、R_7、R_{10}（1 kΩ），R_3、R_5、R_8（1.5 kΩ），R_{11}、R_{12}、R_{13}、R_{14}（100 kΩ），R_6（270 kΩ），R_9（100 kΩ），电解电容 C_1（1 μF/16 V），电解电容 C_2（100 μF/16 V），电解电容 $C_3 \sim C_5$（10 μF/16 V），耳机（8 Ω），BM 驻极体传声器，电池（1.5 V），屏蔽线，万能电路板					
知识目标	1. 了解二极管、三极管的外形、结构；2. 了解二极管、三极管的伏安特性曲线、作用；3. 了解二极管、三极管的参数及选用方法；4. 了解共射极放大电路的组成、各个部分的作用；5. 了解静态工作点的作用；6. 了解多级放大电路的级间耦合方式；7. 了解负反馈的概念、分类；8. 了解负反馈的作用；9. 了解功率放大电路的工作状态；10. 了解甲乙类互补对称电路的功率放大原理；11. 了解绝缘栅场效应管的结构、作用；12. 了解绝缘栅场效应管放大电路的组成、工作特征及作用					
能力目标	1. 会估算三极管放大电路的静态工作点、电压放大倍数、输入电阻、输出电阻；2. 会估算多级放大电路的静态工作点、电压放大倍数、输入电阻、输出电阻；3. 会估算甲乙类互补对称电路的主要参数；4. 会进行二极管、三极管元件的识别、好坏判断；5. 会进行场效应管的识别；6. 会进行电子元器件的焊接、整形；7. 会使用示波器观察输入、输出波形；8. 会使用毫伏表测量交流信号的电压；9. 会使用万用表测量静态工作点；10. 会调试多级放大电路的静态工作点					
职业素养	培养学生的辩证思维和团队协作能力，以及抓住主要矛盾解决问题的能力					
立德树人	向华为公司学习，培育艰苦奋斗、勇于创新、为国争光的精神					

2. 任务准备（课前）

学习背景知识：

（1）扫一扫下面二维码学习半导体、二极管、三极管、放大电路等知识，同时培养学生辛苦耕耘、厚积薄发、勇于创新、科技强国、专业报国的精神。

扫一扫看微课视频：半导体与 PN 结

扫一扫看微课视频：二极管

扫一扫看微课视频：三极管

扫一扫看微课视频：三极管放大电路的组成

扫一扫看微课视频：放大电路的静态分析

扫一扫看微课视频：放大电路的动态分析

扫一扫看微课视频：分压式偏置放大电路

扫一扫看微课视频：共集电极放大电路

扫一扫看微课视频：多级放大电路

扫一扫看微课视频：负反馈

扫一扫看微课视频：功率放大电路

（2）扫一扫下面二维码完成参考题。

扫一扫看二极管、三极管参考题	扫一扫看二极管、三极管参考题答案	扫一扫看三极管放大电路参考题	扫一扫看三极管放大电路参考题答案

（3）扫一扫下面二维码进行二极管、三极管的检测 VR 仿真。

扫一扫下载后进行 VR 仿真：二极管的检测	扫一扫下载后进行 VR 仿真：三极管的检测

（4）扫一扫下面二维码看任务操作指导。

扫一扫看任务操作指导：助听器电路的制作

（5）扫一扫下面二维码看焊接方法与步骤、焊接工具的使用微课视频。

扫一扫看微课视频：焊接方法与步骤	扫一扫看微课视频：焊接工具的使用

3. 计划与实施（课中、课后）

知识内化	（1）分析二极管的应用，进行三极管极性的判别；（2）估算三极管放大电路的静态工作点、电压放大倍数、输入电阻、输出电阻；（3）估算多级放大电路的电压放大倍数、输入电阻、输出电阻；（4）估算甲乙类互补对称电路的主要参数	
任务实施	根据作业要求制定作业计划与方案	
	根据作业要求制定作业步骤，明确各项操作规程和安全注意事项，进行人员分工等	
	明确任务要求：助听器电路的制作与调试	
	完成任务内容：（1）检测二极管、三极管及其他元件；（2）安装元件；（3）电子焊接；（4）调试	
	撰写任务实施报告：任务实施的方案、过程、收获、问题、改进措施等	

4. 任务评价

项目	评价要素	评价标准	自评 0.2	互评 0.3	师评 0.5	权重	小计
知识考核	（1）课前在线测试、在线讨论；（2）课中、课后分析与计算	（1）会分析二极管的应用，会判别三极管的极性；（2）会估算三极管放大电路的静态工作点、电压放大倍数、输入电阻、输出电阻；（3）会估算多级放大电路的电压放大倍数、输入电阻、输出电阻；（4）会估算甲乙类互补对称电路的主要参数				0.4	
职业素养	（1）出勤；（2）工作态度；（3）劳动纪律；（4）团队协作精神	（1）遵守企业规章制度、劳动纪律；（2）按时、按质完成工作任务；（3）积极主动承担工作任务，勤学好问；（4）保证人身安全与设备安全；（5）工作岗位 7S 管理				0.1	

续表

项目	评价要素	评价标准	自评 0.2	互评 0.3	师评 0.5	权重	小计
专业能力	（1）检测二极管、三极管及其他元件； （2）安装元件； （3）电子焊接； （4）调试	（1）正确清点、检测及调换元件； （2）元件按要求整形，正确安装元件，焊接点美观、走线合理、布局漂亮； （3）通电试验，电路正常工作； （4）通电检测，数据合理； （5）严格遵守电工安全操作规程； （6）工作台上的用具、元件摆放整齐；				0.5	
创新能力	（1）独特见解； （2）创新建议	（1）方案的可行性及意义； （2）建议的可行性				附加	
思政培养	（1）外在表现； （2）内在提升	（1）培植爱国、报国情怀； （2）提高辩证分析的思维能力，能辩证分析内因与外因的关系、付出与回报的关系				附加	
合计							

5. 课后拓展提高

1. 任务实施报告：任务实施的方案、过程、收获、问题、改进措施等（可另附页）。

2. 任务拓展：

（1）能力提升：对助听器电路的制作任务进行分析计算与测试数据比较，分析电路的工作状态。

（2）思政深化：从本任务中的二极管、三极管等进行引申，学习有关的思政案例，结合你目前的学习情况，思考今后应如何进行改进。

电工电子技术的另外一大分支是电子技术。电子技术是电子元器件的应用技术，放大电路的应用技术是其中之一。放大电路的应用非常广泛，在日常生活中应用于收音机、电视机等，在工程实际中应用于各种微弱电信号的放大，如温度、压力、机械位移等物理量的测量，由传感器转换过来的电信号非常微弱，不能直接显示，需要放大器进行放大后才能显示测量结果。在本项目中首先学习几种常用的电子元器件，然后主要学习由三极管构成的放大电路。

5.1 二极管

二极管是一种常用的电子元件，广泛应用于整流、检波、稳压、信号转换等场合，它是由半导体制成的，内部由一个 PN 结构成。

5.1.1 PN 结

扫一扫看教学课件：半导体及 PN 结

扫一扫看课程思政：华为的创新精神

1. 本征半导体和掺杂半导体

半导体是导电能力介于导体和绝缘体之间的物质，它具有一些特殊的导电性质，对某些微量元素极为敏感。例如，在纯净的半导体中掺入某种微量元素，就可以使其导电能力增加几十万倍甚至几百万倍。此外，半导体的导电能力还对温度、光照、电和磁的变化极为敏感，利用这些特性可以制造各种敏感元件，如热敏元件、光敏元件等。

常用的半导体有硅和锗。纯净的具有完整单晶体结构的半导体被称为**本征半导体**。本征半导体的导电能力很弱，其原子之间的共价键结构非常稳定，如图 5-1 所示。价电子不易脱离束缚成为自由电子，但是当获得足够的能量后，一些价电子可能挣脱共价键的束缚游离出来，成为自由电子，当有外电场作用时这些自由电子就可以参与导电。另外，当价电子游离出来以后，会在原来的位置上留下一个"空位"，使这个共价键不稳定，能吸引其他电子来填充，这部分电子的移动相当于"空位"向相反方向移动，这些空位被称为空穴，空穴带正电。这就使半导体中有外电场作用时形成两部分电流：自由电子导电电流和空穴导电电流。我们把参与导电的粒子称为载流子，因此半导体中有两种载流子：带负电的自由电子和带正电的空穴，这些载流子是在热激发作用下产生的。

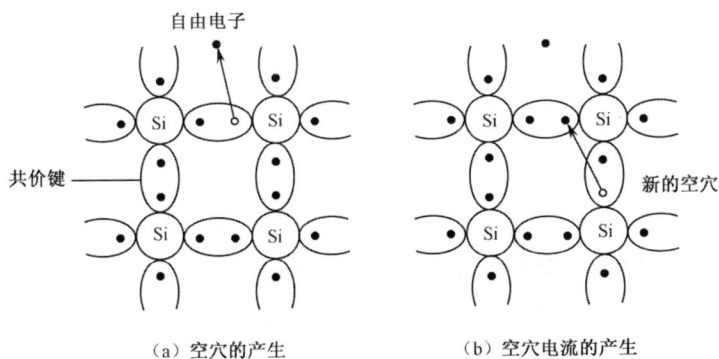

（a）空穴的产生   （b）空穴电流的产生

图 5-1 本征半导体的共价键结构和空穴电流的产生

由于本征半导体的导电能力很弱，因此电子元件都采用掺杂半导体。掺杂半导体采用特殊工艺，在本征半导体中掺入某种微量杂质元素，其导电能力就可以显著提高。

若掺入五价元素，如磷（P），就形成了 N 型半导体，如图 5-2 所示。由于磷原子有 5 个价电子，其最外层的 4 个价电子与相邻的 4 个硅（或锗）原子组成共价键结构，有 1 个价电子游离于共价键之外，成为自由电子。每掺入一个磷原子就会产生一个自由电子，因此 N 型半导体中自由电子的浓度大大增加。与此同时，N 型半导体中还存在因热激发产生的少量自由电子和空穴。由于自由电子的数目远大于空穴的数目，所以自由电子是多数载流子，空穴是少数载流子。

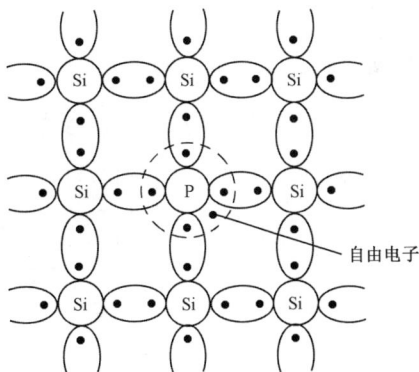

图 5-2 N 型半导体

同理，若在硅（或锗）晶体中掺入微量的三价元素，如硼（B），就形成了 P 型半导体，如图 5-3 所示。不难看出，P 型半导体中的多数载流子是空穴，少数载流子是自由电子。

2. PN 结

当把 P 型半导体和 N 型半导体用特殊的工艺结合在一起时，N 区中浓度较高的自由电子会扩散到 P 区，并与 P 区中的空穴复合，在 N 区形成带正电的净电荷区。同时，P 区中浓度较高的空穴会扩散到 N 区，并与 N 区中的自由电子复合，在 P 区形成带负电的净电荷区，从

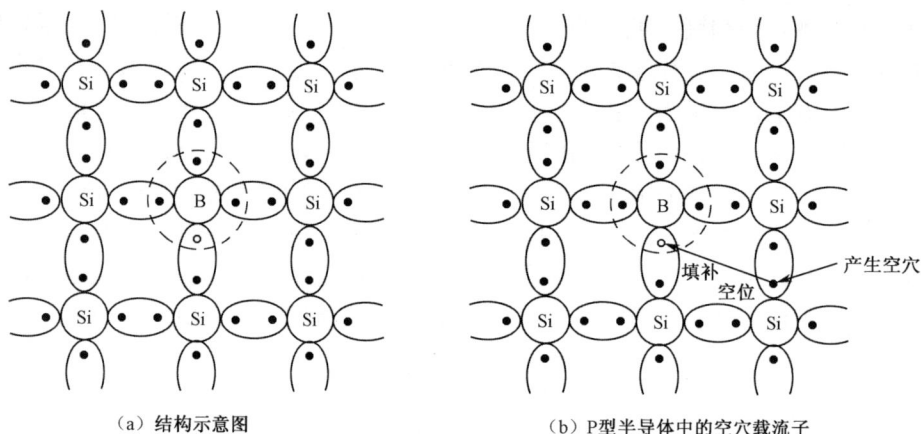

（a）结构示意图 　　　　　　　　　　（b）P型半导体中的空穴载流子

图 5-3　P 型半导体

而在交界面形成一个由 N 区指向 P 区的内电场。该内
电场对多数载流子的继续扩散起阻碍作用，对双方少
数载流子的漂移运动起推动作用。当多数载流子的扩
散数量与少数载流子的漂移数量相同时，内电场的宽
度和强度保持稳定。这种在 P 型半导体和 N 型半导体
的交界面形成的稳定的内电场被称为 PN 结，如图 5-4
所示。

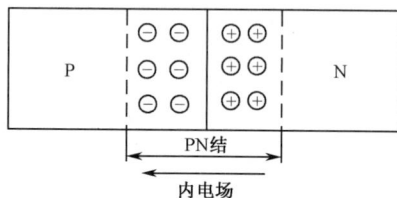

图 5-4　PN 结的形成

　　PN 结有一个非常重要的导电特性：单向导电性。

🔷 实验　PN 结的导电特性

　　PN 结的导电特性可以通过下面的实验来验证，实验电路如图 5-5 所示。

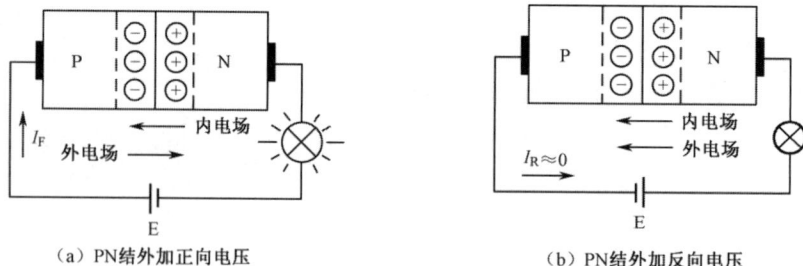

（a）PN 结外加正向电压 　　　　　　　　（b）PN 结外加反向电压

图 5-5　实验电路

1）PN 结外加正向电压——正向导通

如图 5-5（a）所示，电源正极接 P 区，电源负极接 N 区，称之为正向电压，指示灯
亮，说明 PN 结导通。

较强外电场的作用使空穴和自由电子向内电场移动，分别与内电场的正、负电荷中和，
结果使内电场大大削弱。PN 结的内电场对多数载流子的扩散起阻碍作用，现在这个阻力
被大大削弱，使多数载流子得以顺利地扩散形成较大的电流。PN 结导通后，其电压降很
小，常常被忽略，因此，在理想状态下认为 PN 结的正向压降为 0。

2）PN 结外加反向电压——反向截止

如图 5-5（b）所示，电源负极接 P 区，电源正极接 N 区，称之为反向电压，指示灯不亮，说明 PN 结截止。

这是因为外加反向电压所提供的外电场与内电场的方向相同，在外电场的作用下 PN 结的宽度变宽，内电场被加强，多数载流子在增强的内电场的阻力作用下无法进行扩散，电路中没有较大的电流，所以指示灯不亮。由于 PN 结的内电场对少数载流子的漂移运动起推动作用，所以加强的内电场使少数载流子漂移形成反向电流，但少数载流子的数量很少且是由热激发产生的，其反向电流很小，且对温度变化敏感，因此，在理想状态下认为反向电流为 0。由此可知，PN 结具有单向导电性。

5.1.2　二极管的结构和特性

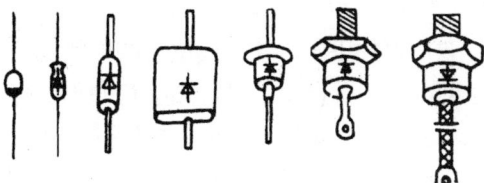

扫一扫看教学课件：二极管

扫一扫看课程思政：努力奋斗

1. 二极管的结构、类型和型号

1）结构

在一个 PN 结的 P 区和 N 区各接出一条引线，再封装在管壳内，就制成一只二极管，如图 5-6（a）所示，N 区引出端为阴极（负极），P 区引出端为阳极（正极），其文字符号为 VD，图形符号如图 5-6（b）所示。图 5-7 所示为几种常见的二极管外形。

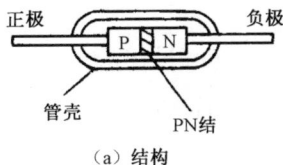

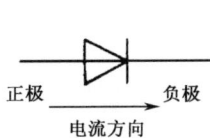

（a）结构　　　　（b）图形符号

图 5-6　二极管的结构和图形符号　　　　图 5-7　常见的二极管外形

2）类型

二极管的分类方法很多，根据制造工艺和结构不同，二极管可分为点接触型二极管、面接触型二极管及平面型二极管；根据材料不同，二极管可分为硅二极管和锗二极管；根据用途不同，二极管又可分为普通二极管、整流二极管、稳压二极管等。

3）型号

国家标准 GB/T 249—2017 规定，二极管的型号由 5 部分组成，如表 5-1 所示。

表 5-1　二极管的型号组成及其意义

第 1 部分（数字）		第 2 部分（拼音）		第 3 部分（拼音）		第 4 部分（数字）	第 5 部分（拼音）
电极数		材料和极性		类型			
符号	意义	符号	意义	符号	意义	序号	规格号（表示反向峰值电压的级别）
2	二极管	A	N 型锗材料	P	普通管		
		B	P 型锗材料	Z	整流管		
		C	N 型硅材料	W	稳压管		
		D	P 型硅材料	GF	发光二极管		
		E	化合物材料				

续表

第1部分（数字）		第2部分（拼音）		第3部分（拼音）		第4部分（数字）	第5部分（拼音）
电极数		材料和极性		类型		序号	规格号（表示反向峰值电压的级别）
符号	意义	符号	意义	符号	意义		
2	二极管	A	N型锗材料	U	光电管		
		B	P型锗材料	K	开关管		
		C	N型硅材料	V	微波管		
		D	P型硅材料	L	整流堆		
		E	化合物材料	S	隧道管		
				N	阻尼管		

常见的二极管的型号有 2AP7、2DZ54C 等，根据表 5-1 可自行判断它们的意义。

2. 二极管的伏安特性

由于二极管的内部结构是一个 PN 结，因此二极管也具有单向导电性，其伏安特性曲线如图 5-8 所示。

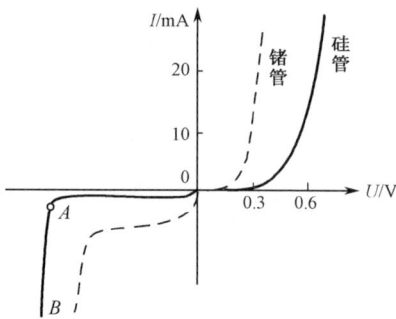

图 5-8　二极管的伏安特性曲线

1）正向特性

二极管的正向特性曲线位于图中的第一象限。当二极管承受很小的正向电压时，二极管并不能导通，这是因为外电场太弱，不足以克服内电场的阻挡作用，这段区域被称为死区，与此相对应的电压被称为死区电压，一般硅二极管的死区电压约为 0.5 V，锗二极管的死区电压约为 0.1 V。

当正向电压上升到大于死区电压时，二极管开始导通，正向电流随正向电压上升很快。二极管导通后的正向电阻很小，其正向压降很小，一般硅二极管的正向压降约为 0.7 V，锗二极管的正向压降约为 0.2～0.3 V。

2）反向特性

二极管的反向特性曲线位于图中的第三象限。当二极管承受反向电压时，二极管中只有很小的反向电流，是由少数载流子漂移形成的，对温度变化敏感，反向电流越小，二极管的温度稳定性越好。因为硅管的反向电流比锗管的反向电流小，所以硅管的温度稳定性好。

当反向电压增大到超过某个值时，反向电流急剧增大，二极管被击穿，可能被损坏，所以一般二极管不允许工作在这个区域。

提示

当忽略二极管的正向压降和反向电流时，二极管被称为理想二极管。理想二极管是一个电子开关，当其承受正向电压时开关闭合；当其承受反向电压时开关断开。

3. 二极管的主要参数

二极管的主要参数是选择和使用二极管的重要依据。

（1）最大正向电流 I_{FM}：在规定的散热条件下，二极管在长期安全运行时允许通过的最大正向电流的平均值。如果实际工作时正向电流的平均值超过此值，二极管可能会因过热而损坏。

（2）最高反向工作电压 U_{RM}：二极管允许承受的最高反向电压。一般规定最高反向工作电压为反向击穿电压的 1/2。

【实例 5-1】 电路如图 5-9 所示，$U_1=12$ V，$U_2=4$ V，$R=4\ 000\ \Omega$。试确定二极管是导通的还是截止的，并计算电流 I（将二极管作为理想二极管处理）。

解　判断二极管能否导通的方法是把二极管 VD 断开，如图 5-10（b）所示。此时若阳极一侧 A 点的电位 V_A 高于阴极一侧 B 点的电位 V_B，则二极管接入后承受正向电压，导通；反之，二极管接入后承受反向电压，截止。

该电路若以 U_1、U_2 的公共点（负极）为电位参考点，则因为 $U_1>U_2$，$V_A>V_B$，所以二极管 VD 导通。作为理想二极管，相当于阳、阴极间短路，等效为开关闭合，如图 5-10（c）所示。所以，电流 $I\approx(U_1-U_2)/R=(12-4)/4\ 000=2$（mA）。

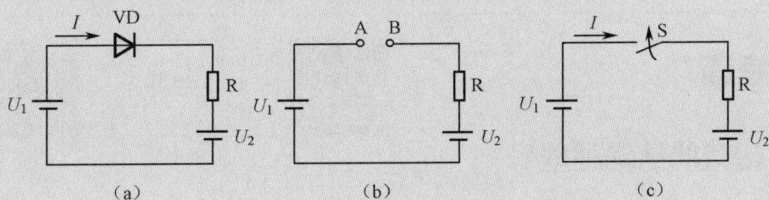

(a)　　　　　　　　　(b)　　　　　　　　　(c)

图 5-9　电路

4. 特殊用途的二极管

除普通二极管外，还有许多具有特殊用途的二极管，表 5-2 所示为其中比较常见的 3 种。

表 5-2　常见的 3 种特殊用途的二极管

	稳压二极管	发光二极管（LED）	光电二极管
符号和外形			
作用	稳压	将电能转换为光能	光电二极管又称光敏二极管，能将光信号转换为电信号
工作电压	反向电压	正向电压	反向电压
特性	正常工作在反向击穿区，由于在制造工艺上采取了特殊措施，其在一定的反向电流范围内不会损坏，其特点是反向电流在一定范围内变化时，其两端的电压几乎不变	在发光二极管两端加上正向电压，发光二极管导通，产生热和光，使一层黏附着的磷化物受激励而发出可见光。发光二极管根据所用的发光材料不同，可以发出红、绿、黄、蓝、橙等不同颜色的光	它的管壳上开设有一个玻璃窗口，以便接受光线的照射。在光电二极管的两端加上反向电压，无光线照射时，光电二极管的电流很小；受到光线照射时，光电二极管的电流较大。面积较大的光电二极管可制成光电池
常用型号	稳压二极管的型号有 2CW、2DW 等系列	发光二极管的型号有 2EF31、2EF201 等系列	光电二极管的型号有 2CU、2AU、2DU 等系列，光电池的型号有 2CR、2DR 等系列

应用　光电耦合器和遥控器

1）光电耦合器

将一个红外发光二极管和一个光电二极管封装在一个外壳内，就构成了一个光电耦合器，如图 5-10 所示。当发光二极管中通入电流时，通过光耦合，在光电二极管中产生反向电流。光电耦合器的最大优点是阻断了输入端和输出端的电联系，广泛应用于计算机、数控机床、稳压电源等需要进行电隔离的电子电路中。

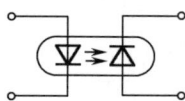

图 5-10　光电耦合器

2）遥控器

家用电器中使用的遥控器就是采用红外发光二极管制成的。在遥控器的手柄上用红外发光二极管发射信号，接收端用一只红外光电二极管接收。

5.2　三极管

扫一扫看教学课件：三极管

扫一扫看课程思政：内因和外因的关系

5.2.1　三极管的结构和型号

1. 三极管的结构

图 5-11 所示为几种常见的三极管的封装和外形。

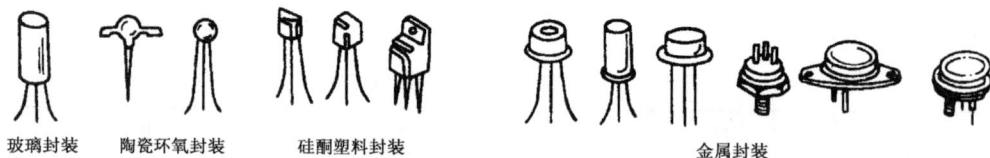

玻璃封装　　陶瓷环氧封装　　硅酮塑料封装　　　　　金属封装

图 5-11　几种常见的三极管的封装和外形

在一块极薄的硅或锗基片上通过一定的工艺制作出两个PN结就构成了3层半导体结构，从3层半导体中各引出一根引线，即三极管的3个电极，再将其封装在管壳里，就构成了**晶体三极管**。这3个电极分别叫作发射极 E、基极 B、集电极 C，与之对应的每层半导体分别被称为发射区、基区、集电区。发射区与基区之间的 PN 结为发射结，集电区和基区之间的 PN 结为集电结。基区是 P 型半导体的被称为 NPN 型三极管，基区是 N 型半导体的被称为 PNP 型三极管。三极管的结构和图形符号如图 5-12 所示。

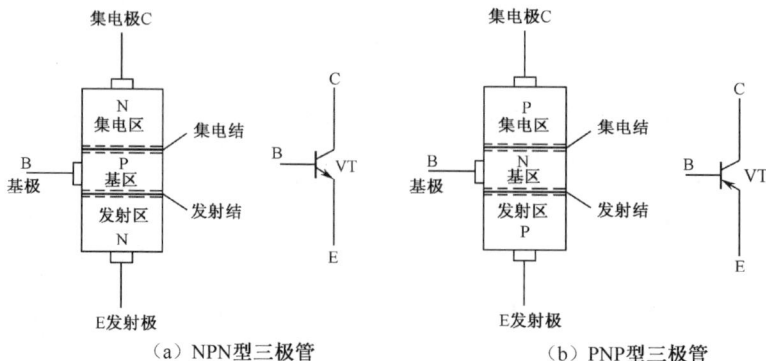

（a）NPN型三极管　　　　　　（b）PNP型三极管

图 5-12　三极管的结构和图形符号

晶体三极管的内部结构特点是：① 发射区的掺杂浓度大于集电区的掺杂浓度；② 基区非常薄且掺杂很轻；③ 集电结的面积较发射结的面积大，它们并不对称，所以集电极和发射极不能互换。

2. 三极管的型号

国家标准 GB/T 249—2017 规定，三极管的型号同二极管的一样，也由 5 部分组成，如表 5-3 所示。

表 5-3　三极管的型号组成及其意义

第1部分（数字）		第2部分（拼音）		第3部分（拼音）		第4部分（数字）	第5部分（拼音）
电极数		材料和极性		类型			
符号	意义	符号	意义	符号	意义		
3	三极管	A B C D E	PNP 型锗材料 NPN 型锗材料 PNP 型硅材料 NPN 型硅材料 化合物材料	X	低频小功率管	序号	规格号
				G	高频小功率管		
				D	低频大功率管		
				A	高频大功率管		
				K	开关管		
				T	闸流管		
				V	检波管		
				SX	双向三极管		

常见的三极管的型号有 3DG130C、3AX52B 等，根据表 5-3 可自行判断它们的意义。

5.2.2　三极管的电流放大作用

当给三极管的发射结加正向电压，给集电结加反向电压时，三极管具有电流放大作用，三极管的电流放大电路如图 5-13 所示。

1. 静态电流放大作用

$$\overline{\beta} = \frac{I_C}{I_B} \qquad (5-1)$$

集电极电流一般是基极电流的 30~100 倍，$\overline{\beta}$ 被称为静态电流放大系数。

2. 动态电流放大作用

$$\beta = \frac{\Delta I_C}{\Delta I_B} \qquad (5-2)$$

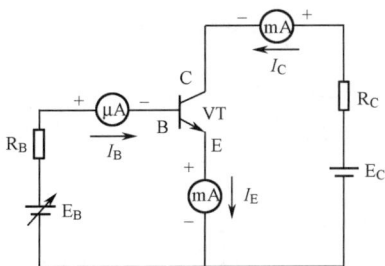

图 5-13　三极管的电流放大电路

β 被称为动态电流放大系数，与静态电流放大系数近似相等，一般取相同数。

拓展知识　三极管的电流放大作用原理

　　以 NPN 型三极管为例进行分析，如图 5-14 所示。由于发射结正向偏置，基区和发射区的多数载流子分别向对方扩散，由于基区的掺杂很轻，其多数载流子的数量很少，为了分析方便，将其忽略。从发射区发射到基区的自由电子中有很少的一部分在外加发射结正向电压的作用下流向基极，绝大部分由于基区很薄，集中在集电结边缘。这部分自由电子在基区属于少数载流子，其在集电结的外加反向电场的作用下向集电极漂移形成集电极电流，流过 3 个电极的电流关系为 IE=IC+IB。从发射区发射到基区的自由电子在基区的分配比例取决于基区的尺寸特征，三极管做好以后保持不变。当发射结的正向偏置电压增大时，从发射区发射到基区的自由电子数量增多，基极电流和集电极电流增加，但其比例不变。三极管的所谓电流放大作用实际上是由内部电流的分配比例决定的。由于集电极电流随基极电流的变化按比例变化，因此三极管的电流放大作用又称三极管用较小的基极电流控制较大的集电极电流。

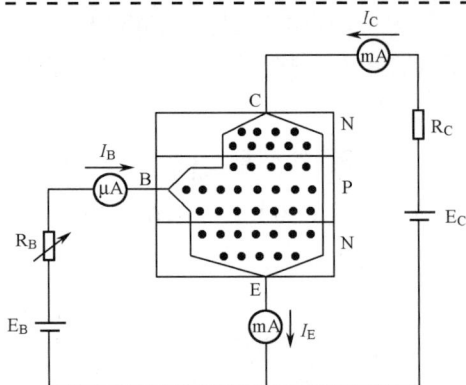

图 5-14　NPN 型三极管的电流放大作用原理图

5.2.3　三极管的特性曲线

表示三极管各极电流和极间电压关系的曲线被称为三极管的特性曲线，它是了解三极管的外部性能和分析三极管的工作状态的重要依据。三极管的特性曲线包括输入特性曲线和输出特性曲线，它们都能够用专门的图示仪直接显示，也可以通过实验电路测试出来。

1. 输入特性曲线

三极管的输入特性是指当三极管的集电极-发射极之间的电压 U_{CE} 为定值时，基极电流 I_B 和基极-发射极之间的电压 U_{BE} 的关系，其特性曲线如图 5-15 所示。A 代表 U_{CE} 为 0 V 时的输入特性曲线，B 代表 $U_{CE} \geq 1$ V 时的输入特性曲线。从图 5-15 中可知，三极管的输入特性与二极管的正向特性相似：在死区内，I_B 近似为 0 μA；在导通区，I_B 在较大的范围内变化，而 U_{BE} 变化很小。导通后硅管的 U_{BE} 约为 0.7 V，锗管的 U_{BE} 约为 0.3 V。

2. 输出特性曲线

三极管的输出特性是指当三极管的基极电流 I_B 为定值时，集电极电流 I_C 与集电极-发射极之间的电压 U_{CE} 的关系，其特性曲线如图 5-16 所示。

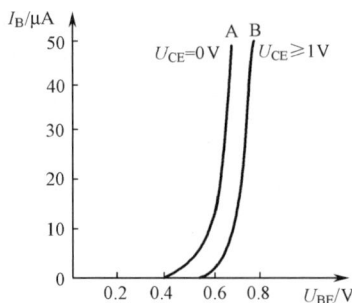

图 5-15　三极管的输入特性曲线

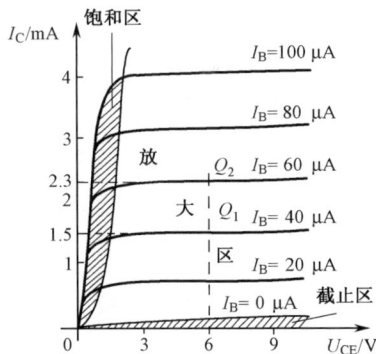

图 5-16　三极管的输出特性曲线

从图 5-16 中可知，当基极电流不变时，集电极电流基本不随集电极-发射极之间的电压 U_{CE} 变化而变化，所以从三极管的集电极来看，三极管具有恒流源特性。不同的基极电流 I_B 对应不同的输出特性曲线，从而形成一个曲线簇。可把输出特性曲线簇分成 3 个区域，不同的区域对应着不同的工作状态，如表 5-4 所示。

表 5-4　三极管输出特性曲线簇的 3 个区域

名称	截止区	放大区	饱和区
范围	$I_B=0$ μA 这条曲线以下的区域	输出特性曲线中间近似平行的曲线区域	输出特性曲线簇左侧的阴影区域
条件	发射结、集电结均反偏	发射结正偏，集电结反偏	集电结、发射结均正偏
特点	$I_B=0$ μA，$I_C=I_{CE0}\approx0$ μA	① 静态电流放大作用 $I_C=\bar{\beta}I_B$；② 动态电流放大作用 $I_C=\beta I_B$	U_{CE} 很低；I_C 不随 I_B 增大而增大，达到饱和状态
工作状态	三极管工作在截止状态，集电极与发射极间相当于开关断开，三极管表现出开关作用	三极管工作在放大状态	由于 U_{CE} 很低，近似为 0，集电极与发射极相当于开关闭合，三极管表现出开关作用

提示

（1）三极管饱和时的 U_{CE} 值被称为饱和管压降，记作 U_{CES}，小功率硅管的 U_{CES} 约为 0.3 V，锗管的 U_{CES} 约为 0.1 V。

（2）三极管有 3 种工作状态，在模拟电子电路中，三极管大多工作在放大状态，作为放大管使用；在数字电子电路中，三极管大多工作在饱和或截止状态，作为开关管使用。

【实例 5-2】已知三极管接在相应的电路中，测得三极管各个电极的电位如图 5-17 所示，试判断这些三极管的工作状态。

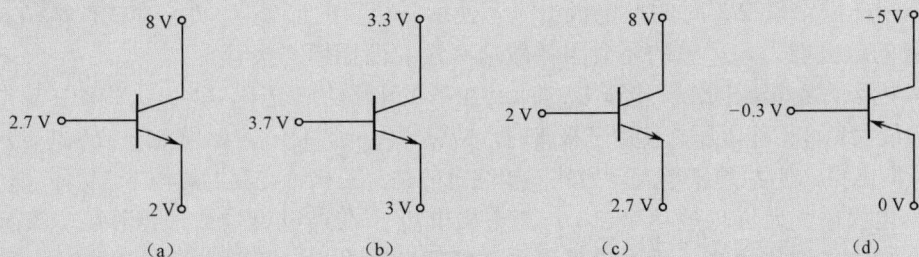

图 5-17　三极管各个电极的电位

分析：根据表 5-4 中各种工作状态所对应的条件可判断三极管的工作状态。

解　在图 5-17（a）中，三极管为 NPN 型管，$U_B=2.7$ V，$U_C=8$ V，$U_E=2$ V，因为 $U_B>U_E$，发射结正偏，$U_C>U_B$，集电结反偏，所以图 5-17（a）中的三极管工作在放大状态。

在图 5-17（b）中，三极管为 NPN 型管，$U_B=3.7$ V，$U_C=3.3$ V，$U_E=3$ V，因为 $U_B>U_E$，发射结正偏，$U_C<U_B$，集电结正偏，所以图 5-18（b）中的三极管工作在饱和状态。

在图 5-17（c）中，三极管为 NPN 型管，$U_B=2$ V，$U_C=8$ V，$U_E=2.7$ V，因为 $U_B<U_E$，发射结反偏，所以图 5-17（c）中的三极管工作在截止状态。

在图 5-17（d）中，三极管为 PNP 型管，$U_B=-0.3$ V，$U_C=-5$ V，$U_E=0$ V，因为 $U_B<U_E$，发射结正偏，$U_C<U_B$，集电结反偏，所以图 5-18（d）中的三极管工作在放大状态。

【实例 5-3】 若有一只三极管工作在放大状态，测得各个电极对参考点的电位分别为 $U_1=2.7$ V，$U_2=4$ V，$U_3=2$ V，试判断三极管的管型、材料及 3 个管脚对应的电极。

分析：对 NPN 型三极管来说，当其工作在放大状态时，$U_C>U_B>U_E$；对 PNP 型三极管来说，当其工作在放大状态时，$U_C<U_B<U_E$。硅管的 $|U_{BE}|=0.7$ V，锗管的 $|U_{BE}|=0.3$ V，依据这些特征可做出判断。

解 由放大条件的分析可知，3 个管脚中基极的电位介于集电极和发射极之间，所以要判断管型、材料及电极，可按下面 4 步进行：第 1 步找基极，因为 $U_2>U_1>U_3$，所以该三极管为 NPN 型三极管，管脚 1 为基极；第 2 步判断材料，$U_1-U_3=2.7-2=0.7$（V），所以该三极管为硅管；第 3 步判断发射极，因为 $U_1-U_3=0.7$ V，所以管脚 3 为发射极；第 4 步确定剩余的管脚为集电极。

5.2.4 三极管的主要参数

三极管的主要参数表示其性能优劣和适用范围，是合理选择和正确使用三极管的依据。

1）共发射极电流放大系数 β

共发射极电流放大系数 β 表示三极管的电流放大能力。不同型号的三极管的 β 不同，其范围为 $20\sim200$，可根据需要选用。

2）集电极-发射极反向饱和电流 I_{CE0}

集电极-发射极反向饱和电流 I_{CE0} 又称穿透电流，是指基极开路时集电极和发射极间加规定反向电压时的反向电流。该电流越小，三极管的温度稳定性越好。

3）极限参数

（1）集电极最大允许电流 I_{CM}：集电极电流过大时，三极管的 β 会下降，一般规定 I_{CM} 为当 β 下降到 β 额定值 $2/3$ 时的集电极电流。使用三极管时应使 $I_C<I_{CM}$，如果 $I_C>I_{CM}$，就会降低三极管的放大能力，严重的还会因耗散功率过大而损坏三极管。

（2）集电极-发射极反向击穿电压 $U_{(BR)CE0}$：在基极开路的情况下，$U_{(BR)CE0}$ 为加在集电极和发射极之间的最大允许工作电压。使用三极管时，应使 $U_{CE}<U_{(BR)CE0}$，如果 $U_{CE}>U_{(BR)CE0}$，就会导致集电结反向击穿，使 I_C 急剧增大。另外需要注意的是，三极管在高温环境下 $U_{(BR)CE0}$ 会降低。

（3）集电极最大允许耗散功率 P_{CM}：集电极电流 I_C 在通过集电结时会消耗功率而产生热量，导致三极管的温度提高，集电极最大允许耗散功率是指三极管在正常工作时，集电极上允许消耗的最大功率，它是根据三极管允许的最高工作温度和散热条件规定的。三极管在工作时应满足 $P_{CM}\geqslant I_C\cdot U_{CE}$。

不同规格的 P_{CM} 值可在晶体管手册中查到。

扫一扫看教学课件：三极管放大电路的组成

扫一扫看课程思政：团队合作

5.3 共发射极放大电路

5.3.1 共发射极放大电路的组成及各个元件的作用

共发射极放大电路如图 5-18 所示。为使电路简化，发射极和集电极共用一个电源，电阻 R_B 将电源

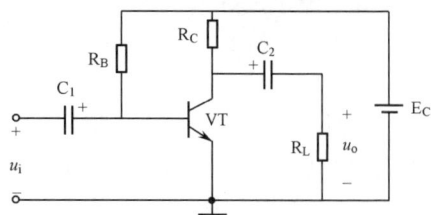

图 5-18 共发射极放大电路

引至发射极，为发射极提供正偏电压。由于三极管的发射极被输入端和输出端共用，所以称之为**共发射极放大电路**。共发射极放大电路中各个元件的作用如表 5-5 所示。

表 5-5　共发射极放大电路中各个元件的作用

元件	名称	作　用
VT	三极管	共发射极放大电路的核心，具有电流放大作用，其集电极电流随基极电流按比例变化
E_C	直流电源	一是为共发射极放大电路提供能源；二是为三极管提供合适的工作电压
R_B	基极电阻	提供合适的基极偏置电流，使三极管建立合适的静态工作点，R_B 一般为几十千欧到几百千欧
R_C	集电极电阻	将三极管的电流放大作用转换为电压放大作用，R_C 一般为几千欧到几十千欧
C_1、C_2	耦合电容	隔直流、通交流，避免共发射极放大电路的直流成分影响信号源和负载。通常选用电解电容，C_1、C_2 一般为几微法到几十微法

5.3.2　共发射极放大电路的静态分析

扫一扫看教学课件：三极管放大电路的静态分析

扫一扫看课程思政：保持良好的生活习惯

1. 放大电路中电压、电流符号的规定

由于共发射极放大电路中既有直流电源作用，又有交流信号源作用，因此在共发射极放大电路中既有直流分量，又有交流分量。为了清楚地表示不同的物理量，表 5-6 所示为电路中出现的有关电量的符号。

表 5-6　电压、电流符号的规定

物理量	表示符号
直流量	用大写字母带大写下标表示，如 I_B、I_C、I_E、U_{BE}、U_{CE}
交流量	用小写字母带小写下标表示，如 i_b、i_c、i_e、u_{be}、u_{ce}、u_i、u_o
交直流叠加量	用小写字母带大写下标表示，如 i_B、i_C、i_E、u_{BE}、u_{CE}
交流分量的有效值	用大写字母带小写下标表示，如 I_b、I_c、I_e、U_{be}、U_{ce}

2. 静态工作点的作用

所谓静态，指的是共发射极放大电路在没有交流信号输入时的工作状态。这时三极管的基极电流 I_B、集电极电流 I_C、基极与发射极间的电压 U_{BE} 和集电极与发射极间的电压 U_{CE} 的值为静态值，又称**静态工作点**。

❓❓思考题

既然负载不需要直流成分，为什么还要设置静态工作点呢？

图 5-19 所示为静态工作点的作用，图中画出了不同的静态工作点对输出的交流信号的影响。

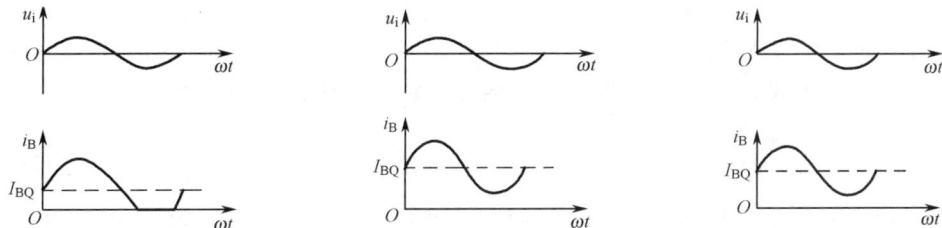

图 5-19　静态工作点的作用

(a) 截止失真　　　　　　　(b) 饱和失真　　　　　　　(c) 正常工作

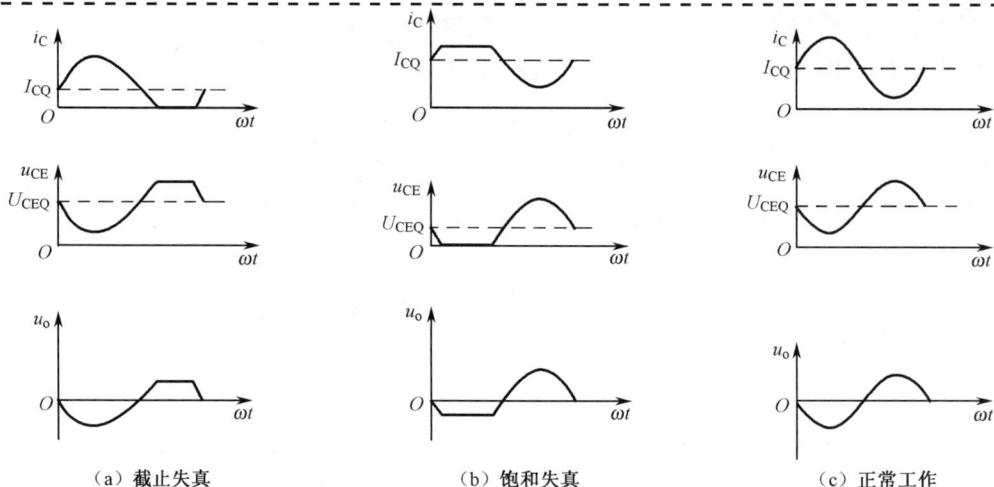

图 5-19　静态工作点的作用（续）

总结

静态工作点的作用为保证输出的交流信号得到完整放大，不失真。

静态工作点过低会使输出的交流信号产生截止失真；静态工作点过高会使输出的交流信号产生饱和失真。

3. 静态工作点的估算

在共发射极放大电路中仅有直流分量作用的等效电路被称为直流通路，如图 5-20 所示，在直流通路中可近似估算静态工作点。

$$I_{BQ} = \frac{U_{CC} - U_{BEQ}}{R_B} \approx \frac{U_{CC}}{R_B} \quad (5\text{-}3)$$

$$I_{CQ} \approx \beta I_{BQ} \quad (5\text{-}4)$$

$$U_{CEQ} = U_{CC} - I_{CQ}R_C \quad (5\text{-}5)$$

图 5-20　共发射极放大电路的直流通路

5.3.3　共发射极放大电路的动态分析

共发射极放大电路的作用是放大交流小信号。电压放大倍数是表示其放大能力的参数，输入电阻和输出电阻是表示其性能的参数。

扫一扫看教学课件:三极管放大电路的动态分析　扫一扫看课程思政:抓主要矛盾

1. 电压放大倍数的近似估算

电压放大倍数、输入电阻和输出电阻反映的是交流分量的关系，所以需要通过交流通路进行分析。

所谓交流通路，是指在有交流信号输入（动态）时，共发射极放大电路的交流信号流通的路径。由于电容通交流信号而直流电源的内阻又很小，因此在画交流通路时，把电容和直流电源都视为短路，如图 5-21（a）所示。

当三极管工作在小信号状态时，三极管可用微变等效模型替代，这时的交流通路被称为微变等效电路，如图 5-21（b）所示，其输入端可等效成一个电阻。由三极管的输入特性曲线可知，在静态工作点附近的微小变化范围内，其输入特性曲线可近似看成直线，其电压变

化量与电流变化量之比近似为常数，所以可等效为一个电阻 r_{be}。r_{be} 为三极管发射结动态等效电阻，其值可用下面的经验公式计算：

$$r_{be} = 300 + (1+\beta)\frac{26(\text{mV})}{I_{EQ}(\text{mA})} \tag{5-6}$$

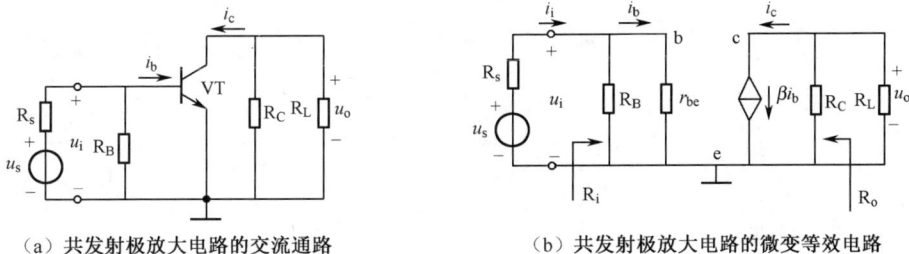

（a）共发射极放大电路的交流通路　　　（b）共发射极放大电路的微变等效电路

图 5-21　共发射极放大电路的等效电路

由三极管的输出特性曲线可知，在放大区内，集电极电流 I_c 不受集射极电压 U_{ce} 变化的影响，三极管的集射极间具有恒流源特性，但由于集电极电流受基极电流控制，因此这种恒流源被称为受控恒流源。集射极间用受控恒流源等效。

共发射极放大电路的电压放大倍数等于输出电压与输入电压的比值：

$$A_u = \frac{u_o}{u_i} \tag{5-7}$$

式中，u_i 和 u_o 分别为共发射极放大电路的输入、输出电压。

$$u_i = i_b r_{be}$$

$$u_o = -i_c R'_L = -\beta i_b R'_L$$

则

$$A_u = \frac{u_o}{u_i} = \frac{-\beta i_b R'_L}{i_b r_{be}} = -\beta \frac{R'_L}{r_{be}} \tag{5-8}$$

式中，$R'_L = R_C /\!/ R_L$；负号说明共发射极放大电路的输出电压与输入电压反相。

2. 输入电阻的近似估算

对信号源来说，共发射极放大电路就相当于信号源的负载电阻，将其定义为输入电阻 R_i，其值越大，信号源向共发射极放大电路输入的有效信号越大，输入电流就越小，对信号源的影响越小，所以输入电阻越大越好。

从微变等效电路可以看出，R_i 等于 R_B 与三极管本身的输入电阻 r_{be} 的并联值，即

$$R_i = R_B /\!/ r_{be} \tag{5-9}$$

因为 $R_B \gg r_{be}$，所以共发射极放大电路的输入电阻可近似为

$$R_i \approx r_{be} \tag{5-10}$$

3. 输出电阻的近似估算

对负载来说，共发射极放大电路相当于一个具有内阻的信号源，这个内阻就是共发射极放大电路的输出电阻 R_o，从图 5-21 中可以看出：

$$R_o \approx R_C \tag{5-11}$$

共发射极放大电路的输出电阻越小，其内部消耗越小。当负载变化时，负载的电压变化越小，共发射极放大电路的带负载能力越强，所以其输出电阻越小越好。

【实例 5-4】在图 5-18 所示的电路中，若 $E_C=12\,V$，$R_B=200\,k\Omega$，$R_C=2\,k\Omega$，负载电阻 $R_L=2\,k\Omega$，$\beta=50$，试用近似估算法求：（1）静态工作点；（2）输入电阻、输出电阻；（3）空载和有载时的电压放大倍数。

解 （1）$I_{BQ}\approx\dfrac{U_{CC}}{R_B}=\dfrac{12}{200\times10^3}=0.06\,(mA)$

$$I_{CQ}\approx\beta I_{BQ}=50\times0.06=3\,(mA)$$

$$U_{CEQ}=U_{CC}-I_{CQ}R_C=12-3\times10^{-3}\times2\times10^3=6\,(V)$$

（2）$r_{be}=300+(1+\beta)\dfrac{26\,(mV)}{I_{EQ}\,(mA)}=300+(1+50)\dfrac{26}{3}=742\,(\Omega)\approx0.74\,(k\Omega)$

$$R_i\approx r_{be}=0.74\ k\Omega$$

$$R_o\approx R_C=2\ k\Omega$$

（3）空载时：$A_u=-\beta\dfrac{R_C}{r_{be}}=-50\times\dfrac{2}{0.74}\approx-135$

有载时：$R_L'=R_C\,/\!/\,R_L=1\,k\Omega$

$$A_u=-\beta\dfrac{R_L'}{r_{be}}-50\times\dfrac{1}{0.74}\approx-68$$

5.4 分压式偏置放大电路

扫一扫看教学课件：分压式偏置放大电路

半导体器件对温度非常敏感，当环境温度变化时，集射极间的穿透电流会增大，引起集电极电流增大；另外三极管的电流放大系数变化时，也会引起集电极电流变化，静态工作点就会改变，严重时会使输出波形发生失真，因此需要电路具有稳定静态工作点的作用。分压式偏置放大电路就是具有这种能力的一种常用电路。

5.4.1 分压式偏置放大电路的组成

分压式偏置放大电路如图 5-22 所示，其特点如下。

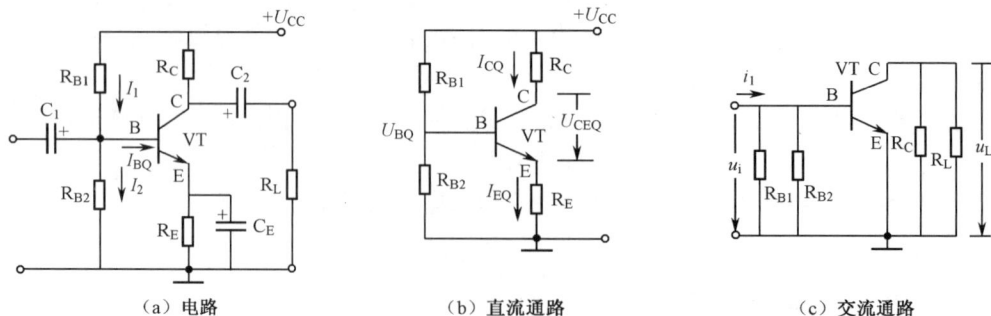

（a）电路　　　　（b）直流通路　　　　（c）交流通路

图 5-22 分压式偏置放大电路

（1）电阻 R_{B1}、R_{B2} 组成分压电路，电源电压 U_{CC} 经分压后，加至三极管的基极，所以这种放大电路被称为分压式偏置放大电路。

合理选择 R_{B1}、R_{B2} 的阻值，使电流 $I_1\gg I_{BQ}$，略去极少的基极电流 I_{BQ} 不计。此时，R_{B1}、

R_{B2} 可视为串联连接，基极对地的电位为

$$U_{BQ} \approx \frac{R_{B2}}{R_{B1}+R_{B2}} U_{CC}$$

只要电源电压 U_{CC} 和 R_{B1}、R_{B2} 保持不变，基极电位 U_{BQ} 就是固定值，不随温度变化。

（2）晶体管的发射极经过电阻 R_E 接地，且与其并联一个旁路电容 C_E。利用电容"隔直通交"的特性，R_E 在静态时起作用，而在动态时被 C_E 短路，对交流信号来说，晶体管的发射极相当于接地。

5.4.2　稳定静态工作点的原理

图 5-22（b）所示为分压式偏置放大电路的直流通路。由于 U_{BQ} 与温度参数无关，不受温度影响，另外，$U_{BEQ}=U_{BQ}-U_{EQ}$，发射极电位 $U_{EQ}=I_{EQ}R_E$，所以其稳定静态工作点的过程如下：

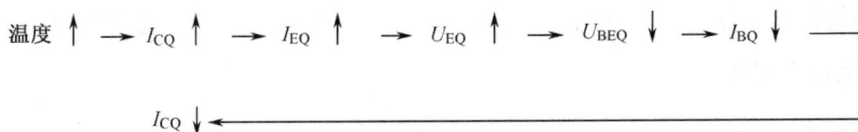

温度 ↑ → I_{CQ} ↑ → I_{EQ} ↑ → U_{EQ} ↑ → U_{BEQ} ↓ → I_{BQ} ↓

I_{CQ} ↓

上述过程表明，分压式偏置放大电路稳定静态工作点的关键是利用 I_{EQ} 的微小变化，在电阻 R_E 上产生电压降，并返送回输入回路，使 U_{BEQ} 下降，使 I_{BQ}、I_{CQ} 向相反方向变化。这个过程实质上利用了负反馈的作用，达到了稳定静态工作点的目的。

这种负反馈在直流静态条件下起稳定静态工作点的作用，但在交流动态条件下削弱了电压放大倍数。因此，给电阻 R_E 并联一个容量较大的电容器 C_E，使 R_E 在交流通路中被短路，不起作用，避免了电压放大倍数的损失。图 5-22（c）所示为分压式偏置放大电路的交流通路。

5.4.3　用近似估算法分析电路

1. 估算静态工作点

根据图 5-22（b）所示的直流通路可知：

$$I_{CQ} \approx I_{EQ} = \frac{U_{BQ}-U_{BEQ}}{R_E} \approx U_{BQ}/R_E \tag{5-12}$$

$$I_{BQ} \approx I_{CQ}/\beta \tag{5-13}$$

$$U_{CEQ} \approx U_{CC} - I_{CQ}(R_E+R_C) \tag{5-14}$$

2. 估算输入电阻、输出电阻、电压放大倍数

输入电阻为

$$R_i = R_B // r_{be} \tag{5-15}$$

式中，$R_B = R_{B1} // R_{B2}$。

输出电阻为

$$R_o \approx R_C \tag{5-16}$$

电压放大倍数为

$$A_u = -\beta \frac{R_L'}{r_{be}} \tag{5-17}$$

式中，$R_L' = R_C // R_L$。

分压式偏置放大电路的静态工作点的稳定性好，对交流信号基本无削弱作用。如果分压式偏置放大电路满足 $I_2 \gg I_{BQ}$ 和 $U_{BQ} \gg U_{BEQ}$ 两个条件，那么其静态工作点将主要由直流电源和电路参数决定，与三极管的参数几乎无关。在更换三极管时，不必重新调整静态工作点，这给维修工作带来了很大的方便，所以分压式偏置放大电路在电气设备中得到了非常广泛的应用。

5.5 共集电极放大电路

扫一扫看教学课件：共集电极放大电路

射极输出器是典型的负反馈放大电路，其电路如图 5-23 所示。该电路为电压串联负反馈放大电路。由于其输出信号是从发射极输出的，故称之为**射极输出器**。从交流通路可以看出，其输入回路和输出回路的公共端为集电极C，因此，射极输出器也被称为**共集电极放大电路**。

1. 射极输出器的特点

（1）射极输出器的电压放大倍数近似等于 1。如图 5-23（c）所示，$u_i = u_{be} + u_f = u_{be} + u_o$，忽略 u_{be} 时，$u_i \approx u_o$，故射极输出器的电压放大倍数近似等于 1（略小于 1），$u_i \approx u_o$ 表明它没有电压放大作用，但是射极电流是基极电流的 $1 + \beta$ 倍，故它有电流放大作用。

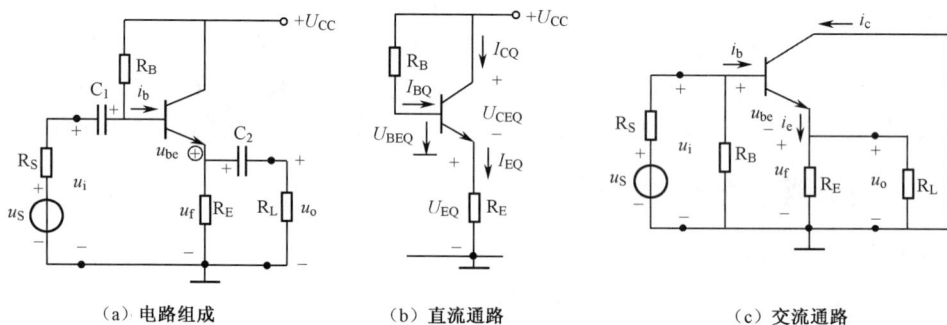

（a）电路组成　　　　（b）直流通路　　　　（c）交流通路

图 5-23　射极输出器的电路

（2）射极输出器的输出电压和输入电压同相。从图 5-23 中可以看出，输出电压 u_o 的瞬时极性和输入电压 u_i 的瞬时极性相同，因此，射极输出器也被称为射极跟随器。

（3）射极输出器的输入电阻大，输出电阻小。由前面的讨论可知，电压串联负反馈使放大电路的输入电阻增大、输出电阻减小，所以射极输出器的输入电阻比共发射极放大电路的输入电阻高几十倍到几百倍。

$$R_i = R_B // [r_{be} + (1 + \beta)R_L']\qquad(5\text{-}18)$$

式中，$R_L' = R_E // R_L$。

输出电阻一般仅为几欧姆到几十欧姆。

$$R_o \approx \frac{r_{be}}{\beta}\qquad(5\text{-}19)$$

2. 射极输出器的应用

射极输出器具有输入电阻很大、输出电阻很小的特性及电压跟随作用，有一定的电流和功率放大作用，因此它的应用十分广泛。

（1）用作多级放大电路的输入级。射极输出器的输入电阻很大，对信号源的影响很小。

（2）用作多级放大电路的输出级。射极输出器的输出电阻很小，可以提高带负载能力。

（3）用作多级放大电路的中间级。射极输出器具有电压跟随作用，其输入电阻很大，对前级的影响小；其输出电阻很小，对后级的影响也小，所以，其用作多级放大电路的中间级起缓冲、隔离作用。

【实例 5-5】在图 5-23（a）所示的电路中，若 $R_B=120\ \text{k}\Omega$，$R_E=2\ \text{k}\Omega$，负载电阻 $R_L=2\ \text{k}\Omega$，$U_{CC}=12\ \text{V}$，$\beta=60$，试用近似估算法求：（1）静态工作点；（2）输入电阻、输出电阻。

解　（1）根据图 5-23（b）所示的直流通路，静态时的基极电流为

$$I_{BQ} \approx \frac{U_{CC}}{R_B+(1+\beta)R_E} = \frac{12}{120\times10^3+(1+60)\times2\times10^3} \approx 0.05\,(\text{mA})$$

$$I_{CQ} = \beta I_{BQ} = 60\times0.05 = 3\,(\text{mA}) \approx I_{EQ}$$

$$U_{CEQ} = U_{CC} - I_{EQ}R_E = 12 - 3\times10^{-3}\times2\times10^3 = 6\,(\text{V})$$

（2）输入电阻和输出电阻：

$$r_{be} \approx 300 + (1+\beta)\frac{26\,(\text{mV})}{I_{EQ}\,(\text{mA})} = 300 + (1+60)\frac{26}{3} \approx 829\,(\Omega) \approx 0.83\,(\text{k}\Omega)$$

$$R_L' = R_E /\!/ R_L = 1\,\text{k}\Omega$$

$$R_i = R_B /\!/ [r_{be}+(1+\beta)R_L'] = 120 /\!/ [0.83+(1+60)\times1] \approx 40.8\,(\text{k}\Omega)$$

$$R_o \approx \frac{r_{be}}{\beta} = \frac{0.83}{60}\times1000 \approx 13.8\,(\Omega)$$

5.6　多级放大电路

在实际应用中，需要放大的电信号往往是很弱的，一般为毫伏级或微伏级，而单级放大电路的电压放大倍数一般只有几十倍，远不能满足实际需要。因此，实用的电子电路往往把多个单级放大电路组成多级放大电路，将微弱的电信号逐级放大，以获得足够高的电压放大倍数。

5.6.1　多级放大电路的耦合方式

多级放大电路级与级之间的连接方式被称为耦合方式，常见的耦合方式有阻容耦合、变压器耦合、直接耦合和光电耦合 4 种。

1. 阻容耦合

阻容耦合放大电路如图 5-24 所示，这种耦合方式的特点是通过电容将前后级的直流隔开，避免静态工作点的相互影响；但对于频率较低的信号，电容的阻抗较大，所以阻容耦合多级放大电路不能用于放大缓慢变化的信号，更不能放大直流信号；另外，由于在集成电路中无法制作大容量的电容而使得这种电路无法集成化。

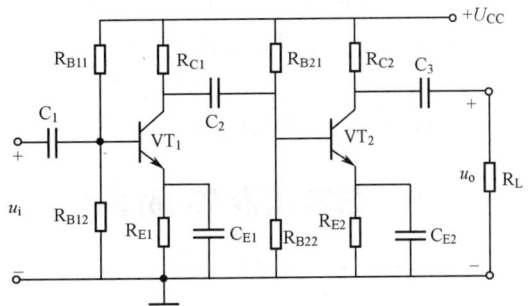

图 5-24　阻容耦合放大电路

2. 变压器耦合

变压器耦合放大电路如图 5-25 所示，它也有避免静态工作点相互影响的作用，而且利用变压器的阻抗变换作用可以实现阻抗匹配。变压器的体积大，不方便集成，同时也不能放大直流信号。

3. 直接耦合

直接耦合放大电路如图 5-26 所示，它可放大直流信号，方便集成，目前在集成电路中应用非常广泛。但是直接耦合的各级静态工作点相互影响，不便于调试，且存在零点漂移现象。所谓零点漂移，是指当输入信号为零时，在输出端出现的不规则信号。这种现象会使输出信号产生失真。由于零点漂移信号通常是变化缓慢的信号，所以阻容耦合放大电路和变压器耦合放大电路具有抑制零点漂移的作用。

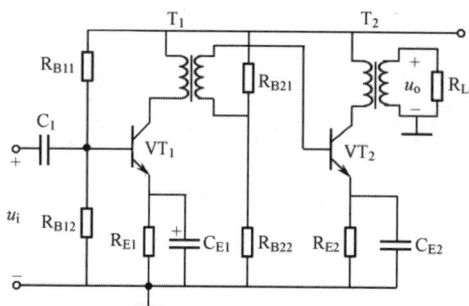

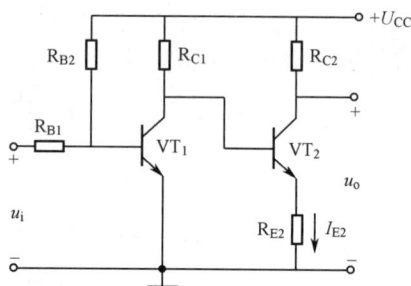

图 5-25　变压器耦合放大电路　　　　图 5-26　直接耦合放大电路

4. 光电耦合

光电耦合以光电耦合器为媒介来实现电信号的耦合和传输，光电耦合器既可传输交流信号，又可传输直流信号，而且抗干扰能力强，易于集成化，广泛应用在集成电路中。

5.6.2　多级放大电路的电压放大倍数、输入电阻和输出电阻

对于多级放大电路，前一级的输出信号是后一级的输入信号。多级放大电路的电压放大倍数为

$$A_u = \frac{u_o}{u_i} = \frac{u_{o1}}{u_{i1}} \cdot \frac{u_{o2}}{u_{o1}} \cdot \frac{u_{o3}}{u_{o2}} \cdots \frac{u_{on}}{u_{o(n-1)}} = A_{u1} \cdot A_{u2} \cdot A_{u3} \cdots A_{un} \tag{5-20}$$

多级放大电路总的电压放大倍数等于各级电压放大倍数的乘积，但在计算各级电压放大倍数时要考虑前后级的相互影响。后级放大电路的输入电阻是前一级放大电路中负载的一部分。

多级放大电路的输入电阻 R_i 等于第一级放大电路的输入电阻。

多级放大电路的输出电阻 R_o 等于最后一级放大电路的输出电阻。

5.7　放大电路中的反馈

在三极管放大电路中，由于三极管是非线性元件等各种原因，信号在放大传递的过程中不可避免地会产生失真。为了进一步改善放大电路的工作性能，满足实际应用的需要，在放大电路中一般都引入负反馈。

扫一扫看教学课件：放大电路的负反馈

扫一扫看课程思政：赞美和诋毁

所谓**反馈**，就是放大电路的输出信号（电压或电流）的一部分或全部通过一定的电路环节被送回放大电路的输入端，并与输入信号（电压或电流）相合成的过程。反馈放大电路由放大电路和反馈电路组成。图 5-27（b）所示为反馈放大电路的方框图。在图 5-27（b）中，$\dot{X}$ 表示一般信号；$\dot{X}_o$ 表示输出信号；$\dot{X}_i$ 表示输入信号；$\dot{X}_f$ 表示反馈信号；$\dot{X}_d$ 表示净输入信号。

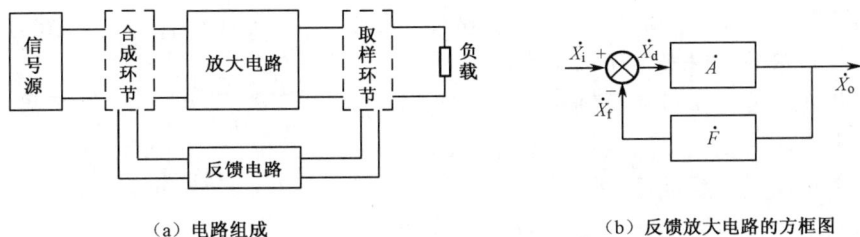

（a）电路组成　　　　　　　　　　（b）反馈放大电路的方框图

图 5-27　反馈放大电路

5.7.1　反馈的类型和判断

1. 直流反馈和交流反馈

直流反馈对直流量起反馈作用，交流反馈对交流量起反馈作用。直流反馈、交流反馈的判断一般看反馈环节中有无电容，根据电容的"隔直通交"作用来进行判断。

2. 正反馈和负反馈

反馈信号与输入信号的极性相同，反馈信号与外加输入信号叠加求和后，使净输入信号增强，这种叫作正反馈。正反馈使输出信号和输入信号相互促进，不断增强，一般用于振荡电路中。反馈信号与输入信号的极性相反，使净输入信号减小，这种叫作负反馈。负反馈使放大电路的电压放大倍数降低，但可以改善放大电路的性能。

正反馈、负反馈的判断一般采用瞬时极性法，具体步骤如下。

（1）先假设输入信号在某一瞬间对地为"+"。

（2）从输入端到输出端依次标出放大电路各点的瞬时极性。三极管各个电极的相位关系是：发射极信号与基极输入信号的瞬时极性相同，集电极与基极的瞬时极性相反。

（3）将反馈信号的极性与输入信号的极性进行比较，反馈信号引在输入端的基极，若反馈信号的极性与输入信号的极性相同，则为正反馈，反之为负反馈。反馈信号引在输入端的发射极，若反馈信号的极性与输入信号的极性相同，则为负反馈，反之为正反馈。

3. 电压反馈和电流反馈

根据反馈电路在输出端对输出信号的采样不同，可以区分电压反馈和电流反馈。反馈信号与输出电压成正比，称之为电压反馈；反馈信号与输出电流成正比，称之为电流反馈。一般电压反馈的反馈电路接在电压的输出端，电流反馈的反馈电路不接在电压的输出端。

4. 串联反馈和并联反馈

根据反馈信号在放大电路的输入端与输入信号的连接方式不同，可以区分串联反馈和并联反馈。对于常用的共发射极放大电路，通常可以根据反馈信号在输入端是否直接接到三极管的基极上来区分串联反馈和并联反馈。并联反馈的反馈信号直接接到三极管的基极上，串联反馈的反馈信号直接接到三极管的发射极上。

【实例 5-6】 两级放大电路如图 5-28 所示，试判断电路的反馈类型。

解 这是一个两级放大电路，通过 R_F、R_{E1} 把第二级和第一级放大电路联系起来，这两级放大电路之间存在反馈。

（1）判断电压反馈、电流反馈——看输出。反馈电路从电压输出端引回，所以是电压反馈。

（2）判断串联反馈、并联反馈——看输入。反馈电路接在输入回路的发射极，所以是串联反馈。

（3）判断交流反馈、直流反馈——看电容。在反馈电路中无电容，所以是交流反馈和直流反馈。

（4）判断正反馈、负反馈——看极性。若假设第一级放大器的基极在输入瞬间的极性为"＋"，先经第一级放大电路放大，集电极的输出信号为"－"，再经第二级放大电路放大，集电极的输出信号为"＋"，最

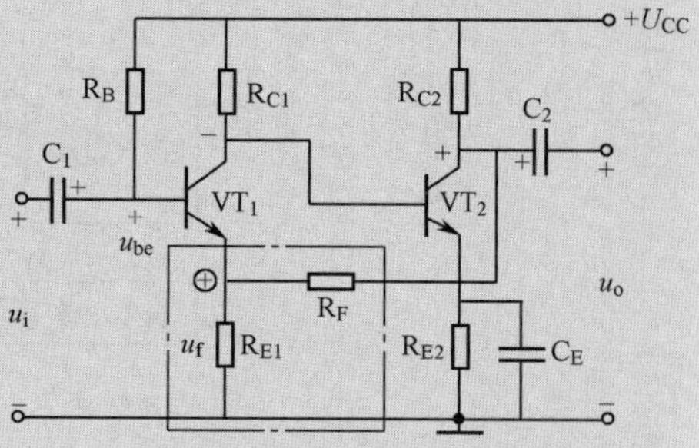

图 5-28　两级放大电路

后经 R_F、R_{E1} 送回第一级放大电路的发射极，反馈电压 u_f 为"＋"，净输入信号（$u_{be}=u_i-u_f$）减小，说明电路中引入了负反馈。

综上所述，两级放大电路通过 R_F、R_{E1} 为电路引入了电压串联交、直流负反馈。

5.7.2　负反馈对放大电路性能的影响

负反馈使电压放大倍数降低，但是可以改善放大电路的工作性能。

根据反馈的种类，负反馈可分为 4 种类型：电压串联负反馈、电流串联负反馈、电压并联负反馈、电流并联负反馈。

在引入负反馈后，负反馈对放大电路的工作性能主要产生以下几方面的影响。

1. 降低电压放大倍数

由于负反馈使净输入信号减小，输出信号减小，相对于原输入信号的电压放大倍数（闭环电压放大倍数）降低。

2. 提高电压放大倍数的稳定性

在实际电路中，由于环境温度的变化、电源电压和负载的波动，电压放大倍数不稳定，而负反馈有稳定输出电压的作用，可以使电压放大倍数的稳定性提高。

3. 减小非线性失真

三极管的非线性特性使输出信号的波形产生失真，负反馈的补偿作用可以有效地改善波形失真。

4. 改变输入电阻和输出电阻

串联负反馈电压在输入端使净输入电压减小，输入电流减小，由于输入电阻为原输入电压除以输入电流，所以输入电阻增大；并联负反馈在输入端起分流作用，在原输入电压不变的情况下，由于输入电流增大，输入电阻减小。

电压负反馈有稳定输出电压的作用，如果把放大电路看作电压源，输出电阻（电压源内阻）越小，输出电压越稳定，所以电压负反馈有降低输出电阻的作用。

电流负反馈有稳定输出电流的作用，如果把放大电路看作电流源，输出电阻（电流源内

阻）越大，输出电流越稳定，所以电流负反馈有提高输出电阻的作用。

此外，在放大电路中引入负反馈后，还能提高电路的抗干扰能力、降低噪声、改善电路的频率响应特性等。实际上，放大电路多方面性能的改善都是以降低电压放大倍数为代价的。

5.8 功率放大电路

前面介绍的是一种小信号放大电路，其主要任务是放大微弱电信号的电压幅度，所以又称电压放大器，一般位于多级放大电路的前面若干级。功率放大电路又称功率放大器，位于多级放大电路的末级。因为其输入信号电压已经达到较大数值，所以其主要任务是在此基础上放大输出信号的功率，以推动负载工作。

对功率放大器有下列几点特殊要求。

（1）有足够大的输出功率：以驱动负载工作。

（2）效率要高：降低或消除静态损耗、提高传输效率。

（3）波形失真要小：功率放大器处于最末一级，其工作信号的幅值很大，容易引起截顶失真。

5.8.1 单电源互补对称功率放大器

1. 电路的工作原理

图 5-29（a）所示为由 NPN 型三极管组成的射极输出器，由于三极管的发射结的静态电压为 0，其基极的静态电流、集电极的静态电流均为 0。当输入信号处于正半波时，发射结导通，负载得到与输入信号近似相同的正半波信号；当输入信号处于负半波时，三极管截止，负载电压为 0。对应于输入信号的一个完整波形，负载只得到正半波。图 5-29（b）所示为由 PNP 型三极管组成的射极输出器，对应于输入信号的一个完整波形，负载只得到负半波。

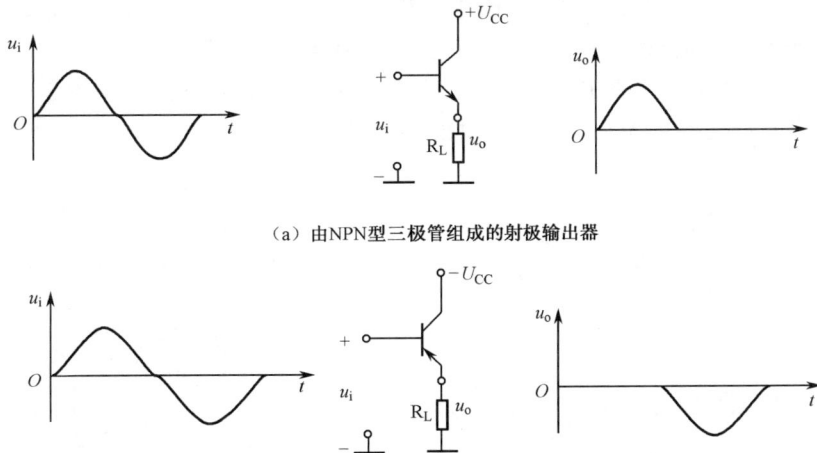

（a）由 NPN 型三极管组成的射极输出器

（b）由 PNP 型三极管组成的射极输出器

图 5-29   射极输出器

为使负载得到完整波形，将图 5-29（a）和图 5-29（b）组合成图 5-30 所示的电路。

电路的输出端接了耦合电容 C，其作用是当 VT_1 截止、VT_2 导通时给 VT_2 充当电源，这个电容 C 的容量较大。在静态时，VT_1、VT_2 中有很小的穿透电流通过，由于两只三极管的特性一致，电路的结构对称，因此 $U_K=U_{CC}/2$，电容 C 的端电压为 $U_{CC}/2$。

当输入信号 u_i 处于正半波时，VT_1 处于正偏而导通，VT_2 处于反偏而截止，输出电流 i_{C1} 如图 5-30 中的实线所示。此时电源通过 VT_1 导通，给电容 C 充电。

当输入信号 u_i 处于负半波时，VT_2 处于正偏而导通，VT_1 处于反偏而截止，输出电流 i_{C2} 如图 5-30 中的虚线所示。此时电容 C 通过导通的 VT_2 放电。因为电容量足够大（大于 200 μF），所以在正半波充电或负半波放电时，电容两端的电压可基本保持不变，始终维持在 $U_{CC}/2$，充当 VT_2 的电源。

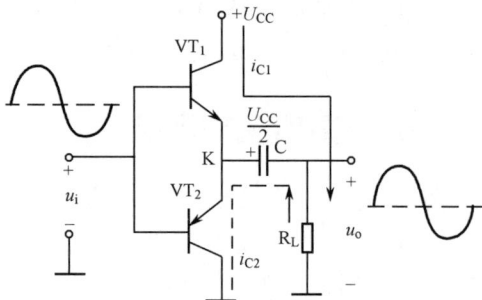

图 5-30　乙类互补对称 OTL 电路

在输入信号的一个周期内，两只三极管轮流工作，负载得到完整波形。

提示　功率放大器的乙类工作状态

如图 5-30 所示，将电路的静态值设为 0 是为了提高功率放大器的传输效率，这种工作状态被称为乙类工作状态。

功率放大器的传输效率为

$$\eta = \frac{功率放大器输出的交流功率}{电源提供的直流功率} \times 100\%$$

$$= \frac{功率放大器输出的交流功率}{功率放大器输出的交流功率 + 功率放大器的静态损耗} \times 100\% \qquad (5\text{-}21)$$

将电路的静态值设为 0，功率放大器的静态损耗近似为 0，其传输效率最高。

---

2. 甲乙类互补对称电路

在上述电路中，将静态值设为 0，由于三极管的发射结存在死区，当输入的交流信号很小时，三极管处于截止状态，使输出信号在正、负半波交界处产生失真，称之为交越失真，如图 5-31 所示。解决这种失真的办法是给三极管设置很小的静态值，如图 5-32 所示，二极管 VD_1、VD_2 给两只三极管 VT_1、VT_2 提供微导通偏压。

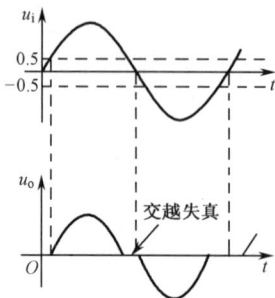

图 5-31　交越失真

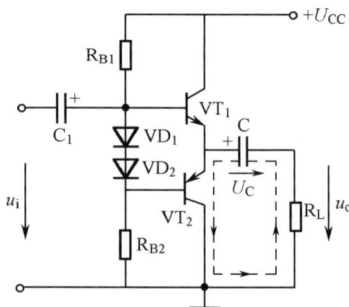

图 5-32　甲乙类互补对称电路

5.8.2　集成功率放大器

随着集成技术的不断发展，集成功率放大器的产品越来越多。集成功率放大器具有内部元件的参数一致性好、失真小、安装方便、适应大批量生产等特点，因此得到了广泛应用。

在电视机的伴音、录音机的功率放大等电路中一般采用集成功率放大器。下面简单介绍应用较多的小功率音频集成功率放大器 LM386。

集成功率放大器 LM386 为 8 脚双列直插塑料封装结构，其外形和引脚如图 5-33 所示。

集成功率放大器 LM386 是一种通用型宽带集成功率放大器，属于甲乙类互补对称电路，使用的电源电压为 4～10 V，常温下功耗在 660 mW 左右。图 5-34 所示为 LM386 的应用接线图，R_1 和 C_1 接在引脚 1 和 8 之间，可将电压增益调为任意值；R_2 和 C_3 串联构成校正网络，用来补偿扬声器的音量电感产生的附加相移，防止电路自激；C_2 为旁路电容；C_4 为去耦电容，滤掉电源的高次谐波分量；C_5 为输出耦合电容。

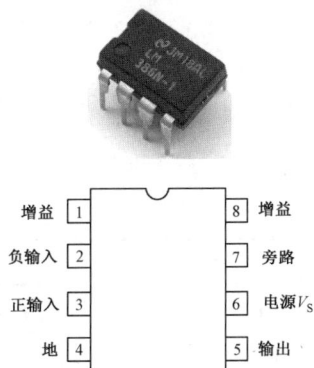

图 5-33 LM386 的外形和引脚

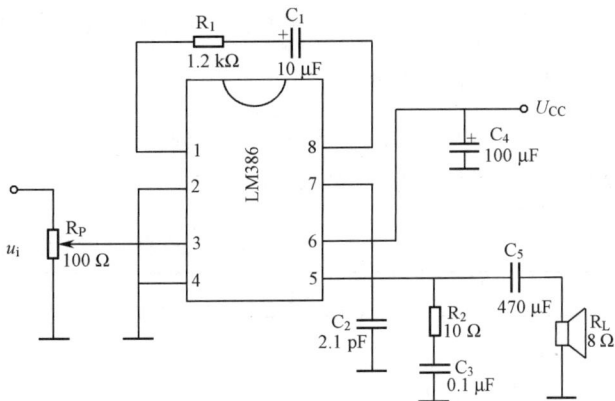

图 5-34 LM386 的应用接线图

5.9 绝缘栅场效应管及其放大电路

场效应晶体管简称场效应管，英文缩写为 FET，与前面介绍的晶体三极管一样，也是一种有 3 个电极的半导体器件，对电流有控制作用，可对微弱电信号进行放大。两者的重要区别有两点：

（1）晶体三极管是一种电流控制型器件，通过基极电流 I_B 实现对集电极电流 I_C 的控制；而场效应管是一种电压控制型器件。

（2）晶体三极管中参与导电的既有电子又有空穴，所以被称为双极型晶体管；场效应管中参与导电的只有一种载流子（电子或空穴），所以被称为单极型晶体管。与晶体三极管相比，场效应管具有输入电阻高、抗辐射能力强、功耗低、温度稳定性好、制造工艺简单等诸多优点，特别适用于大规模集成电路。

按照结构和工作原理的不同，场效应管分为结型（JFET）和绝缘栅型（MOSFET）两大类。本节只介绍应用最广泛的绝缘栅场效应管。

1. 分类和符号

绝缘栅场效应管的栅极与源极和漏极之间是完全绝缘的，因此被称为绝缘栅场效应管，目前应用最广泛的是由金属（电极）、氧化物（绝缘层）和半导体组成的金属（M）-氧化物（O）-半导体（S）场效应管，简称 MOS 管。它有 N 沟道和 P 沟道两类，每一类又分为增强型和耗尽型两种。其中，N 沟道场效应管被称为 NMOS 管，P 沟道场效应管被称为 PMOS 管。4 种场效应管的种类和符号如图 5-35 所示。图中除漏极 D、栅极 G 和源极 S 外还加有衬底，这是由于生产工艺的需要而设置的；栅极与沟道不接触，表示绝缘；箭头表示 N 沟道和 P 沟道；沟道为虚线的是增强型，沟道为实线的是耗尽型。

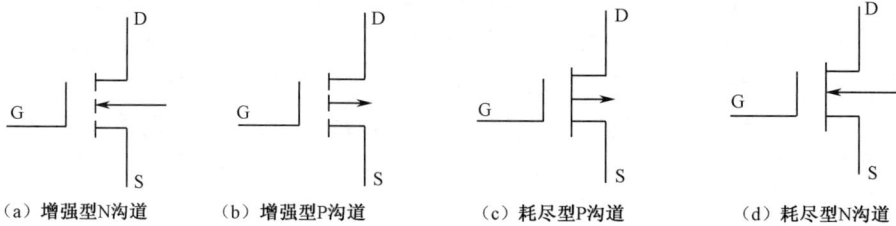

（a）增强型N沟道　　（b）增强型P沟道　　（c）耗尽型P沟道　　（d）耗尽型N沟道

图 5-35　绝缘栅场效应管的种类和符号

2. 结构和工作原理

绝缘栅场效应管与三极管对外电路起的作用相同，但其结构和工作原理不同，在表 5-7 中对两者的工作特点做了比较。

表 5-7　三极管和绝缘栅场效应管

	三极管	绝缘栅场效应管
表示符号	 NPN型　　　　PNP型	 增强型N沟道　　　增强型P沟道
电流放大作用	（1）电流放大作用： $$\Delta I_C = \beta \Delta I_B$$ 基极电流ΔI_B控制集电极电流ΔI_C，三极管被称为电流控制型器件。 （2）基极有电流，输入阻抗低。	（1）电流放大作用： $$\Delta I_D = g_m \Delta U_{GS}$$ 栅源电压ΔU_{GS}控制漏极电流ΔI_D，绝缘栅场效应管被称为电压或电场控制型器件。 （2）栅极无电流，输入阻抗高。
开关作用	（1）当$U_{BE}<0$，发射结、集电结均反偏时，三极管截止，$I_B=0$、$I_C=0$、$I_E=0$，集射极之间相当于开关断开。 （2）当U_{BE}较大，发射结、集电结均正偏时，三极管饱和，$U_{CES}\approx 0$，集射极之间相当于开关闭合。	（1）当$U_{GS}<U_T$时（U_T被称为开启电压），场效应管截止，$I_D=I_S=0$，漏源极之间相当于开关断开。 （2）当U_{GS}较大，漏极电流很大，达到饱和状态时，$U_{DS}\approx 0$，漏源极之间相当于开关闭合。

3. 放大电路

图 5-36 所示为共源极场效应管的基本放大电路。图中各元器件的作用与晶体管分压式偏置放大电路中各元器件的作用相似。

静态时，由于栅极电流为 0，R_{G1} 中的电流为 0，不起作用，相当于短路，电源 U_{DD} 经 R_{G1} 和 R_{G2} 分压后，为栅极提供电压，这和晶体管放大电路在静态时需要有一个合适的偏流类似。在此栅极电压的作用下，场效应管有一定的 I_D 和 U_{DS} 使放大电路有一个合适的静态工作点。

图 5-36　共源极场效应管的基本放大电路

当放大电路中有输入信号时，场效应管的栅极电压随输入信号而变化，沟道随之改变，漏源电流 I_D 也随之相应地变化，通过源极电阻将电流

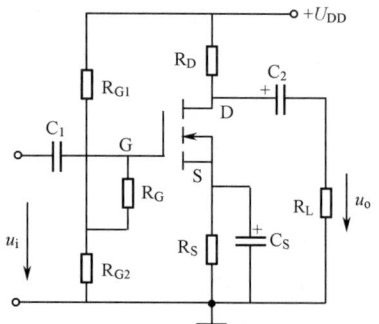

变化转换为电压变化，经过耦合电容输出给负载。

R_G 用来提高图 5-36 所示电路中的输入电阻，使放大电路的输入电阻为

$$r_i = r_{ig} // [R_G + (R_{G1} // R_{G2})]$$

式中，r_{ig} 为场效应管的输入电阻；R_G 一般为兆欧数量级电阻。

📖**拓展知识　N 沟道增强型场效应管的结构和工作原理**

1）结构

如图 5-37 所示，N 沟道增强型场效应管的结构为，在一块 P 型硅片上扩散两个 N 型区，并分别从两个 N 型区引出两个电极：源极 S 和漏极 D。在源区和漏区之间的衬底表面覆盖一层很薄的绝缘层，再在绝缘层上覆盖一层金属薄层，形成栅极。因此栅极和其他电极之间是绝缘的，故输入电阻很高。另外，从衬底基片上引出一个电极，称之为衬底电极（B）（在分立元件中，常将 B 与 S 相连；而在集成电路中，B 与 S 一般不相连）。

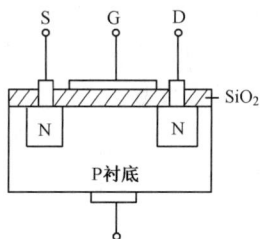

图 5-37　N 沟道增强型场效应管的结构

2）工作原理

场效应管的基本工作原理是栅极—源极之间的电压对漏极电流起控制作用。

如图 5-37 所示，对于 N 沟道增强型场效应管，当 $U_{GS}=0$ 时，在源极—P 衬底—漏极之间存在两个反向连接的 PN 结，不论在漏极和源极之间加入何种极性的电压 U_{DS}，都会使其中一个 PN 结反偏，所以漏极电流 $I_D=0$；当在栅极—源极之间加上正向直流电压 U_{GS}（$U_{GS}>0$）时，由于源极与衬底之间是短路连接的，所以在栅极经绝缘层至衬底之间形成电场，电场方向为垂直指向衬底。由于绝缘层的厚度极薄，仅为 0.1 μm 左右，U_{GS} 只需要达到几伏即可建立极强的电场，吸引衬底、源极和漏极中的大量电子至绝缘层表面。由于氧化膜的阻挡，电子聚集在两个 N 沟道之间的 P 型半导体中，从而将源极和漏极连接起来，形成一个 N 型导电沟道。此时，若漏极—源极之间加入正向电压 U_{DS}，就会产生漏极电流 I_D。在 U_{DS} 的作用下，开始出现漏极电流 I_D 的栅极—源极电压 U_{GS} 被称为开启电压，用 U_T 表示。当 $U_{GS}>U_T$ 时，U_{GS} 的数值越大，导电沟道越厚，在相同的 U_{DS} 作用下，漏极电流 I_D 就越大，实现了栅极—源极电压 U_{GS} 对漏极电流 I_D 的控制作用，体现了场效应管作为电压控制型器件的作用。

这种在 $U_{GS}=0$ 时，不存在导电沟道，只有在 U_{GS} 达到某一确定值之后，才出现导电沟道的场效应管被称为增强型场效应管。

📖疑难汇总、学习随笔、小结

知识梳理与总结

1. 二极管具有单向导电性，其内部结构就是一个 PN 结，为其加正向电压时导通，为其加反向电压时截止。

2. 二极管的伏安特性曲线分为正向特性曲线和反向特性曲线。

在正向特性曲线图中，当所加的正向电压超过死区电压时，二极管才导通，导通后硅管的正向压降为 $0.6 \sim 0.7\ V$，锗管的正向压降为 $0.3\ V$。

在反向特性曲线图中，当反向电压很高时，二极管被击穿。

3. 二极管的参数主要有最大正向电流 I_{FM}、最高反向工作电压 U_{RM}，这是选择和使用二极管的重要依据。

4. 三极管有两种作用。

1）电流放大作用。当给发射结加正向偏压，给集电结加反向偏压时，三极管具有电流放大作用。

（1）静态电流放大作用：

$$\overline{\beta} = \frac{I_C}{I_B}$$

集电极电流一般是基极电流的 $30 \sim 100$ 倍。

（2）动态电流放大作用：

$$\beta = \frac{\Delta I_C}{\Delta I_B}$$

2）开关作用。

（1）当给发射结加反向偏压，给集电结加反向偏压时，三极管工作在截止区，集射极间相当于开关断开。

（2）当给发射结加正向偏压，给集电结加正向偏压时，三极管工作在饱和区，集射极间相当于开关闭合。

5. 三极管放大电路是基本放大单元，设置静态工作点是为了保证输入的交流信号能得到完整放大，不失真。

使用微变等效电路可以计算出三极管放大电路的动态参数，包括电压放大倍数、输入电阻、输出电阻。

要求输入电阻越大越好，输出电阻越小越好。

当温度发生变化时，静态工作点会随之变化，分压式偏置电路具有稳定静态工作点的作用。

射极输出器虽然没有电压放大作用，但其输入电阻大、输出电阻低，可用于多级放大电路的输入级、输出级和中间缓冲级。

6. 多级放大电路级与级之间的耦合方式有阻容耦合、变压器耦合、直接耦合和光电耦合 4 种。

多级放大电路总的电压放大倍数等于各级电压放大倍数的乘积。

多级放大电路的输入电阻等于第一级放大电路的输入电阻；多级放大电路的输出电阻等于最后一级放大电路的输出电阻。

7. 放大电路的输出信号（电压或电流）的一部分或全部通过一定的电路环节被送回放大电路的输入端，并与输入信号（电压或电流）相合成的过程被称为反馈。

　　正反馈可用于振荡电路，以产生正弦波信号；负反馈一般用于改善放大电路的性能，如提高电压放大倍数的稳定性、减小非线性失真、改变输入电阻和输出电阻、提高电路的抗干扰能力、降低噪声、改善电路的频率响应特性等，但这些改善都是以降低电压放大倍数为代价的。

　　8. 甲乙类互补对称电路是由两个射极输出器组成的，利用其输出阻抗低的特点可直接与负载相连。两只 NPN 型、PNP 型三极管的参数一致，在一周期内交替导通，可以输出完整的交流信号。为了减小交越失真，两只三极管均工作在甲乙类状态。

　　9. 三极管是电流控制型元件，场效应管是电压控制型器件，具有与三极管相似的放大作用和开关作用。

自测题 5

扫一扫看
自测题 5
答案

一、填空题

　　1. PN 结（二极管）正向偏置时_____，反向偏置时_____，这种特性被称为 PN 结（二极管）的_____。

　　2. 最常用的半导体材料有_____和_____。

　　3. 使用二极管时，应考虑的主要参数有_____和_____。

　　4. 稳压二极管的正向特性同普通硅二极管的正向特性_____，反向特性则有很大不同，它可以工作在_____区。

　　5. 晶体三极管有两个 PN 结，即_____结和_____结，在放大电路中_____结必须正偏，_____结必须反偏。

　　6. 三极管各个电极电流的分配关系是_____。

　　7. 三极管的输出特性曲线有 3 个区域，即_____区、_____区、_____区，当三极管工作在_____区时，关系式 $I_C=\beta I_B$ 才成立。

　　8. 放大电路中的交流通路就是将放大电路中的_____和_____视为短路时，交流信号流通的那部分电路。

　　9. 多级放大电路的级间耦合方式有_____、_____、_____等，在低频电压放大电路中常采用_____耦合方式，_____耦合电路存在零点漂移的问题。

　　10. 串联负反馈可以使放大电路的输入电阻_____，并联负反馈可以使放大电路的输入电阻_____；电压负反馈可以使放大电路的输出电阻_____，电流负反馈可以使放大电路的输出电阻_____。

二、判断题

　　1. 影响放大电路静态工作点稳定的主要因素是温度。　　　　　　　　　　　　（　　）

　　2. 当 NPN 型三极管工作在放大状态时，电位满足 $V_C>V_B>V_E$。　　　　　　（　　）

　　3. 交、直流信号均可用直流放大电路进行放大。　　　　　　　　　　　　　（　　）

　　4. 晶体三极管饱和状态的外部条件是发射结正偏、集电结反偏。　　　　　　（　　）

　　5. 放大电路的静态工作点过高时，在 U_{CC} 和 R_C 不变的情况下，可增加基极电阻 R_B。（　　）

　　6. 负反馈可以消除放大电路的非线性失真。　　　　　　　　　　　　　　　（　　）

　　7. 射极输出器的输入电阻小、输出电阻大，没有电压放大作用。　　　　　　（　　）

　　8. 多级放大电路总的电压放大倍数等于各级电压放大倍数之和。　　　　　　（　　）

　　9. 甲乙类互补对称电路的输出电容的作用仅仅是将信号传递到负载。　　　　（　　）

三、简答题

1. 什么是 PN 结？PN 结最重要的导电特性是什么？

2. 三极管有哪几种工作状态？每一种工作状态的条件、特点是什么？

3. 在图 5-38 中，3 只三极管各处于何种工作状态（放大、饱和、截止）？

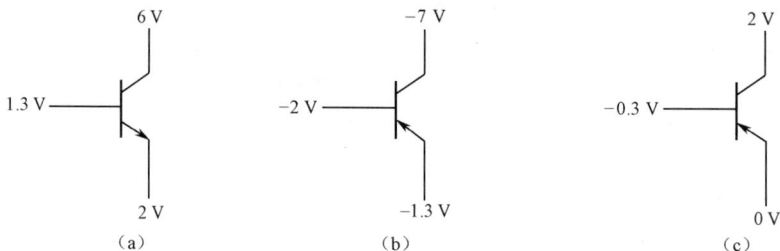

图 5-38

4. 一个单管共发射极放大电路由哪些基本元件组成？各元件的作用是什么？

5. 放大电路为什么要设置静态工作点？合适的静态工作点是什么样的？

四、计算题

1. 试判断图 5-39 所示电路中的二极管的工作状态，并求出 a、o 和 b、o 两端的电压 U_{ao} 和 U_{bo}（设二极管是理想二极管）。

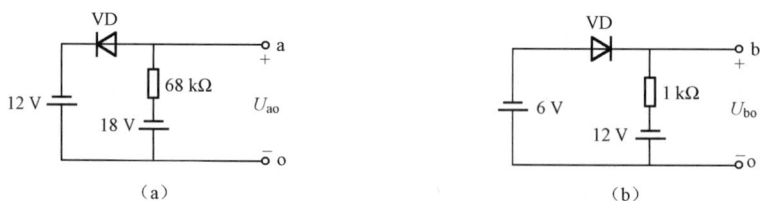

图 5-39

2. 共发射极放大电路如图 5-18 所示，已知 U_{CC}=12 V，R_B=560 kΩ，R_C=4 kΩ，R_L=4 kΩ，晶体管的电流放大系数 β=60。计算放大电路的静态工作点、输入电阻 r_i、输出电阻 r_o、空载与有载的电压放大倍数 A_u。

3. 在图 5-40 所示的分压式偏置电路中，已知 R_{B1}=60 kΩ，R_{B2}=20 kΩ，R_C=3 kΩ，R_E=2 kΩ，R_L=6 kΩ，U_{CC}=16 V，三极管的电流放大系数 β=60。（1）求静态工作点；（2）求输入电阻 r_i、输出电阻 r_o 和电压放大倍数 A_u；（3）分析电路在环境温度升高时稳定静态工作点的过程；（4）判断电路中 R_E 的反馈类型。

4. 说明图 5-41 所示电路中 R_{f1} 和 R_{f2} 引入反馈的类型，并分别说明这些反馈对放大电路性能的影响。

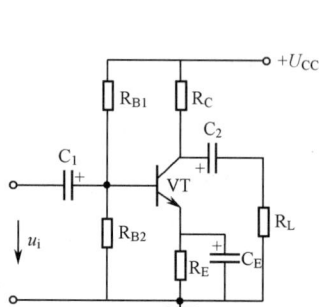

图 5-40

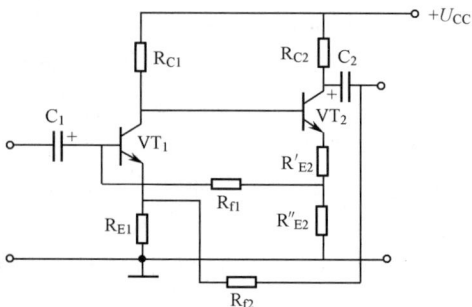

图 5-41

5. 在图 5-42 所示的电路中，$R_B=270\ \mathrm{k\Omega}$，$R_E=6\ \mathrm{k\Omega}$，$R_L=6\ \mathrm{k\Omega}$，$U_{CC}=24\ \mathrm{V}$，$\beta=80$。试求：（1）静态工作点；（2）电压放大倍数、输入电阻和输出电阻。

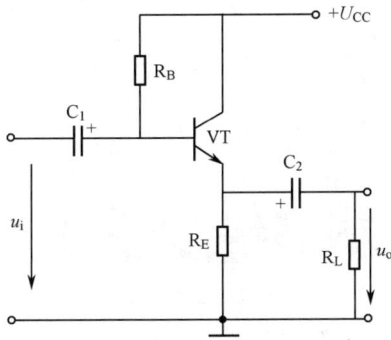

图 5-42

项目 6

集成运放电路的制作、调试与分析

教学导航

知识重点	1. 集成运放的组成、性能指标及理想集成运放；2. 差动放大电路的作用及分析方法；3. 集成运放的线性应用及非线性应用；4. RC 桥式正弦波振荡器
知识难点	1. 虚短与虚断的概念及分析法；2. 反相输入放大电路；3. 同相输入放大电路；4. 差分输入放大电路；5. 求和运算电路；6. 积分和微分电路
教学设计	本项目主要围绕集成运放电路的制作、调试与分析开展教学活动，以集成运放电路的制作、调试与分析任务为载体，以工作过程为导向，以教学目标为引领，充分利用信息化教学手段，采用"教、学、做、评"一体化模式，突出对学生实践能力和创新能力的培养。整个教学过程依托教学平台、仿真设计软件等信息化技术手段，将实际应用项目转换为典型教学项目，创造一个同时具备工程体验功能、教学实施功能、学习效果评测功能和实时互动交流功能的多功能信息化教学环境，力求做到"学做合一"，实现"做中教、做中学"，调动学生的积极性和主动性，促进学生自主学习和主动学习，实现建构性学习
推荐教学方式	1. 采用翻转课堂模式，充分利用教学资源库和网络课程学习平台里的教学资源，开展"课前导预习、课上导学习、课后导拓展"的教学活动。 2. 依托网络课程学习平台有效地整合本书提供的视频、图文、动画、仿真等教学资源，为学生创设虚实结合、情景交融的学习环境，为课堂的顺利进行提供保障。 3. 充分利用本书提供的视频、图文、动画、仿真等教学资源，把难点知识变得直观易懂。 4. 通过仿真与实操相结合的方式，使学习场景更贴近实际工作场景，为学生进入工作岗位打好坚实基础
推荐学习方式	1. 课前充分利用本书提供的视频、图文、动画、仿真等教学资源自主学习，并将学习疑难问题记录在活页笔记上。 2. 课中依靠学习小组的协作性进行知识与能力的学习与训练，在老师的指导下内化知识、培养技能、提升素质，在执行任务过程中，分析任务、研究任务、制定方案，在方案实施过程中研究问题、解决问题，学习与训练系统性地完成任务的方法与能力。 3. 课后主动拓展，提升应用实践能力

任务 13　蓄电池报警电路的制作

1. 任务目标

任务载体	蓄电池报警电路的制作	学　时	8	任务成绩	
学生姓名		日　期		班　级	
实训场所				组　号	
参考器材	稳压二极管（2.5 V），发光二极管（BT111-X 红色、绿色各一），电阻 R_{11}（10 kΩ）、R_{12}（42.2 kΩ）、R_{14}（910 Ω）、R_{21}（10 kΩ）、R_{22}（30 kΩ）、R_{24}（680 Ω）、$R3$（10 kΩ），集成电路（LM119），直流电（10～20 V 可调），万用表，示波器，电工工具，电烙铁，线路板，引线				
知识目标	1. 了解集成运放电路的组成；2. 理解理想运放电路的参数及工作特性；3. 掌握理想运放电路的几种典型应用和电路分析与估算方法				
能力目标	1. 会估算各种集成运放电路的输出电压；2. 会分析比较器的输出电平，会画输出波形；3. 会识别集成运放的管脚；4. 能正确焊接集成块，能正确焊接组装电路、整形；5. 会调试电路				
职业素养	培养学生的工匠精神和爱岗敬业、诚实守信、勤奋上进的品格与素质				
立德树人	学习华为公司艰苦奋斗的精神，强化责任感与使命感，激发科技报国情怀				

2. 任务准备（课前）

学习背景知识：

（1）扫一扫下面二维码学习集成运放及其工作特性、线性应用等知识，同时培育学生艰苦奋斗、科技报国、为国争光的精神。

扫一扫看微课视频：集成运放结构及传输特性　　扫一扫看微课视频：集成运放线性应用　　扫一扫看微课视频：集成运放非线性应用

（2）扫一扫下面二维码完成参考题。

扫一扫看集成运放参考题　　扫一扫看集成运放参考题答案

（3）扫一扫下面二维码看任务操作指导。

扫一扫看任务操作指导：蓄电池报警电路的制作

3. 计划与实施（课中、课后）

知识内化	（1）估算各种集成运放电路的输出电压；（2）分析比较器的输出电平，会画输出波形

续表

任务实施	根据作业要求制定作业计划与方案	
	根据作业要求制定作业步骤，明确各项操作规程和安全注意事项，进行人员分工等	
	明确任务要求：集成运放电路的制作、调试与分析	
	完成任务内容：（1）检测各个元件及集成芯片；（2）安装元件；（3）电子焊接；（4）调试	
	撰写任务实施报告：任务实施的方案、过程、收获、问题、改进措施等	

4. 任务评价

项目	评价要素	评价标准	自评 0.2	互评 0.3	师评 0.5	权重	小计
知识考核	（1）课前在线测试、在线讨论；（2）课中、课后分析与计算	（1）会估算各种集成运放电路的输出电压；（2）会分析比较器的输出电平，会画输出波形				0.4	
职业素养	（1）出勤；（2）工作态度；（3）劳动纪律；（4）团队协作精神	（1）遵守企业规章制度、劳动纪律；（2）按时、按质完成工作任务；（3）积极主动承担工作任务，勤学好问；（4）保证人身安全与设备安全；（5）工作岗位7S管理				0.1	
专业能力	（1）检测各个元件；（2）安装元件；（3）电子焊接；（4）调试	（1）正确清点、检测及调换元件与集成芯片；（2）元件按要求整形，正确安装元件，焊接点美观、走线合理、布局漂亮，接线正确；（3）调试成功，LED_1、LED_2能正常报警；（4）会用万用表、示波器进行测量；（5）严格遵守电工安全操作规程，工作台用具、元件摆放整齐，按规定进行操作，安全文明生产				0.5	
创新能力	（1）独特见解；（2）创新建议	（1）方案的可行性及意义；（2）建议的可行性				附加	
思政培养	（1）外在表现；（2）内在提升	（1）强化责任感与使命感；（2）激发爱国、报国情怀；（3）培养奋斗精神				附加	
合计							

5. 课后拓展提高

1. 任务实施报告：任务实施的方案、过程、收获、问题、改进措施等（可另附页）。

2. 任务拓展：

（1）能力提升：思考如何用集成运放设计一个温度检测报警电路。

（2）思政深化：学习华为的集成电路开发与奋斗史，你有何感受？你对我国集成电路技术的发展现状如何认识？对实现赶超西方国家有没有信心？华为的艰苦奋斗精神，应如何应用在你的学习与工作中。

集成运算放大器是采用集成工艺制成的直接耦合多级放大器，具有输入阻抗高、电压放大倍数高、性能稳定可靠、体积小、成本低、通用性强等优点。由于早期主要将其用于计算机的各种运算，故通常称之为集成运算放大器，简称集成运放。目前集成运放的应用已不限于数学运算，被广泛应用于自动控制、信号处理、波形的产生与变换等领域。

6.1　集成运放的基础

扫一扫看教学课件：集成运放的组成及传输特性

扫一扫看课程思政：华为的艰苦奋斗精神

6.1.1　集成运放的基本组成和参数

集成运放由输入级、中间级、输出级和偏置电路组成，如图 6-1 所示。

输入级：一般采用差分放大电路，以抑制零点漂移。零点漂移是指当输入信号为零时，由于静态工作点不稳定，导致输出端出现信号偏离原固定值而上下漂动的现象。

中间级：一般采用共发射极放大电路，提供足够高的电压放大倍数。

输出级：一般采用互补射极输出器组成的对称电路，以改善其带负载的能力。

偏置电路：为各级电路提供静态工作点。

集成运放从外形上看有双列直插式、圆壳式、扁平式。图 6-2 所示为部分集成运放的外形图（管脚的排列为从标志起逆时针数 1、2、3、4、…）。

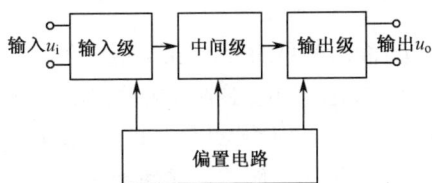

图 6-1　集成运放的组成

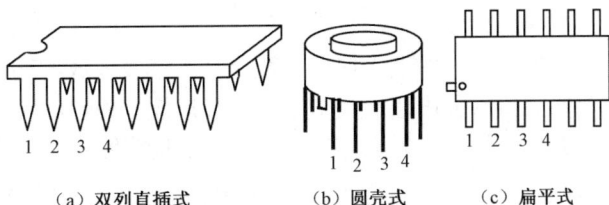

（a）双列直插式　　　（b）圆壳式　　　（c）扁平式

图 6-2　部分集成运放的外形图

集成运放的图形符号如图 6-3 所示。

在图 6-3 中，"＋"表示同相输入端，输出信号与同相输入端的输入信号的相位相同；"－"表示反相输入端，输出信号与反相输入端的输入信号的相位相反；u_o 表示信号输出端；箭头的指向表示集成运放的信号传输方向；A_{od} 表示集成运放的电压放大倍数。

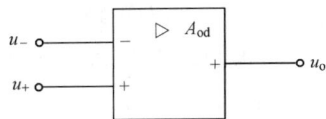

图 6-3　集成运放的图形符号

$$u_o = A_{od}(u_+ - u_-)$$

(6-1)

集成运放的引出端不只有 3 个，还有接电源端、接地端等，由于对分析电路没有影响，故这里省略不画。

6.1.2 理想集成运放的工作特性

1. 理想集成运放的主要参数

（1）开环差模电压放大倍数：$A_d \rightarrow \infty$。

（2）差模输入电阻：$R_{id} \rightarrow \infty$。

（3）输出电阻：$R_{od} = 0$。

（4）共模抑制比：$K_{CMR} \rightarrow \infty$。共模抑制比表示集成运放抑制零点漂移的能力，其值越大，抑制效果越好。$K_{CMR} = A_d / A_C$，其中 A_C 表示共模电压放大倍数。

理想集成运放的图形符号如图 6-4 所示。其中，∞ 表示理想集成运放的电压放大倍数为无穷大。

2. 理想集成运放的工作特性

图 6-5 所示为实际集成运放和理想集成运放的电压传输特性，其电压传输特性分为线性区和非线性区。

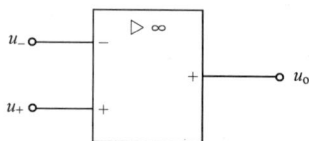

（a）实际集成运放　　　（b）理想集成运放

图 6-4　理想集成运放的图形符号　　　图 6-5　集成运放的电压传输特性

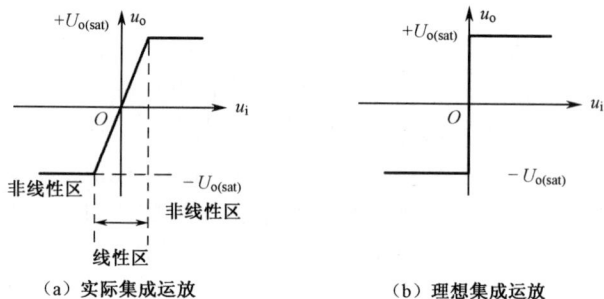

1）线性区

当集成运放的输入信号很微小时，集成运放的输出信号随输入信号的变化而线性变化，其比值为集成运放的电压放大倍数，集成运放工作在线性区。当集成运放的电压放大倍数很高，集成运放处于开环状态时，其末级三极管已达到饱和状态，输出电压为最大饱和值 $+U_{om}$ 或 $-U_{om}$，U_{om} 比电源电压低 $1 \sim 2$ V，所以一般当电路中引入负反馈时才可保证集成运放工作在线性区。

集成运放工作在线性区时有以下两个重要特征。

（1）虚短：输入信号很微小，近似为 0，两个输入端的电位近似相同，$u_i = u_+ - u_- \approx 0$，$u_+ \approx u_-$，近似为短路。

（2）虚断：集成运放工作在线性区，由于输入阻抗很高，近似为 ∞，输入电流 $i_+ \approx 0$，$i_- \approx 0$，两个输入端相当于断开。

"虚短"与"虚断"是分析集成运放线性应用的重要依据。

2）非线性区

集成运放处于开环状态时工作在非线性区，由于集成运放的电压放大倍数很高，当其处于开环状态时，输出级已达到饱和状态，输出电压为最大饱和值+U_{om} 或 $-U_{om}$，不随输入电压变化，即

$$u_o = +U_{om}\quad(当 u_+ > u_- 时)\tag{6-2}$$

$$u_o = -U_{om}\quad(当 u_+ < u_- 时)\tag{6-3}$$

集成运放工作在非线性区时，其输入信号较大，不存在"虚短"特征。由于其输入阻抗很高，近似为∞，其输入电流仍然很小，所以可近似应用其"虚断"特征。

6.2　集成运放的应用

扫一扫看教学课件：集成运放的线性应用

6.2.1　集成运放的线性应用

引入负反馈环节可使集成运放工作在线性区，不同的反馈元件可使电路实现不同的运算。

1. 比例运算

1）反相输入

反相输入放大电路如图 6-6 所示，其输入信号 u_i 经电阻 R_1 被送到反相输入端，同相输入端经 R_P 接地。R_f 为反馈电阻，构成电压并联负反馈。电阻 R_P 为直流平衡电阻，以消除静态时集成运放内输入级的基极电流对输出电压产生的影响，进行直流平衡。

$$R_P = R_1 // R_f$$

由"虚短""虚断"的性质可知：

$$i_+ = i_- = 0$$
$$u_+ = u_- = 0$$
$$i_i = i_f$$
$$i_i = \frac{u_i - u_-}{R_1} = \frac{u_i}{R_1}$$
$$i_i = \frac{u_- - u_o}{R_f} = -\frac{u_o}{R_f}$$
$$\frac{u_i}{R_1} = -\frac{u_o}{R_f}$$

所以

$$u_o = -\frac{R_f}{R_1}u_i\tag{6-4}$$

式（6-4）表明，输出电压与输入电压的相位相反，且成比例关系，因此把这种电路称为反相比例放大电路。若取 $R_1 = R_f$，则电路中 u_o 与 u_i 的大小相等、相位相反，称此时的电路为反相器。

2）同相输入

同相输入放大电路如图 6-7 所示，其输入信号 u_i 经电阻 R_2 被送到同相输入端。

由"虚短""虚断"的性质可知：

$$u_- = u_+ = u_i$$
$$i_i = \frac{u_i}{R_1}$$

$$i_f = \frac{u_o - u_i}{R_f}$$

$$i_f = i_i$$

$$\frac{u_i}{R_1} = \frac{u_o - u_i}{R_f}$$

所以

$$u_o = \left(1 + \frac{R_f}{R_1}\right) u_i \qquad (6-5)$$

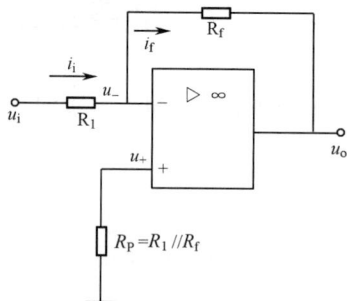

图 6-6　反相输入放大电路

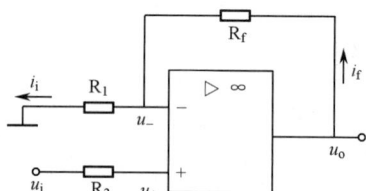

图 6-7　同相输入放大电路

式（6-5）表明，输出电压与输入电压同相，且成比例关系，因此把这种电路称为同相比例放大电路。当 $R_f = 0$ 或 $R_1 = \infty$ 时，有

$$u_o = u_i \qquad (6-6)$$

称此时的电路为电压跟随器，如图 6-8 所示。

2. 其他几种运算

集成运放的其他几种运算的应用如表 6-1 所示，由"虚短""虚断"的概念可以分析得出表中的结论。

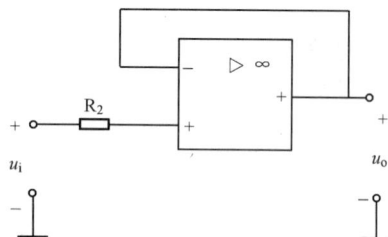

图 6-8　电压跟随器

表 6-1　集成运放的其他几种运算的应用

运算名称	电　路	运　算　关　系
反向加法运算		$u_o = -\left(\dfrac{R_f}{R_1}u_{i1} + \dfrac{R_f}{R_2}u_{i2} + \dfrac{R_f}{R_3}u_{i3}\right)$ 当 $R_1 = R_2 = R_3$ 时，$u_o = -\dfrac{R_f}{R_1}(u_{i1} + u_{i2} + u_{i3})$ 当 $R_1 = R_2 = R_3 = R_f$ 时，$u_o = -(u_{i1} + u_{i2} + u_{i3})$ 平衡电阻 $R = R_1 /\!/ R_2 /\!/ R_3 /\!/ R_f$
减法运算		$u_o = \left(1 + \dfrac{R_f}{R_1}\right)\left(\dfrac{R_3}{R_2 + R_3}\right)u_{i2} - \dfrac{R_f}{R_1}u_{i1}$ 当 $R_1 = R_2$ 且 $R_3 = R_f$ 时，$u_o = \dfrac{R_f}{R_1}(u_{i2} - u_{i1})$ 平衡电阻 $R_1 /\!/ R_f = R_2 /\!/ R_3$

续表

运算名称	电 路	运 算 关 系
积分运算		$u_o = -\dfrac{1}{R_1 C_f}\int u_i dt$ 若输入电压恒定，$u_i = U_i$，则 $u_o = -\dfrac{1}{R_1 C_f}U_i t$ 若电容的初始电压为 U_{c0}，则 $u_o = -\dfrac{1}{R_1 C_f}\int U_i dt + U_{c0}$
微分运算		$u_o = -R_f C\dfrac{du_i}{dt}$

【实例 6-1】电路如图 6-9 所示，$R_1 = R_2 = R_3 = 10\,\text{k}\Omega$，$R_{f1} = 51\,\text{k}\Omega$，$R_{f2} = 100\,\text{k}\Omega$，$u_{i1} = 0.1\,\text{V}$，$u_{i2} = 0.3\,\text{V}$，求 u_{o1} 和 u_o。

图 6-9 实例 6-1 图

解 （1）第一级放大为反相比例运算，有

$$u_{o1} = -\frac{R_{f1}}{R_1}u_{i1} = -\frac{51\times10^3}{10\times10^3}\times 0.1 = -0.51\,(\text{V})$$

（2）第二级放大为反相加法运算，有

$$u_o = -\left(\frac{R_{f2}}{R_2}u_{i2} + \frac{R_{f2}}{R_3}u_{o1}\right) = -\left[\frac{100\times10^3}{10\times10^3}\times 0.3 + \frac{100\times10^3}{10\times10^3}\times(-0.51)\right] = 2.1\,(\text{V})$$

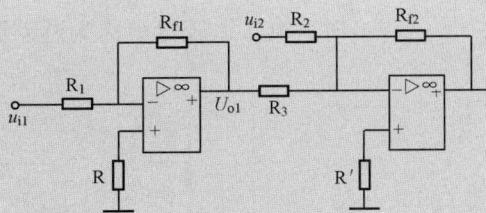

【实例 6-2】集成运放电路如图 6-10 所示，已知 $R_f = 100\,\text{k}\Omega$，$C = 0.01\,\mu\text{F}$，输入电压的波形为三角波，如图 6-11 所示，试画出输出电压的波形。

解 由微分运算公式 $u_o = -R_f C\dfrac{du_i}{dt}$ 和输入电压的波形可得出以下数据。

当 t 为 0～1 ms 时，有

$$u_o = \frac{-100\times0.01\times5}{1} = -5\,(\text{V})$$

当 t 为 1～3 ms 时，有

$$u_o = -\frac{100\times0.01\times(-5-5)}{2} = 5\,(\text{V})$$

同理：当 t 为 3～5 ms 时，$u_o = -5\,\text{V}$；当 t 为 5～6 ms 时，$u_o = 5\,\text{V}$。

故输出电压的波形如图 6-12 所示。

图 6-10 集成运放电路　　图 6-11 输入电压的波形　　图 6-12 输出电压的波形

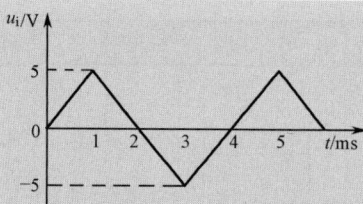

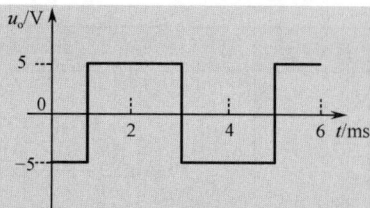

集成运放的微分、积分运算电路除用于数学运算外，还广泛用于波形变换、物理量测量及工业控制。

6.2.2　集成运放的非线性应用

集成运放处于开环状态时，一般工作在非线性区，可作为电压比较器使用。

图 6-13 所示为电压比较器的电路及电压传输特性曲线，当 $u_i > U_R$ 时，$u_o = -U_{om}$；当 $u_i < U_R$ 时，$u_o = U_{om}$。通过输出电压的正、负可显示两个输入端电位的关系，实现电压比较，如图 6-13（b）所示。

当 $U_R = 0$ 时，电压比较器被称为过零比较器，其电压传输特性曲线如图 6-13（c）所示。

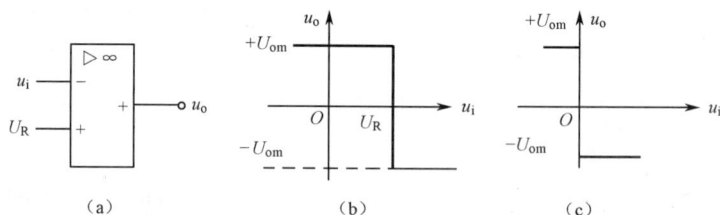

（a）　　　　　　　　（b）　　　　　　　　（c）

图 6-13　电压比较器的电路及电压传输特性曲线

提示

　　电压比较器的输入信号也可以从同相端输入，其输出电压的正、负与反相输入的输出电压的正、负相反。

【实例 6-3】两级运放电路如图 6-14 所示，第一级运放 A_1 的输入信号为 $u_i = 3\sin(\omega t)$，在第二级运放 A_2 的同相输入端加入参考电压 $U_R = 1\,V$。集成运放的饱和输出电压 $\pm U_o = \pm 13\,V$，双向稳压管的电压 $U_Z = 6\,V$。试画出输出电压的波形。

解　本电路的输出端接双向稳压管，双向稳压管的电压为 $\pm(U_Z + U_D)$，U_D 为二极管的正向导通电压，约 $0.6 \sim 0.7\,V$，一般忽略，输出电压 $u_o = \pm U_Z$。选择不同的稳压管即可得到不同的电压输出，以满足需要。

第一级运放是电压跟随器，其输出与输入相同：

$$u_{o1} = u_i = 3\sin(\omega t)$$

第二级运放为任意电平比较器，参考电压 $U_R = 1\,V$。

当 $u_{o1} > U_R$ 时，输出电压为低电平，$u_o = -6\,V$；当 $u_{o1} < U_R$ 时，输出电压为高电平，$u_o = 6\,V$。输出电压的波形如图 6-15 所示。

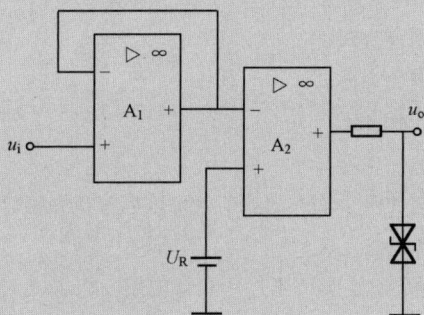

图 6-14　两级运放电路

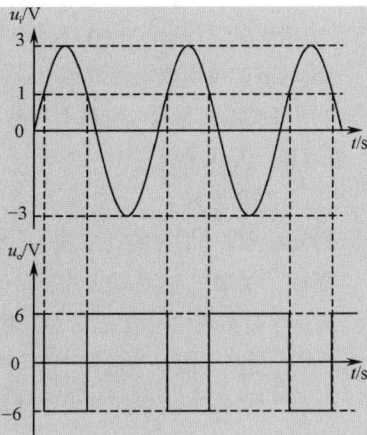

图 6-15　输出电压的波形

疑难汇总、学习随笔、小结

知识梳理与总结

1．集成运放的基础知识：电路的组成、表示符号、理想参数、工作特性。

工作特性是分析集成运放电路性能的依据，非常重要，包括线性和非线性两方面。当集成运放接负反馈环节时，可工作在线性区，其在线性区的工作特性如下。

虚短：两个输入端之间的电压近似为 0；

虚断：两个输入端之间的电流近似为 0。

当集成运放处于开环状态时，其工作在非线性区，其工作特性如下。

$$u_o = +U_{om}　（当 u_+ > u_- 时）$$
$$u_o = -U_{om}　（当 u_+ < u_- 时）$$

此时，集成运放不存在"虚短"特征，仍可近似应用其"虚断"特征。

2．集成运放的应用包括下面两方面。

线性应用：比例运算、加法运算、减法运算及微、积分运算。

非线性应用：电压比较器（过零比较器、任意电平比较器）。

自测题 6

扫一扫看
自测题 6
答案

一、选择题

1．关于集成运放，下列说法正确的是＿＿＿＿。

　A．集成运放是一种电压放大倍数很高的直接耦合放大电路

　B．集成运放只能放大直流信号

C．希望集成运放的输入电阻大、输出电阻小

D．集成运放的电压放大倍数越小越好

2．由于利用集成工艺制造大电容不容易，因此集成电路大都采用_____，其低频特性好。

A．电阻耦合方式   B．阻容耦合方式

C．变压器耦合方式   D．直接耦合方式

3．关于集成运放线性运算的"虚短""虚断"，理解正确的是_____。

A．"虚短""虚断"就是真正的短路或断路

B．"虚短"是指集成运放在线性应用的条件下，它的两个输入端的信号可以近似认为相等；
"虚断"是指集成运放的两个输入端的电流可以近似为0

C．"虚短""虚断"在分析集成运放电路时，无论是线性应用还是非线性应用，都可以无条件应用

二、判断题

1．共模抑制比是开环差模电压增益 A_{od} 与共模电压增益 A_{oc} 之比的绝对值，即 $K_{CMR}=|A_{od}/A_{oc}|$，它表示集成运放对共模信号的抑制能力，其越大越好。 （ ）

2．差模输入电阻 R_{id} 是指集成运放的两个输入端之间的动态电阻，它反映输入端向信号源索取电压的能力，其值越小越好，一般为几百欧。 （ ）

3．产生零点漂移的因素很多，任何元器件参数的变化都会造成电压的漂移，可采用差分放大电路加以解决。 （ ）

4．集成运放的线性应用与非线性应用都可利用"虚短"的概念。 （ ）

5．集成运放的线性应用是具有深度正反馈的应用。 （ ）

6．集成运放的非线性应用是具有深度负反馈或开环的应用。 （ ）

三、计算题

1．试用集成运放实现下列运算：

（1） $u_o=-4u_{i1}$

（2） $u_o=3u_{i1}$

2．图 6-16 所示的集成运放都为理想集成运放，试写出 u_o 与 u_{i1}、u_{i2} 之间的关系式。

3．集成运放电路如图 6-17 所示，$u_{i1}=0.5\,V$，$u_{i2}=1\,V$，计算输出电压 u_{o1} 和 u_o。

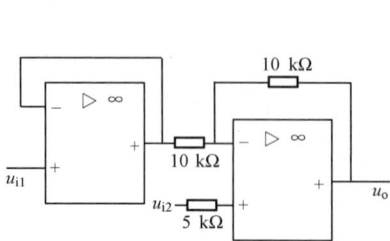

图 6-16   图 6-17

4．集成运放电路如图 6-18 所示，写出输出电压 u_o 的表达式。

5．集成运放电路如图 6-19 所示，已知 $R_{11}=10\,k\Omega$，$R_{12}=3\,k\Omega$，$C_f=0.01\,\mu F$。当电容的初始电压 $u_{C(0)}=0$，$t=0$ 时，输入电压 $u_{i1}=20\,mV$，$u_{i2}=3\,mV$，计算输出电压为 $u_o=-9\,V$ 时所用的时间。

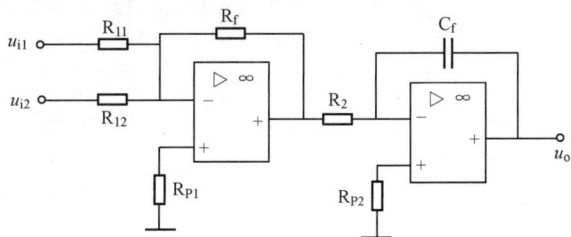

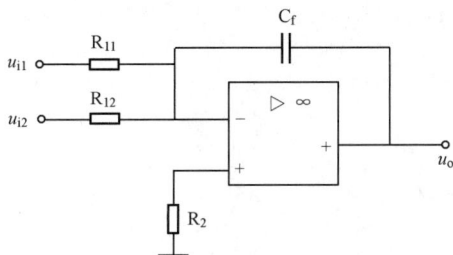

图 6-18 　　　　　　　　　　　　　　　　图 6-19

6．集成运放电路如图 6-20 所示，已知 $U_R = 2\,V$，$u_i = 3\sin(\omega t)$，其输出电压的饱和值 $\pm U_{o(\text{sat})} = \pm 13\,V$，稳压管的稳压值 $U_Z = 10\,V$，画出与 u_i 对应的输出电压 u_o 的波形。

7．集成运放电路如图 6-21 所示，其输出电压的饱和值 $\pm U_{o(\text{sat})} = \pm 14.5\,V$，双向稳压管的稳压值 $U_Z = 6.6\,V$，参考电压 U_R 分别为+2.5V 和–2.5V。如果输入信号 $u_i = 5\sin(\omega T)$，画出与 u_i 对应的输出电压 u_o 的波形。

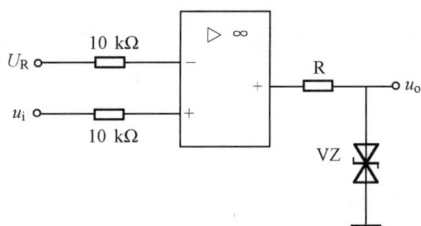

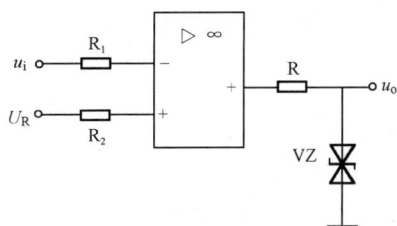

图 6-20 　　　　　　　　　　　　　　　　图 6-21

项目 7
直流稳压电源电路的制作、调试与分析

教学导航

知识重点	1. 直流稳压电源的组成；2. 全波桥式整流电路；3. 单相全波整流电容滤波电路；4. 晶体管串联稳压电路；5. 三端集成稳压器的应用
知识难点	1. 整流、滤波电路有关电压、电流的计算，有关二极管、电容的选择；2. 电容滤波对整流电路的影响；3. 晶体管串联稳压电路的工作原理；4. 三端输出固定电压的稳压器的应用电路
教学设计	本项目主要围绕直流稳压电源电路的制作、调试与分析开展教学活动，以直流稳压电源电路的制作任务为载体，以工作过程为导向，以教学目标为引领，充分利用信息化教学手段，采用"教、学、做、评"一体化模式，突出对学生实践能力和创新能力的培养。整个教学过程依托教学平台、仿真设计软件等信息化技术手段，将实际应用项目转换为典型教学项目，创造一个同时具备工程体验功能、教学实施功能、学习效果评测功能和实时互动交流功能的多功能信息化教学环境，力求做到"学做合一"，实现"做中教、做中学"，调动学生的积极性和主动性，促进学生自主学习和主动学习，实现建构性学习
推荐教学方式	1. 采用翻转课堂模式，充分利用教学资源库和网络课程学习平台里的教学资源，开展"课前导预习、课上导学习、课后导拓展"的教学活动。 2. 依托网络课程学习平台有效地整合本书提供的视频、图文、动画、仿真等教学资源，为学生创设虚实结合、情景交融的学习环境，为课堂的顺利进行提供保障。 3. 充分利用本书提供的视频、图文、动画、仿真等教学资源，把难点知识变得直观易懂。 4. 通过仿真与实操相结合的方式，使学习场景更贴近实际工作场景，为学生进入工作岗位打好坚实基础
推荐学习方式	1. 课前充分利用本书提供的视频、图文、动画、仿真等教学资源自主学习，并将学习疑难问题记录在活页笔记上。 2. 课中依靠学习小组的协作性进行知识与能力的学习与训练，在老师的指导下内化知识、培养技能、提升素质，在执行任务过程中，分析任务、研究任务、制定方案，在方案实施过程中研究问题、解决问题，学习与训练系统性地完成任务的方法与能力。 3. 课后主动拓展，提升应用实践能力

任务 14   直流稳压电源电路的制作

1. 任务目标

任务载体	直流稳压电源电路的制作	学　时	8	任务成绩	
学生姓名		日　期		班　级	
实训场所				组　号	
参考器材	电阻 R_1（1.2 kΩ，0.25 W）、R_2（2 kΩ，0.25 W）、R_3（680 kΩ，0.25 W）、R_4（2 kΩ，0.25 W），可调电阻 R_P（10 Ω，0.25 W），稳压管 VS（2.2 V），晶体管 VT_1（9013）、VT_2（9011），二极管 $VD_1 \sim VD_4$（1N4007），电解电容 C_1（470 μF，25 V）、C_2（100 μF，25 V）、C_3（47 μF，25 V），变压器 T（BK-25，220 V/9 V），熔断器 RU_1（0.1 A）、RU_2（0.5 A），万用表，示波器，电工工具，电烙铁（30 W），线路板（105 mm×130 mm）				
知识目标	1. 理解整流电路的作用、组成、工作原理；2. 理解电感、电容滤波的作用、分类、原理；3. 理解串联稳压电路的稳压原理。				
能力目标	1. 会选用整流二极管，计算整流电路输出电压、输出电流的平均值；2. 会选用滤波电容，计算电容滤波输出电压、输出电流；3. 会选用集成稳压器，计算稳压电路的输出电压、输出电流；4. 会进行电路组装与焊接；5. 会调试电路；6. 会查找故障并排除；7. 会使用示波器观察波形				
职业素养	训练学生自我调节情绪、保持心理健康的能力				
立德树人	训练学生自觉抵御不良影响与诱惑、行稳致远的能力				

2. 任务准备（课前）

学习背景知识：

（1）扫一扫下面二维码学习整流电路、滤波电路、稳压电路等知识，同时培养学生抵御外部不良影响、守正出奇、行稳致远的能力。

	扫一扫看微课视频：整流电路		扫一扫看微课视频：电容滤波		扫一扫看微课视频：晶体管串联稳压电路

（2）扫一扫下面二维码完成参考题。

	扫一扫看直流稳压电源参考题		扫一扫看直流稳压电源参考题答案

（3）扫一扫下面二维码进行稳压电源电路的组成及各部分作用、稳压电源接线与排故的 VR 仿真。

	扫一扫下载后进行 VR 仿真：稳压电源电路的组成及各部分作用		扫一扫下载后进行 VR 仿真：稳压电源接线		扫一扫下载后进行 VR 仿真：稳压电源排故

（4）扫一扫下面二维码看任务操作指导。

	扫一扫看任务操作指导：直流稳压电源的制作

3. 计划与实施（课中、课后）

知识内化	（1）选用整流二极管，计算整流电路输出电压、输出电流的平均值；（2）选用滤波电容，计算电容滤波输出电压、输出电流；（3）选用集成稳压器，计算稳压电路的输出电压、输出电流	
任务实施	根据作业要求制定作业计划与方案	
	根据作业要求制定作业步骤，明确各项操作规程和安全注意事项，进行人员分工等	
	明确任务要求：直流稳压电源电路的制作、调试	
	完成任务内容：（1）检测各个元件及集成芯片；（2）安装元件；（3）电子焊接；（4）调试	
	撰写任务实施报告：任务的实施方案、过程、收获、问题、改进措施等	

4. 任务评价

项目	评价要素	评价标准	自评 0.2	互评 0.3	师评 0.5	权重	小计
知识考核	（1）课前在线测试、在线讨论；（2）课中、课后分析与计算任务	（1）会选用整流二极管，计算整流电路输出电压、输出电流的平均值；（2）会选用滤波电容，计算电容滤波输出电压、输出电流；（3）会选用集成稳压器，计算稳压电路的输出电压、输出电流				0.4	
职业素养	（1）出勤；（2）工作态度；（3）劳动纪律；（4）团队协作精神	（1）遵守企业规章制度、劳动纪律；（2）按时、按质完成工作任务；（3）积极主动承担工作任务，勤学好问；（4）保证人身安全与设备安全；（5）工作岗位7S管理				0.1	
专业能力	（1）检测二极管、三极管及其他元件；（2）安装元件；（3）电子焊接；（4）调试	（1）正确清点、检测及调换元件及集成芯片；（2）元件按要求整形，正确安装元件，焊接点美观、走线合理、布局漂亮，接线正确；（3）调试成功，输出可调直流电压；（4）会用万用表、示波器进行测量；（5）严格遵守电工安全操作规程，工作台上的用具、元件摆放整齐，按规定进行操作，安全文明生产				0.5	
创新能力	（1）独特见解；（2）创新建议	（1）方案的可行性及意义；（2）建议的可行性				附加	

项目	评价要素	评价标准	自评 0.2	互评 0.3	师评 0.5	权重	小计
思政培养	（1）外在表现； （2）内在提升	明晰内因与外因、付出与回报的关系，提高辩证分析思维能力				附加	
合计							

4. 任务实施报告

1. 任务实施报告：任务实施的方案、过程、收获、问题、改进措施等（可另附页）。

2. 任务拓展：

（1）能力提升：与串联稳压电路进行比较，开关稳压电源有何优点？

（2）思政深化：由整流、滤波、稳压电路的引申学习思政案例，回顾你的成长经历有哪些做得不足的地方，思考在今后的学习和工作中如何提升自己。

实际用电时，在大多数场合使用的是交流电，但在某些场合需要使用直流电，如各种电子仪器、通信设备中，电解、电镀时等。直流稳压电源是一种将交流电转换成直流电的电子设备，其输出电压较高且可调，可以满足需要直流电的各种电气设备的要求。

直流稳压电源一般由整流变压器、整流电路、滤波电路和稳压电路组成，其工作原理如图 7-1 所示。

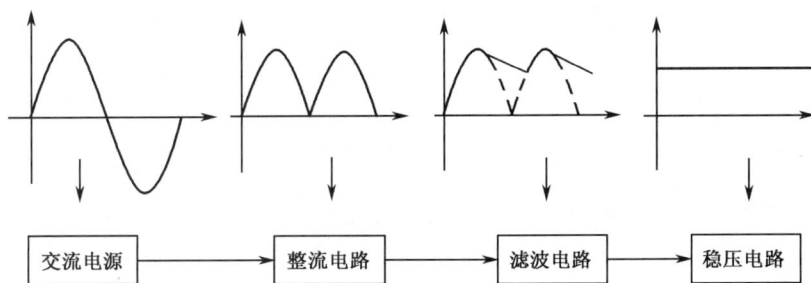

图 7-1　直流稳压电源的工作原理

（1）整流变压器：一般将输入的交流电压值降低。

（2）整流电路：将交流电转换成脉动直流电。

脉动直流电的特点：大小随时间变化，而方向不变，如图 7-2（a）所示。

理想直流电的特点：大小、方向都不随时间的变化而改变，如图 7-2（b）所示。

（3）滤波电路：使脉动直流电的变化幅度更小、波形更平滑。

（4）稳压电路：消除电网电压、负载变化对输出电压的影响，稳定输出电压。

由整流电路转换成的脉动直流电，经过滤波和稳压以后非常接近理想直流电。

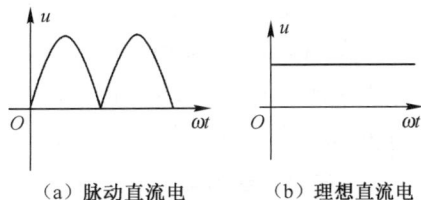

（a）脉动直流电　　（b）理想直流电

图 7-2　脉动直流电与理想直流电的比较

扫一扫看教学课件：整流电路

扫一扫看课程思政：保持心理健康

7.1 整流电路

整流是将交流电转换成脉动直流电的过程，具有单向导电性的二极管可以实现这个过程。本节只介绍单相桥式全波整流电路。

单相桥式全波整流电路原理图如图 7-3（a）所示，其整流部分由 4 只二极管组成，它们并接成电桥形式，故称之为桥式整流电路。T 为整流变压器，R_L 为电阻性负载。

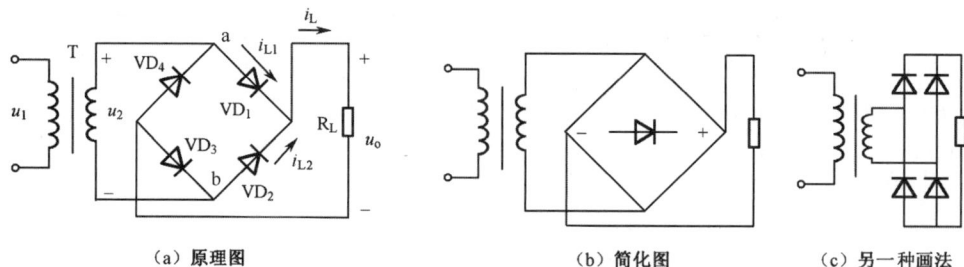

（a）原理图　　　　　　（b）简化图　　　　　　（c）另一种画法

图 7-3　单相桥式全波整流电路

1. 整流原理

设变压器的副边电压为 u_2，波形图如图 7-4（a）所示，整流后的输出电流、电压的波形图如图 7-4（b）、（c）所示。从图中可以看出输出为脉动直流电，其整流原理如下。

在交流电压 u_2 的正半波，a 点电位最高，b 点电位最低。VD_1 的阳极电位最高，VD_3 的阴极电位最低，VD_1、VD_3 正偏导通；VD_2 的阳极电位最低，VD_4 的阴极电位最高，VD_2、VD_4 反偏截止。电流 i_{L1} 的通路为从正极流出经过 a 点→VD_1→R_L→VD_3→b 点，将二极管看成理想二极管，VD_1、VD_3 相当于短路，VD_2、VD_4 相当于开路，这时，在负载 R_L 上得到与 u_2 正半波相同的电压，如图 7-4（c）中的 $0\sim t_1$ 段所示。

在交流电压的负半波，b 点电位高于 a 点电位。VD_4、VD_2 正偏导通，VD_1、VD_3 反偏截止。电流 i_{L2} 的通路为 b 点→VD_2→R_L→VD_4→a 点，在负载 R_L 上得到与 u_2 负半波相同的电压，如图 7-4（c）中的 $t_1\sim t_2$ 段所示。

由此可知，在交流输入电压的正、负半波，都有同一方向的电流流过 R_L，在 4 只二极管中，每 2 只二极管轮流导通，在负载上得到全波脉动的直流电流和直流电压，其波形图如图 7-4（b）、（c）所示，所以这种整流电路被称为全波整流电路。

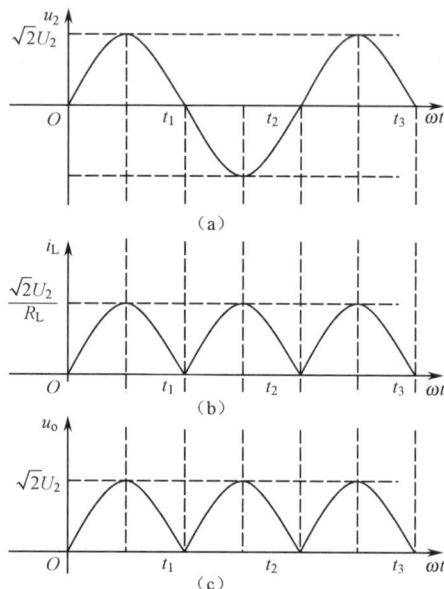

图 7-4　桥式全波整流电路的波形图

2. 主要参数计算

（1）输出电压的平均值：

$$U_o \approx 0.9U_2 \tag{7-1}$$

（2）流过负载的电流平均值：

$$I_L = 0.9 \frac{U_2}{R_L} \qquad (7-2)$$

（3）每只二极管的平均电流：

$$I_V = 0.45 \frac{U_2}{R_L} \qquad (7-3)$$

由于每只二极管在交流电的一个周期内只在半个波形导通并有电流流过，所以其电流为负载电流的一半。

（4）二极管的最高反向工作电压：

$$U_{RM} = \sqrt{2}\, U_2 \qquad (7-4)$$

当 VD_1、VD_3 导通时，将它们看成短路，由波形图 7-4（a）可以看出，VD_2、VD_4 反偏所承受的反向电压为变压器的副边电压 u_2 的负半波，其最大值为 $\sqrt{2}\, U_2$。

二极管的平均电流和二极管的最高反向工作电压是选择二极管的依据。

桥式整流电路的特点是：输出电压的脉动小，每只二极管的通过电流小；每半个周期内变压器的副绕组都有电流流过，变压器的利用效率高。这些优点使桥式整流电路在仪器仪表、通信装置、控制装置等设备中应用很广泛。

【实例 7-1】 桥式整流电路中变压器的副边电压的有效值 $U_2 = 40\ V$，负载电阻 $R_L = 300\ \Omega$。

（1）计算输出电压的平均值 U_o、流过负载 R_L 的电流平均值 I_L。

（2）选择合适的二极管。

解 （1）输出电压的平均值为

$$U_o \approx 0.9 U_2 = 0.9 \times 40 = 36\ (V)$$

流过负载的电流平均值为

$$I_L = 0.9 \frac{U_2}{R_L} = 0.9 \times 40 \div 300 = 120\ (mA)$$

（2）二极管的最高反向工作电压为

$$U_{RM} = \sqrt{2}\, U_2 \approx 1.41 \times 40 = 56.4\ (V)$$

根据以上参数，查晶体管手册，可以选用一只额定正向电流为 100 mA、最高反向工作电压为 100 V 的 2CZ32C 型二极管。

7.2 滤波电路

扫一扫看教
学课件：滤波
电路

扫一扫看课
程思政：干扰
和诱惑

整流电路将交流电转换成脉动直流电，其波形中含有较多的不同频率的交流成分，使波形的变化幅度大，在一些要求不高的场合可以直接使用，但在一些要求较高的场合需要波形更为平滑的直流电，滤波电路可以起到这个作用。

滤波就是保留脉动电压的直流成分，尽可能地滤除它的不同频率的交流成分，使波形更为平滑，这样的电路叫作**滤波电路**。电感和电容可以起到这个作用。电容有阻碍电压变化的作用，其容抗与交流信号的频率成反比；电感有阻碍电流变化的作用，其感抗与交流信号的频率成正比。下面主要分析电容的滤波作用。

单相桥式全波整流电容滤波电路如图 7-5（a）所示。电容与负载并联，对于引起电流波动幅度大的高频交流成分，电容的容抗低、分流作用强；对于变化缓慢的交流成分或直流成分，电容的容抗高、分流作用弱。这样使负载中电流的高频交流成分大大减少，其脉动幅度减弱，波形变得平滑。

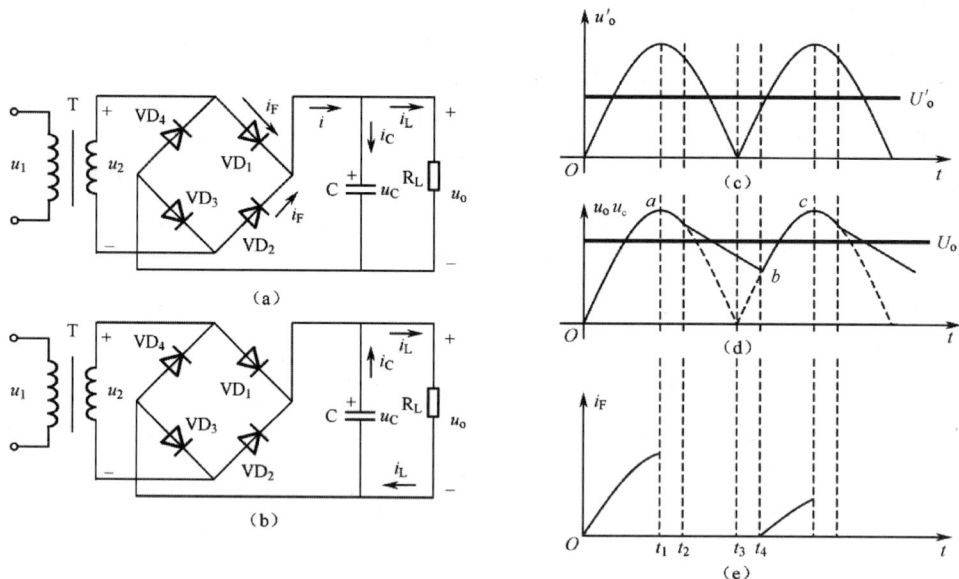

图7-5　单相桥式全波整流电容滤波电路

单相桥式全波整流电容滤波电路的具体波形分析如下。

当不接电容 C 时，交流电经桥式整流后，其输出电压的波形图如图7-5（c）所示。

当接入电容 C 时，在输入电压 u_2 的正半波，VD$_1$、VD$_3$ 在正向电压的作用下导通，VD$_2$、VD$_4$ 反向截止。此时整流电流分为两路：一路经 VD$_1$、VD$_3$ 向负载 R$_L$ 提供电流；另一路给电容 C 充电，u_C 的波形如图7-5（d）中的 Oa 段所示。当电容电压被充至最大值时，交流电压 u_2 按正弦规律迅速下降，而电容电压下降较慢，使 $u_2<u_C$，VD$_1$、VD$_3$ 受反向电压作用而截止。电源不能给负载提供电流，电容 C 向 R$_L$ 放电，如图7-5（b）所示，负载上的电压波形与电容放电波形一致。当电源电压 u_2 进入负半波时，在刚开始的一段时间内，电源电压 u_2 的绝对值低于电容电压，VD$_4$、VD$_2$ 仍不能导通，直到电源电压 u_2 的绝对值高于电容电压时，VD$_4$、VD$_2$ 才导通，电源向负载提供电流且给电容再一次充电，然后重复上一个循环。当电容不断地充、放电时，在负载上得到图7-5（d）所示的波形图。该波形图与整流后的波形图相比，其脉动幅度减小，波形更为平滑；另外，输出电压的平均值也得到了提高。电容的容量越大，放电越慢，输出电压的平均值越高。对于桥式整流滤波电路，输出电压的平均值 U_o 为(0.9～1.4)U_2。一般电容取较大值时，输出电压按下式估算：

$$U_o \approx 1.2U_2$$

> 📢 **提示　电容的选用**
>
> 　　一般滤波电容选用电解电容，使用时，滤波电容的极性不能接反，滤波电容的耐压值应大于它实际工作时所承受电压的最高值。滤波电容的容量一般根据输出电流的大小选择，具体参考表7-1所示的数据。
>
> 表7-1　滤波电容的容量选择
>
> | 输出电流 I_o/A | 0.05 以下 | 0.05～0.1 | 0.1～0.5 | 0.5～1 | 1 | 2 |
> |---|---|---|---|---|---|---|
> | 电解电容的容量 C/μF | 200 | 200～500 | 500 | 1000 | 2000 | 3000 |

【实例 7-2】　在桥式整流电容滤波电路中，若负载电阻 R_L=240 Ω，输出直流电压 U_o=24 V，试计算电源变压器副边电压的有效值 U_2，并选择整流二极管和滤波电容。

　　解　（1）根据 $U_o \approx 1.2U_2$，电源变压器副边电压的有效值为

$$U_2 \approx \frac{24}{1.2} = 20 \text{（V）}$$

（2）二极管的选择。

输出电流的平均值：

$$I_o = \frac{U_o}{R_L} = 24/240 = 0.1 \text{（A）}$$

通过每只二极管的电流平均值：

$$I_v = \frac{I_o}{2} = \frac{0.1}{2} = 50 \text{（mA）}$$

每只二极管的最高反向工作电压：

$$U_{RM} = \sqrt{2}\, U_2 \approx 1.41 \times 20 = 28.2 \text{（V）}$$

查晶体管手册，可选用额定正向电流为 100 mA、最高反向工作电压为 100 V 的二极管 2CZ82C。

（3）滤波电容的选择。

由表 7-1 可知，当 I_o=0.1 A 时，可选用容量为 500 μF 的电解电容。

根据电容的耐压公式可得

$$U_C > \sqrt{2}\, U_2 \approx 1.41 \times 20 \approx 28 \text{（V）}$$

因此，可选用容量为 500 μF、耐压为 50 V 的电解电容。

7.3　稳压电路

扫一扫看教学课件：晶体管串联稳压电路

7.3.1　晶体管串联稳压电路

1. 电路的组成

　　晶体管串联稳压电路如图 7-6 所示，其由基准电路、取样电路、比较放大电路、调节电路 4 个部分组成。各部分电路的作用分析如下。

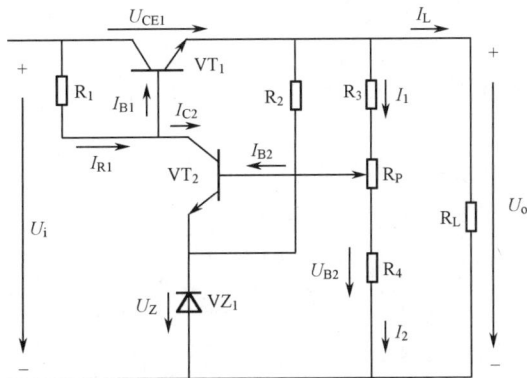

图 7-6　晶体管串联稳压电路

　　1）基准电路

　　基准电路由稳压管 VZ_1 和电阻 R_2 组成。稳压管具有稳压作用，其端电压基本不变，为三极管 VT_2 的发射极提供基准电压。

　　2）取样电路

　　取样电路由电阻 R_3、R_4、R_P 组成，其端电压为负载电压，将负载电压的一部分取出送到 VT_2 的基极。

　　3）比较放大电路

　　比较放大电路由 VT_2 和 R_1 组成。将反映负载电压变化的取样电压与稳压管电压比较后，

将二者电压的差值作为 VT_2 的发射结电压去控制 VT_2 的基极电流、集电极电流，从而进一步控制 VT_1 的基极电位，以供 VT_1 实现电压调节。

4）调节电路

VT_1 是调节元件，工作在放大状态，通过其集射极电压的变化调节负载电压，保持其稳定。

2. 稳压原理

整个电路的稳压过程如下：

$$U_i \uparrow \text{或} R_L \uparrow \rightarrow U_o \uparrow \rightarrow U_{B2} \uparrow \rightarrow U_{BE2} \uparrow \rightarrow I_{B2} \uparrow \rightarrow I_{C2} \uparrow \rightarrow U_{CE2} \downarrow \rightarrow U_{B1} \downarrow \rightarrow U_{BE1} \downarrow$$
$$\rightarrow I_{B1} \downarrow \rightarrow I_{C1} \downarrow \rightarrow U_{CE1} \uparrow \rightarrow U_o \downarrow$$

当输出电压变化时，电路能够通过自身的自动调节维持输出电压的稳定。

> **提示**
>
> （1）三极管 VT_1 和 VT_2 均工作在放大状态，其集电极电流与集射极电压成反比。
>
> （2）VT_2 的放大作用是使输出电压的微小变化得到放大，使电路调节更灵敏。

3. 输出电压的计算

在图 7-6 中，设 R_P 的上部与 R_3 的等效电阻为 R_3'，R_P 的下部与 R_4 的等效电阻为 R_4'，则

$$U_{BE2} = U_{B2} - U_Z = \frac{R_4'}{R_3' + R_4'} U_o - U_Z$$

故

$$U_o = \frac{R_3' + R_4'}{R_4'} (U_{BE2} + U_Z)$$

上式中，U_Z 为稳压管的稳压值，是一个定值，U_{BE2} 基本不变，所以改变 R_P，即改变 R_3'、R_4'，就能改变输出电压 U_o，但 U_o 不能超过 U_i。

7.3.2 三端集成稳压器

随着集成工艺的发展，如上节所学的晶体管串联稳压电路已有集成系列产品，与外部元件简单配合即可方便使用。本节介绍一种应用非常广泛的稳压集成块：三端集成稳压器。图 7-7 所示为三端集成稳压器的封装及引脚排列图。

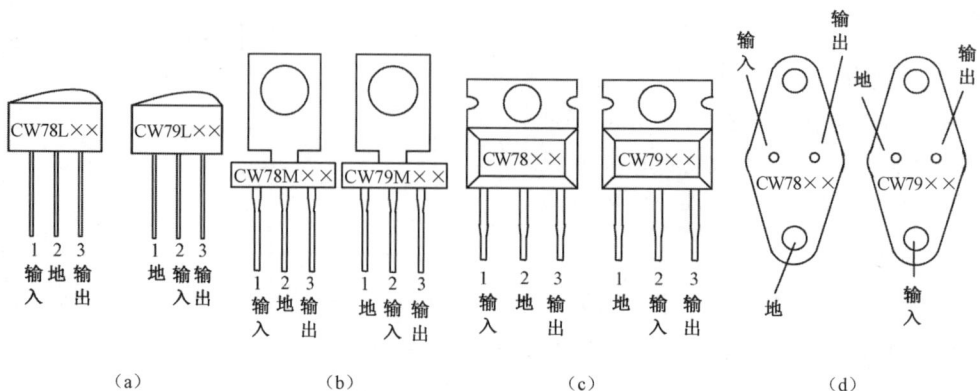

图 7-7　三端集成稳压器的封装及引脚排列图

1. CW78 和 CW79 系列集成稳压器

CW78 和 CW79 系列集成稳压器是使用比较广泛的固定输出集成稳压器，其图形符号如图 7-8 所示。

两种集成稳压器的三端分别是输入端、输出端和公共端，两种集成稳压器的引出端的功能如图 7-8 所示。CW78 系列集成稳压器是输出固定正电压的稳压器，CW79 系列集成稳压器是输出固定负电压的稳压器。其型号 CW78（79）X×× 的含义如下。

C——符合国家标准。

W——稳压器。

78——输出为固定正电压。

79——输出为固定负电压。

X——输出电流：L 表示 0.1 A；M 表示 0.5 A；无字母表示 1.5 A。

××——用数字表示输出电压值。

例如，CW7812 表示稳压输出 12 V 电压，输出 1.5 A 电流的集成稳压器。

图 7-8　CW78 和 CW79 系列集成稳压器的图形符号

2. 集成稳压器的应用

图 7-9 所示为 CW78 和 CW79 系列集成稳压器的基本应用电路。交流电经整流滤波后接入输入端与公共端之间，在输出端与公共端之间输出稳定的直流电压。图 7-9（a）所示为由 CW78 系列集成稳压器组成的输出固定正电压的稳压电路；图 7-9（b）所示为由 CW79 系列集成稳压器组成的输出固定负电压的稳压电路。电容 C_1 用于滤波，以减少输入电压 U_i 中的交流分量，还有抑制输入过电压的作用；电容 C_2 用于削弱高频干扰，同时防止自激振荡。

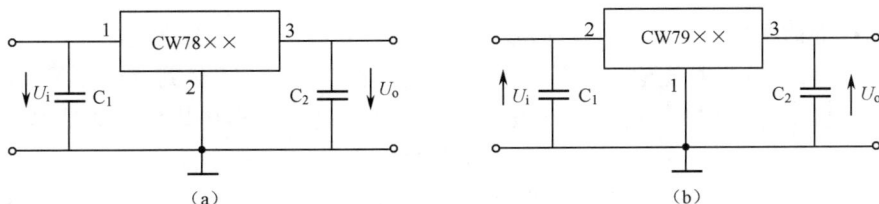

图 7-9　CW78 和 CW79 系列集成稳压器的基本应用电路

图 7-10 所示为提高输出电压的稳压电路。当实际需要的直流电压超过集成稳压器的规定值时，可外接电阻来提高输出电压。CW78 系列集成稳压器的最大输出电压为 24 V，当负载所需电压高于此值时，可采用图 7-10 所示的电路。图中 R_1、R_2 为外接负载，R_1 两端电压为集成稳压器的额定输出电压 $U_{××}$，有

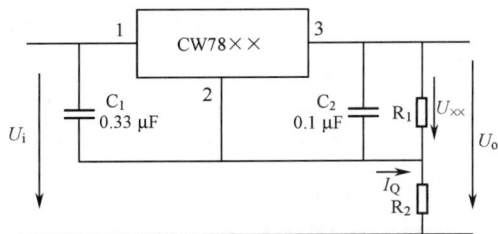

图 7-10　提高输出电压的稳压电路

$$U_o = \frac{U_{××}}{R_1}(R_1 + R_2) = \left(1 + \frac{R_2}{R_1}\right)U_{××} \qquad (7-5)$$

只要合理地选择 R_1 和 R_2，即可得到高于 $U_{××}$ 的输出电压。

知识梳理与总结

1．直流稳压电源包括整流变压器、整流电路、滤波电路和稳压电路。

2．整流是将交流电转换成脉动直流电的过程。利用二极管的单向导电性，可将其组成各种整流电路，实现整流功能。

单相桥式全波整流电路的输出电压的平均值为

$$U_o \approx 0.9 U_2$$

输出电流的平均值：

$$I_L = 0.9 \frac{U_2}{R_L}$$

二极管的平均电流：

$$I_V = 0.45 \frac{U_2}{R_L}$$

二极管的最高反向工作电压：

$$U_{RM} = \sqrt{2} U_2$$

依据二极管的平均电流和二极管的最高反向工作电压可正确选择二极管。

3．滤波电路能减弱整流输出电压的脉动程度，电容、电感可起到滤波作用。电容滤波输出电压的平均值 U_o 为 $(0.9 \sim 1.4)U_2$。一般电容取较大值时，输出电压按下式估算：

$$U_o \approx 1.2 U_2$$

选用滤波电容时，滤波电容的耐压值应大于它实际工作时所承受电压的最高值，滤波电容的容量一般根据输出电流的大小选择。

4．晶体管串联稳压电路利用三极管作为电压调整器件与负载串联，从输出电压中取出一部分电压，经比较放大后去控制调整管，经过调整管的调节使输出电压稳定。它的稳压精度较高，应用较为广泛。

5．三端集成稳压器是一种新型稳压器件，使用时要注意它们的引脚功能，同时要注意电压、电流及耗散功率等参数不能超过极限值。输出固定（正、负）电压的集成稳压器与外部元件连接可输出其标称电压，也可输出高于其标称电压的电压。

自测题7

扫一扫看
自测题7
答案

一、填空题

1．选用二极管时应着重考虑二极管的_____和_____这两个主要参数。

2. 在单相桥式全波整流电路中，若变压器的副边电压为10 V，则二极管的最高反向工作电压不小于____；若负载电流为1 000 mA，则每只二极管的平均电流应大于_____A。

3. 带有放大环节的串联稳压电路主要由_____、_____、_____和_____4个部分组成。

二、选择题

1. 在某一单相桥式全波整流电路中，若有一只二极管被击穿短路，则（   ）。

    A. 输出电压升高　　　B. 不能正常工作　　　C. 输出电压不变　　　D. 仍可照常工作

2. 在某一单相桥式全波整流电路中，若有一只二极管开路，则（   ）。

    A. 输出电压升高　　　B. 输出电压下降　　　C. 输出电压不变　　　D. 仍可照常工作

3. 要获得9 V的稳定电压，集成稳压器的型号应为（   ）。

    A. CW7812　　　B. CW7909　　　C. CW7912　　　D. CW7809

4. 用万用表的电压挡测得一只接在稳压电路中的稳压管 2CW15 两端的电压为 0.7 V，这种情况是（   ）。

    A. 稳压管接反了　　　B. 稳压管击穿了　　　C. 稳压管烧坏了　　　D. 万用表的读数不准

5. 在晶体管串联稳压电路中，调节元件 VT_1 工作在（   ）状态。

    A. 放大　　　　　　B. 开关　　　　　　C. 饱和　　　　　　D. 截止

6. 晶体管串联稳压电路中的输出电压调整器件为（   ）。

    A. 稳压管　　　　　　　　　　　　B. 工作在放大状态的三极管

    C. 工作在开关状态的三极管　　　　D. 工作在截止状态的三极管

三、判断题

1. 整流输出电压加电容滤波后，电压波动小了，输出电压降低了。（   ）

2. 滤波电容的耐压值必须大于或等于变压器的副边电压的峰值。（   ）

3. 在单相桥式整流电路和电容滤波电路中，接入滤波电容后，输出电压的平均值等于变压器副边电压的有效值。

（   ）

4. 除电容可起到滤波作用外，电感也可以起到滤波作用。（   ）

四、简答题

三端集成稳压器的型号含义是什么？

五、计算题

1. 在单相桥式全波整流电路中，变压器副边电压的有效值 U_2=20 V，R_L=1.1 kΩ，计算其输出电压、输出电流的平均值 U_o、I_o 和二极管的最高反向工作电压 U_{RM}。

2. 单相桥式整流电路和电容滤波电路如图 7-11 所示，已知变压器副边电压的有效值 U_2=10 V，电源频率为 50 Hz，负载电阻 R_L=1 kΩ，电容 C=100 μF。

（1）估算输出电压的平均值 U_o。

（2）如果测得 U_o 约为 9 V 或 4.5 V，试判断电路中分别出现了什么故障。

3. 提高输出电压的稳压电路如图 7-12 所示。

（1）分析其工作原理。

（2）若 R_1=3 kΩ，R_2=5.1 kΩ，计算输出电压 U_o。

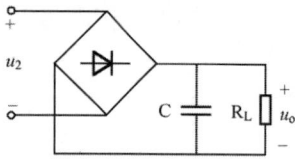

图 7-11

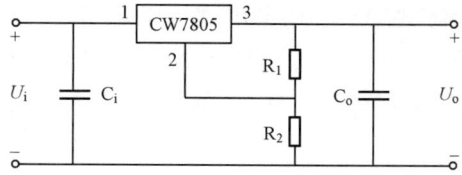

图 7-12

4．提高输出电压的稳压电路如图 7-13 所示。

（1）分析其工作原理。

（2）若稳压管 VZ 的稳压值 $U_Z=3$ V，计算输出电压 U_o。

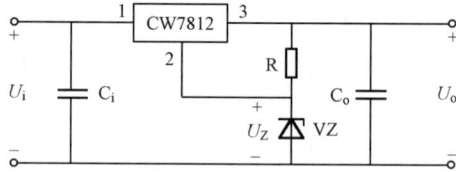

图 7-13

5．提高输出电压的稳压电路如图 7-14 所示。若 $R_1=R_2=2.2$ kΩ，$R_P=5.1$ kΩ，计算输出电压 U_o 的取值范围。

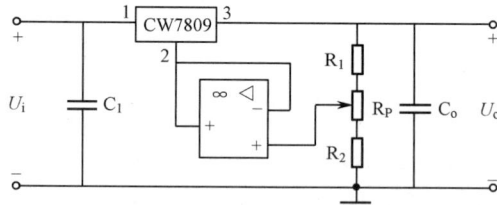

图 7-14

项目 8

组合逻辑电路的制作、调试与分析

知识 重点	1. 与门、非门、或门、与非门的逻辑关系；2. 逻辑代数的基本公式；3. 组合逻辑电路的分析与设计方法；4. 编码器、译码器的逻辑功能
知识 难点	1. 逻辑函数的简化；2. 组合逻辑电路的设计；3. 编码器、译码器的应用
教学 设计	本项目主要围绕组合逻辑电路的制作、调试与分析开展教学活动，以病房呼叫器的制作任务为载体，以工作过程为导向，以教学目标为引领，充分利用信息化教学手段，采用"教、学、做、评"一体化模式，突出对学生实践能力和创新能力的培养。整个教学过程依托教学平台、仿真设计软件等信息化技术手段，将实际应用项目转换为典型教学项目，创造一个同时具备工程体验功能、教学实施功能、学习效果评测功能和实时互动交流功能的多功能信息化教学环境，力求做到"学做合一"，实现"做中教、做中学"，调动学生的积极性和主动性，促进学生自主学习和主动学习，实现建构性学习
推荐 教学 方式	1. 采用翻转课堂模式，充分利用教学资源库和网络课程学习平台里的教学资源，开展"课前导预习、课上导学习、课后导拓展"的教学活动。 　　2. 依托网络课程学习平台有效地整合本书提供的视频、图文、动画、仿真等教学资源，为学生创设虚实结合、情景交融的学习环境，为课堂的顺利进行提供保障。 　　3. 充分利用本书提供的视频、图文、动画、仿真等教学资源，把难点知识变得直观易懂。 　　4. 通过仿真与实操相结合的方式，使学习场景更贴近实际工作场景，为学生进入工作岗位打好坚实基础
推荐 学习 方式	1. 课前充分利用本书提供的视频、图文、动画、仿真等教学资源自主学习，并将学习疑难问题记录在活页笔记上。 　　2. 课中依靠学习小组的协作性进行知识与能力的学习与训练，在老师的指导下内化知识、培养技能、提升素质，在执行任务过程中，分析任务、研究任务、制定方案，在方案实施过程中研究问题、解决问题，学习与训练系统性地完成任务的方法与能力。 　　3. 课后主动拓展，提升应用实践能力

任务 15　病房呼叫器的制作

1. 任务目标

任务载体	病房呼叫器的制作		学　时	4	任务成绩	
学生姓名			日　期		班　级	
实训场所					组　号	
相关器材	优先编码器（74LS147），显示译码器（CT74LS247），反相器（T1004），$R_0 \sim R_9$（400 Ω），$R_{10} \sim R_{16}$（400 Ω），按钮，显示器，数码管（546R），万能电路板，连接导线，直流电源（5 V）					
知识目标	1. 理解基本逻辑门的功能、逻辑符号、函数表达式、真值表；2. 掌握集成门的型号意义、使用方法；3. 理解数制、码制及其相互转换方法、逻辑代数公式；4. 理解各种编码器、译码器的功能					
能力目标	1. 会进行数制转换、逻辑函数简化；2. 会分析与设计组合逻辑电路；3. 会识别集成逻辑门，会识别引脚，会焊接、组装集成数字逻辑电路；4. 会调试电路					
职业素养	训练学生以目标为导向解决问题的能力					
立德树人	传承红色记忆，永葆红色品质，培养学生奋发图强、为国争光的精神					

2. 任务准备（课前）

学习背景知识：

（1）扫一扫下面二维码学习基本逻辑门电路、数制与码制、逻辑代数的化简、组合逻辑电路分析与设计、编码器、译码器等知识，同时培养学生艰苦朴素、奋发图强、为国争光的精神。

扫一扫看微课视频：基本逻辑门电路

扫一扫看微课视频：数制与码制

扫一扫看微课视频：逻辑函数的化简

扫一扫看微课视频：组合逻辑电路的分析

扫一扫看微课视频：组合逻辑电路的设计

扫一扫看微课视频：编码器

扫一扫看微课视频：译码器

（2）扫一扫下面二维码完成参考题。

扫一扫看基本逻辑关系和逻辑门电路参考题

扫一扫看基本逻辑关系和逻辑门电路参考题答案

扫一扫看编码器与译码器参考题

扫一扫看编码器与译码器参考题答案

扫一扫看数制及码制参考题

扫一扫看数制及码制参考题答案

扫一扫看组合逻辑电路的分析与设计参考题

扫一扫看组合逻辑电路的分析与设计参考题答案

（3）扫一扫下面二维码看任务操作指导。

扫一扫看任务操作指导：病房呼叫器的制作

3. 计划与实施（课中、课后）

知识内化	（1）进行数制转换、逻辑函数简化；（2）分析与设计组合逻辑电路

任务实施	根据作业要求制定作业计划与方案
	根据作业要求制定作业步骤，明确各项操作规程和安全注意事项，进行人员分工等
	明确任务要求：病房呼叫器电路的制作、调试
	完成任务内容：（1）检测各个元件；（2）安装元件；（3）电子焊接；（4）调试
	撰写任务实施报告：任务的实施方案、过程、收获、问题、改进措施等

4. 任务评价

项目	评价要素	评价标准	自评 0.2	互评 0.3	师评 0.5	权重	小计
知识考核	（1）课前在线测试、在线讨论；（2）课中、课后分析与计算	（1）会进行数制转换、逻辑函数简化；（2）能分析与设计组合逻辑电路				0.4	
职业素养	（1）出勤；（2）工作态度；（3）劳动纪律；（4）团队协作精神	（1）遵守企业规章制度、劳动纪律；（2）按时、按质完成工作任务；（3）积极主动承担工作任务，勤学好问；（4）保证人身安全与设备安全；（5）工作岗位 7S 管理				0.1	
专业能力	（1）检测各个元件；（2）安装元件；（3）电子焊接；（4）调试	（1）正确清点、检测及调换元件；（2）正确安装元件，焊接点美观、走线合理、布局漂亮，接线正确；（3）调试成功，实现呼叫功能；（4）严格遵守电工安全操作规程，工作台用具、元件摆放整齐，按规定进行操作，安全文明生产				0.5	
创新能力	（1）独特见解；（2）创新建议	（1）方案的可行性及意义；（2）建议的可行性				附加	
思政培养	（1）外在表现；（2）内在提升	培养实事求是、严肃认真、客观公正的良好品质				附加	
合计							

5. 课后拓展提高

1. 任务实施报告：任务实施的方案、过程、收获、问题、改进措施等（可另附页）。

2. 任务拓展：

（1）能力提升：思考如何用译码器进行函数运算？

（2）思政深化：由门电路、编码器引申思考，我们今天的幸福生活来之不易，应该如何珍惜并继承老一辈革命家的精神与品质，来做好新时代的社会主义国家建设。

电子电路分为两大类：模拟电子电路和数字电子电路。我们在前面几个项目中着重学习了有关模拟电子电路方面的内容，从本项目开始讨论数字电子电路。

数字电子电路具有抗干扰能力强、工作可靠性高、精度高、数字信息便于长期保存和便于读数等优点，特别是，数字电子电路更易于实现集成化，使数字集成电路在数字电子计算机、数字通信、数控技术、数字仪表等众多技术领域得到了广泛应用。

8.1 基本逻辑关系和基本逻辑门电路

模拟电子电路与数字电子电路的主要构成元件都是三极管，但是三极管的工作状态不同，处理的电信号也不同，如表 8-1 所示。

扫一扫看教学课件：基本逻辑门

扫一扫看课程思政：顽强品格的塑造

表 8-1　模拟电子电路和数字电子电路中三极管的处理信号、功能和工作状态

	模拟电子电路	数字电子电路
处理信号	模拟信号：随时间连续变化的信号，如正弦波信号	数字信号：随时间不连续变化的信号
功能	主要为放大作用：输入小信号，输出放大的信号，但变化方式不变	对输入信号之间的关系进行判断，符合条件时输出一个信号，不符合条件时输出另一个相反信号
工作状态	主要为放大状态	开关状态：饱和时集射极的开关闭合，截止时集射极的开关断开

提示　数字信号与数字电子电路

（1）数字信号只有两种输出状态：高电平、低电平，通常用"1"和"0"来表示，这种表示方式被称为正逻辑。若用"0"表示高电平，"1"表示低电平，则称之为负逻辑。一般采用正逻辑。

（2）"1"和"0"只表示两种相反的状态，并没有实际的数值意义。

（3）由于数字电子电路的输入、输出信号均只有两种状态，因此数字电子电路采用二进制计数方式。

数字电子电路的功能是判断其输入信号是否符合条件，然后在输出端用高、低电平显示出来，数字电子电路的输入信号与输出信号之间的关系为"条件"与"结果"之间的关系，这在哲学意义上就是逻辑，所以数字电子电路又称**逻辑门电路**。根据数字电子电路的实际功能不同，数字电子电路可以分为很多种，但基本上都是由一些基本逻辑门电路组合而成的。

8.1.1 与门电路、或门电路、非门电路

基本逻辑门电路如表 8-2 所示。

表 8-2 基本逻辑门电路

	与门电路			或门电路			非门电路	
逻辑功能	当所有输入全为高电平时，输出才为高电平；输入中只要有一个为低电平，输出就为低电平			输入中只要有一个为高电平，输出就为高电平；只有输入全为低电平时，输出才为低电平			输出总与输入相反	
逻辑函数	$Y=A\cdot B$			$Y=A+B$			$Y=\overline{A}$	
电路逻辑符号								
真值表	A	B	Y	A	B	Y	A	Y
	0	0	0	0	0	0	0	1
	0	1	0	0	1	1		
	1	0	0	1	0	1	1	0
	1	1	1	1	1	1		

提示 真值表与逻辑函数

（1）真值表是所有输入信号的取值状态与输出状态的对应关系表。

（2）"与"逻辑函数为 $Y=A\cdot B$，读作 A "与" B，其逻辑运算方法基本与代数乘法相同，但 $Y=A\cdot A=A$，而不是 A^2；"或"逻辑函数为 $Y=A+B$，读作 A "或" B，其逻辑运算方法基本与代数加法相同，但 $Y=A+A=A$，而不是 $2A$。

8.1.2 与非门电路、或非门电路、与或非门电路

以上讨论了与、或、非 3 种最基本的逻辑关系及其对应的门电路。另外，我们还经常使用 3 种复合门电路：与非门电路、或非门电路、与或非门电路，如表 8-3 所示。

表 8-3 与非门电路、或非门电路、与或非门电路

	与非门电路	或非门电路	与或非门电路
电路逻辑符号			
逻辑函数	$Y=\overline{A\cdot B}$	$Y=\overline{A+B}$	$Y=\overline{A\cdot B+C\cdot D}$

思考题

上面所学的几种基本逻辑门电路的逻辑功能也可用下面的说法描述，它们分别对应哪种逻辑门电路？

（1）全 1 出 1，有 0 出 0。

（2）全 0 出 0，有 1 出 1。

（3）全 1 出 0，有 0 出 1。

（4）全 0 出 1，有 1 出 0。

8.2　集成门电路

上节所学的基本逻辑关系既可用分立元件实现，又可用集成电路实现。由于现在集成电路的应用已十分普遍，因此我们只学习集成电路。

常用小规模集成电路有 CMOS 集成门（由 MOS 管或单极型三极管组成）电路和 TTL 集成与非门（由晶体管或双极型三极管组成）电路。

MOS 门电路由绝缘栅场效应管作为基本元件组成，MOS 管分为 PMOS 管和 NMOS 管两类。CMOS 集成门电路是由 PMOS 管和 NMOS 管组成的互补对称型逻辑门电路。它具有集成度更高、功耗更低、抗干扰能力更强、扇出系数更大等优点，从而在中大规模集成电路中得到广泛应用。

8.2.1　CMOS 集成门电路的功能和特点

常见的 CMOS 集成门电路有 CMOS 非门电路、CMOS 与非门电路和 CMOS 或非门电路，它们的逻辑功能与 TTL 集成门电路的相同，因此，其逻辑符号也相同。

目前，国产 CMOS 数字集成电路的主要系列有 CC4000 系列和高速 CMOS（HCMOS）系列。CC4000 系列的工作电压为 3～18 V，能和 TTL 数字集成电路共用电源，并且连接比较方便，是当前普遍使用的一种 CMOS 数字集成电路。高速 CMOS 系列的突出优点是平均传输延迟时间 t_{pd} 较小，约为普通 CMOS 门电路的 1/10，是一种具有发展前途的新型器件。

CMOS 集成门电路的结构特殊，在使用 CMOS 集成门电路时应该注意以下几点。

（1）CC4000 系列需要的电源电压可在 3～15 V 选择，但是不能超过极限值 18 V。

（2）电源电压的极性不能接反，否则将损坏 CMOS 集成门电路。

（3）多余不用的输入端不可悬空，正确的处理方法是：与门和与非门的多余输入端接电源正极；或门和或非门的多余输入端直接接地。但是，多余的输入端最好不要并联，以免增加输入端的电容，降低工作速度。

（4）当同一数字系统中既有 CMOS 集成门电路，又有 TTL 集成门电路时，应注意这两种不同类型电路之间逻辑电平的配合问题。

8.2.2　CMOS 传输门和模拟开关

CMOS 传输门是一种控制信号通过的电子开关，对要传送的信号电平具有允许通过和禁止通过的功能，其逻辑符号如图 8-1 所示。

当控制信号 $C=0$（$\bar{C}=1$）时，传输门关闭，相当于开关断开；当控制信号 $C=1$（$\bar{C}=0$）时，传输门开通，相当于开关闭合。因为 $U_o=U_i$，这种传输是双向的，所以 CMOS 传输门又称双向开关。

如果将 CMOS 传输门和反相器按图 8-2 所示的电路相连，就构成了一个双向模拟开关。显然，当 $C=1$ 时，传输门开通，开关闭合，$U_o=U_i$；当 $C=0$ 时，传输门关闭，开关断开，输出与输入之间关断，输入信号不能传送到输出端。

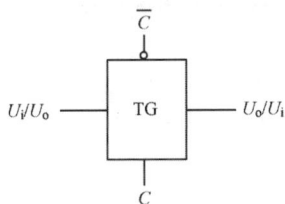

图 8-1　CMOS 传输门的逻辑符号

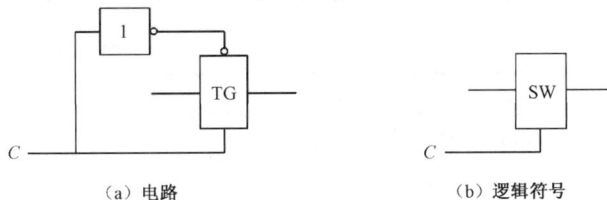

（a）电路　　　　　　（b）逻辑符号

图 8-2　CMOS 模拟开关

拓展知识　TTL 集成与非门电路

1. 结构组成

图 8-3 所示为 TTL 集成与非门的典型电路,其由输入级、中间级和输出级 3 个部分组成。

（1）输入级以多发射极晶体管 VT_1（多发射极晶体管的等效电路如图 8-4 所示）为主,它和电阻 R_1 一起组成输入级,实现"与"逻辑功能,每一个发射结都相当于一只二极管。

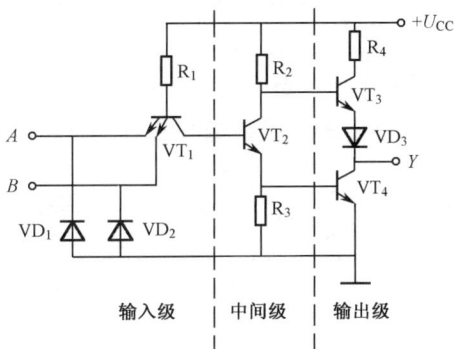

图 8-3　TTL 集成与非门的典型电路

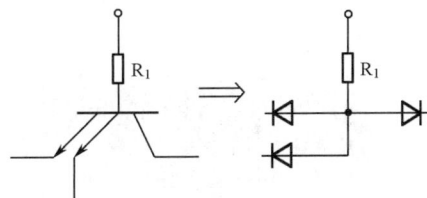

图 8-4　多发射极晶体管的等效电路

（2）中间级以普通晶体管 VT_2 为主,它和电阻 R_2、R_3 一起组成中间级,实现"倒相"功能,即从它的集电极和发射极分别输出两个信号,驱动输出级的 VT_3 和 VT_4 工作。

（3）输出级以 VT_3 和 VT_4 为主,它们和 VD_3、R_4 一起组成输出级,当 VT_3 饱和导通时,VT_4 截止;反之,当 VT_3 截止时,VT_4 饱和导通。

通常,TTL 集成门的高电平为 3.6 V 左右,低电平为 0.3 V 左右。其输入端接二极管 VD_1 和 VD_2 的作用是限制输入端出现负极性干扰脉冲,保护多发射极晶体管。

2. 逻辑功能分析

当输入端 A、B 全为"1"（接近电源电压 U_{CC}）时,VT_1 的几个发射结都截止,集电结导通,使 VT_2 饱和导通,VT_2 的集射极间饱和压降很小,使 VT_3 处于截止状态。另外,VT_2 饱和导通的发射极电流足以使 VT_4 饱和导通,输出端 Y 的输出电平近似为 0.3 V 的低电平。当输入端 A、B 中有"0"时,VT_1 的发射结至少有一个导通,VT_1 的基极电位为 0.7 V,该电位使 VT_1 的集电结、VT_2 均截止,VT_4 也截止,VT_3 饱和导通,输出端 Y 的输出电平近似为 3.6 V 的高电平。

由此可知,该电路实现了"与非"逻辑功能。

3. 主要参数

TTL 集成与非门的主要参数如表 8-4 所示,其反映了电路的工作速度、抗干扰能力和驱动能力等。所以,了解这些参数的含义对合理安全地应用器件是很重要的。

表 8-4　TTL 集成与非门的主要参数

参数名称	符号	典型值	参数含义
输出高电平	U_{OH}	≥3.2 V	输入端有"0"时，在输出端得到的输出电平
输出低电平	U_{OL}	≤0.35 V	输入端全为"1"时，在输出端得到的输出电平
开门电平	U_{ON}	≤1.8 V	在额定负载条件下，输出为"0"（VT_4 饱和导通，即开门）所需的最小输入高电平值
关门电平	U_{OFF}	≥0.8 V	在额定负载条件下，输出为"1"（VT_4 截止，即关门）所需的最大输入低电平值
扇出系数	N_O	≥8	正常工作时能驱动的同类门的数目，又称负载能力
平均延迟时间	t_{pd}	≤40 ns	$$t_{pd} = \frac{t_{PHL} + t_{PLH}}{2}$$ t_{PHL} 表示输出电压由"0"跳变到"1"时的传输延迟时间；t_{PLH} 表示输出电压由"1"跳变到"0"时的传输延迟时间，反映了电路的工作速度

　　TTL 集成与非门具有广泛的用途，利用它可以组成具有很多不同逻辑功能的门电路，其外形图和引脚图如图 8-5 所示。例如，TTL 异或门就是在 TTL 与非门的基础上适当改动和组合而成的。此外，后面讨论的编码器、译码器、触发器、计数器等逻辑电路也都可以由它来组成。

（a）外形图

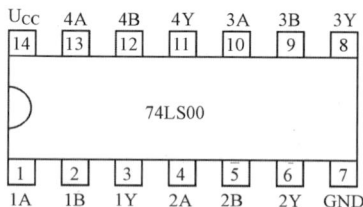

（b）引脚图

图 8-5　TTL 集成与非门

🔊**提示　TTL 集成与非门的输入端**

　　TTL 集成与非门可能有多个输入端，使用时可按照实际需要选用。例如，在使用过程中，如果 TTL 集成与非门有多余的输入端，一般不应悬空，因为这样容易从该输入端引入干扰信号，这时可以采用两种方法：一是将多余的输入端与电源正极（+5 V）连接，如图 8-6（a）所示；二是将多余的输入端与已被使用的一个输入端并联，如图 8-6（b）所示。

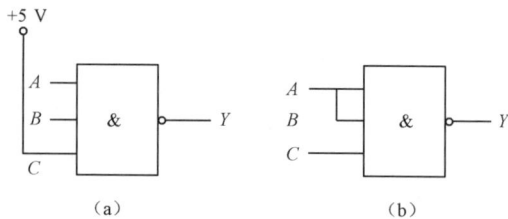

图 8-6　避免引入干扰信号

8.2.3　其他逻辑门电路

1. 三态输出与非门

　　三态输出与非门可以输出 3 种状态：高电平"1"、低电平"0"、高阻状态。其逻辑符

号如图 8-7 所示。图中 EN 为控制端，A、B 为输入端，当 EN 有效时，三态输出与非门相当于与非门，输出高、低电平；当 EN 无效时，门电路输出级的晶体管 VT_3、VT_4 全部截止，输出端被悬空，相当于输出端与电源、地之间都是断开的，输出端呈高阻状态。

三态输出与非门常采用总线结构。总线结构是在同一条线上分时段传递多个逻辑门的输出信号，从而减少连线数量，如图 8-8 所示，每次只有一个三态输出与非门的控制端为高电平，其输出信号通过总线传送，其余三态输出与非门的控制端为低电平，呈高阻状态，相当于与总线脱开，从而避免各个门之间相互干扰。

2. 异或门

异或门的逻辑功能为，当两个输入信号相异时输出高电平；当两输入信号相同时输出低电平，其逻辑符号如图 8-9 所示。其逻辑函数为 $Y = A\overline{B} + \overline{A}B = A \oplus B$。

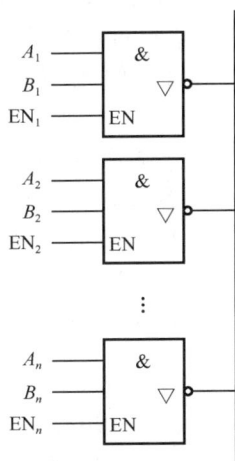

（a）控制端高电平有效　　　（b）控制端低电平有效

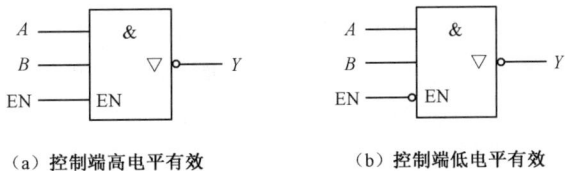

图 8-7　三态输出与非门的逻辑符号

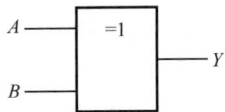

图 8-8　总线结构　　　　图 8-9　异或门逻辑符号

8.3　逻辑代数

8.3.1　数制和码制

1. 数制及其相互转换

扫一扫看教学课件：数制与码制　　扫一扫看课程思政："阴和阳"

数制是进位计数的方法。在人们的日常生活中，有多种进制的计数方法，如平时计数使用最多的十进制，时钟计时用到的十二进制（或二十四进制）和六十进制，在计算机电路中使用的二进制等。那么各种进制有什么特点，同一个数又如何用不同的进制来表示呢？

1）十进制

（1）十进制数有 0、1、2、3、4、5、6、7、8、9 共 10 个数字，十进制数用它们中的若干个来表示，通常将计数数码的个数称为基数，十进制数的基数为 10。例如，十进制数 369 用了一个 3、一个 6 和一个 9 来表示，为了与其他进制的数区分开，常记为 $(369)_{10}$ 或 $(369)_D$。

（2）处于不同位置的同一个数字代表的数大小不同，称之为该位的权，十进制数的权是以 10 为底的幂，幂的大小由所在的位数决定。例如，十进制数 369 中个位（第 0 位）上的 9 表示 $9 \times 10^0 = 9$，10^0 为该位的权；百位（第 2 位）上的 3 表示 $3 \times 10^2 = 300$，10^2 为该位的权；同

样十位（第 1 位）上的 6 表示 $6×10^1=60$，10^1 为该位的权。

（3）按"逢十进一"的规律计数，即低位计数到 9 时再加 1 就满 10 了，这时应向高位进 1。例如，个位计数满 10 后应向十位进 1，同时本位归 0。

十进制数可以有许多位，其意义和计数方法同上。

2）二进制

由于人们长期以来养成的习惯，用十进制计数给我们的生活带来了方便，但在数字电子电路中要表示十进制数却十分烦琐。为了方便，在数字电子电路中常用二进制来计数或用二进制编码来表示电路的工作状态。

（1）任意一个二进制数都可用 0 和 1 两个数字来表示，所以计数的基数为 2。例如，二进制数 1000110 用了 3 个 1 和 4 个 0 共 7 位来表示，常记为 $(1000110)_2$ 或 $(1000110)_B$。

（2）同样，二进制数的权也是根据数字所处的位置不同而不同的，二进制数的权是以 2 为底的幂，幂的大小也由所在的位数决定。例如，二进制数 1000110 中的第 1 位（从右至左，注意不是第 0 位）上的 1 表示 $1×2^1=2$，第 2 位上的 1 表示 $1×2^2=4$，而第 6 位（最高位）的 1 表示 $1×2^6=64$，此外，含 0 的各位乘以它相应的幂后均为 0。

（3）按"逢二进一"的规律计数，即低位计数到 1 时再加 1 就满 2 了，这时应向高位进 1，同时本位归 0。

与十进制数一样，二进制数也可以有许多位，那么如何用二进制数来表示一个十进制数，或者如何用十进制数来表示一个二进制数呢？

3）两种数制之间的相互转换

（1）二进制数转换成十进制数：采用乘权相加法，即将二进制数按权展开，然后使各项相加，其结果就是对应的十进制数。例如，$(1000110)_2=1×2^6+1×2^2+1×2^1=(70)_{10}$。

（2）十进制数转换成二进制数：采用除 2 取余倒排法，即将十进制数除以 2 取余数，并倒着排列。具体方法就是，不断地用 2 去除某个十进制数，并依次记下余数，直到商为 0，将每次整除得到的余数进行倒排列，即最先得到的余数为最低位，最后得到的余数为最高位，这样就得到了与该十进制数等值的二进制数。例如，将 $(396)_{10}$ 转换成二进制数的过程如下：

```
2 | 396 ------------ 余0   （最低位）
2 | 198 ------------ 余0
2 |  99 ------------ 余1
2 |  49 ------------ 余1
2 |  24 ------------ 余0
2 |  12 ------------ 余0
2 |   6 ------------ 余0
2 |   3 ------------ 余1
2 |   1 ------------ 余1   （最高位）
        0
```

所以，$(396)_{10}=(110001100)_2$。

2. 码制

在数字电子计算机等数字系统中，各种数据都要转换成二进制代码才能进行处理，人们在日常生活中习惯使用十进制数，因此就产生了用 4 位二进制代码来表示一位十进制数的方

法，这样得到的 4 位二进制代码被称为二-十进制代码，简称 BCD 码。

1）自然二进制代码

自然二进制代码就是用一定位的二进制数来表示十进制数，表 8-5 所示为 20 以内的十进制数与二进制数之间的关系。

表 8-5　20 以内的十进制数与二进制数之间的关系

十进制数	二进制数	十进制数	二进制数	十进制数	二进制数	十进制数	二进制数	十进制数	二进制数
0	0	4	100	8	1000	12	1100	16	10000
1	1	5	101	9	1001	13	1101	17	10001
2	10	6	110	10	1010	14	1110	18	10010
3	11	7	111	11	1011	15	1111	19	10011

从表 8-5 中可以看出，根据十进制数的大小不同，我们可以用不同位数的二进制数来表示十进制数。十进制数越大，所需的二进制数的位数就越多。二进制数的位数决定了能表示出的二进制代码的个数，如 3 位二进制数最多可表示 $2^3=8$ 个二进制代码（或目标、对象）。

2）8421 BCD 码

由于 0～9 这 10 个十进制数至少需要 4 位二进制数来表示，所以在表示一个十进制数时，每一位十进制数用 4 位二进制数来表示，这种表示方法被称为 8421 BCD 码。8421 BCD 码及其代表的十进制数如表 8-6 所示。

表 8-6　8421 BCD 码及其代表的十进制数

十进制数	8421 BCD 码	十进制数	8421 BCD 码
0	0000	5	0101
1	0001	6	0110
2	0010	7	0111
3	0011	8	1000
4	0100	9	1001

例如，十进制数 396 用 8421 BCD 码表示出来就是 0011 1001 0110，即

$$(396)_{10} = (0011\ 1001\ 0110)_{8421\ BCD}$$

这与前面所述的十进制数 396 转换成的二进制数不同，更便于数字系统处理，因此使用范围较广。

8.3.2　逻辑代数和逻辑函数的简化

扫一扫看教学课件：逻辑函数化简

扫一扫看课程思政：朴素简约

1. 逻辑代数

逻辑代数是研究逻辑电路的数学工具。它与普通代数类似，只不过逻辑代数的变量只有两种取值："0"和"1"。这里的"0"和"1"仅代表两种相反的逻辑状态，并没有数量大小的含义，因此逻辑代数的运算规律也与普通代数的有差别。

逻辑代数的基本公式和基本定律如表 8-7 所示。

表 8-7　逻辑代数的基本公式和基本定律

公式和定律		"或"运算	"与"运算
基本公式		$A+0=A$	$A\cdot 0=0$
		$A+1=1$	$A\cdot 1=A$
		$A+A=A$（重叠律）	$A\cdot A=A$（重叠律）
		$A+\bar{A}=1$（互补律）	$A\cdot \bar{A}=0$（互补律）
		$\bar{\bar{A}}=A$（非非律）	
基本定律	交换律	$A+B=B+A$	$A\cdot B=B\cdot A$
	结合律	$A+B+C=(A+B)+C$ $=A+(B+C)$	$A\cdot B\cdot C=(A\cdot B)\cdot C$ $=A\cdot(B\cdot C)$
	分配律	$A+BC=(A+B)(A+C)$	$A\cdot(B+C)=A\cdot B+A\cdot C$
	反演律（摩根定律）	$\overline{A+B}=\bar{A}\cdot\bar{B}$	$\overline{A\cdot B}=\bar{A}+\bar{B}$
	吸收律	$A+A\cdot B=A$ $A+\bar{A}B=A+B$	
	冗余律	$AB+\bar{A}C+BC=AB+\bar{A}C$	

利用以上所列的基本公式和基本定律，可以将逻辑函数简化，从而使逻辑电路中门电路的个数减少，降低成本，提高电路的工作可靠性。

2. 逻辑函数的简化

逻辑函数的简化，就是要得到某个逻辑函数的最简"与-或"表达式，即符合"**乘积项的项数最少，每个乘积项中包含的变量个数最少**"这两个条件。

逻辑函数的简化是分析和设计数字电子电路时不可缺少的步骤，常用的简化方法有公式简化法（代数法）和卡诺图简化法，本书只介绍公式简化法。

公式简化法是利用基本公式和基本定律简化逻辑函数的方法。利用公式简化法时，常采用以下几种方法。

（1）并项法。利用$A+\bar{A}=1$，将两项合并为一项，并消去一个变量，例如：
$$Y=ABC+AB\bar{C}+A\bar{B}=AB(C+\bar{C})+A\bar{B}=AB+A\bar{B}=A(B+\bar{B})=A$$

（2）吸收法。利用$A+AB=A$消去多余项，例如：
$$Y=\bar{A}B+\bar{A}BCD=\bar{A}B$$

（3）消去法。利用$A+\bar{A}B=A+B$消去多余的因子，例如：
$$Y=AB+\bar{A}C+\bar{B}C=AB+(\bar{A}+\bar{B})C=AB+\overline{AB}C=AB+C$$

（4）配项法。利用$A+\bar{A}=1$可在逻辑函数的某一项中乘以$(A+\bar{A})$，展开后消去更多的项；也可利用公式$A+A=A$，在逻辑函数中加上多余的项，以便获得更简化的逻辑函数。

简化逻辑函数时，往往综合应用上述方法。

【实例 8-1】简化逻辑函数$Y=A\bar{B}C+A\overline{BC}$。

解　把上式中的$\bar{B}C$作为一个逻辑变量处理，并取$Z=\bar{B}C$，则上式可改写为

$$Y = AZ + A\overline{Z} = A$$

这个实例表明可以将任一逻辑项当作一个逻辑变量处理，并且用相应的公式进行简化。

【实例8-2】简化逻辑函数 $Y = \overline{AB} + \overline{A}\,\overline{B}C$ 。

解 $Y = \overline{AB} + \overline{A}\,\overline{B}C = \overline{A} + \overline{B} + \overline{A}\,\overline{B}C = \overline{A}(1 + \overline{B}C) + \overline{B} = \overline{A} + \overline{B}$

【实例8-3】简化逻辑函数 $Y = ABC + A\overline{B}\,\overline{\overline{A}\,\overline{C}}$ 。

解 $Y = ABC + A\overline{B}\,\overline{\overline{A}\,\overline{C}}$

$= ABC + A\overline{B}(\overline{\overline{A}} + \overline{\overline{C}})$

$= ABC + A\overline{B}(A + C)$

$= ABC + A\overline{B} + A\overline{B}C$

$= AC(B + \overline{B}) + A\overline{B}$

$= AC + A\overline{B}$

思考题

以下两式也可作为公式使用，你能用所学的基本公式证明吗？

（1） $ABC + \overline{A} + \overline{B} + \overline{C} = 1$ ；

（2） $AB + \overline{A}C + \overline{B}C = AB + C$ 。

8.4 组合逻辑电路的分析和设计

扫一扫看教学
课件：组合逻
辑电路的分析

扫一扫看教学
课件：组合逻
辑电路的设计

组合逻辑电路包含两个方面的问题：一是组
合逻辑电路的分析，二是组合逻辑电路的设计。

扫一扫看课程
思政：华为海思
的迎难而上

1. 组合逻辑电路的分析

这类问题是给出逻辑电路图，分析该电路图实现的逻辑功能。通过实例进行分析，其步骤如下。

$$\boxed{\text{逻辑电路图}} \rightarrow \boxed{\text{列逻辑表达式并简化}} \rightarrow \boxed{\text{列出真值表}} \rightarrow \boxed{\text{分析逻辑功能}}$$

【实例8-4】分析图8-10所示组合逻辑电路的逻辑功能。

解 首先写出输出 C 和 S 的逻辑表达式：

$$C = AB$$

$$S = A \oplus B$$

然后根据表达式列出真值表，如表8-8所示。

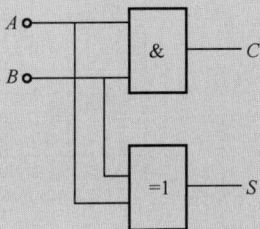

表8-8 真值表

输入逻辑变量		输出逻辑变量	
A	B	S	C
0	0	0	0
0	1	1	0
1	0	1	0
1	1	0	1

图 8-10 组合逻辑电路

由真值表可以看出：该电路实现了两个一位二进制数的加法运算，S 为本位和，C 为进位，称之为半加运算。

> **提示 半加器**
>
> 半加器是一种专用集成电路，其逻辑符号如图 8-11 所示。其功能是进行加法运算，该电路只能进行两个二进制数的本位相加运算，没有考虑从低位来的进位。

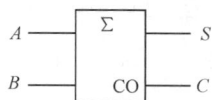

图 8-11 半加器的逻辑符号

> **思考题**
>
> 图 8-12 所示的加法器既可进行本位求和，又考虑低位进位，是一个全加器。请分析其逻辑功能是什么？

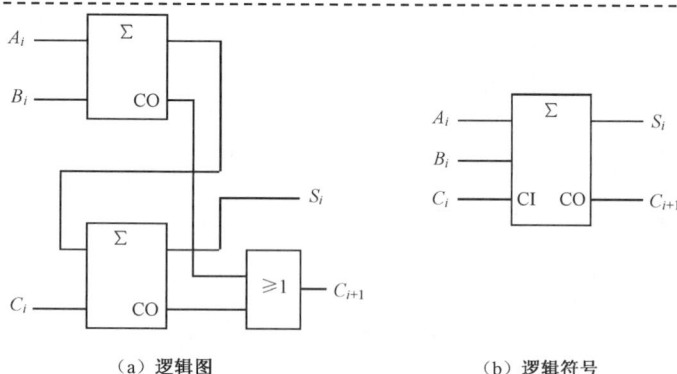

（a）逻辑图　　　　　　（b）逻辑符号

图 8-12 全加器的逻辑图和逻辑符号

2. 组合逻辑电路的设计

列出需要实现的逻辑功能，设计逻辑电路。其步骤与上述的分析正好相反，通过实例介绍，其步骤如下。

【实例 8-5】 要求设计一个交通信号灯的故障检测电路。

交通信号灯有红灯、黄灯、绿灯，分别用字母 R、Y、G 表示。其正常工作状态有 3 种组合，即绿灯亮，红、黄灯暗；绿、黄灯亮，红灯暗；红灯亮，绿、黄灯暗。

当 3 盏灯出现其他组合情况时，就表明控制电路出现了故障。这时故障检测电路应及时发出信号，通知管理维修人员及时排除故障。

解 第 1 步，根据设计要求，对输入、输出逻辑变量进行分析。

这个电路的输入逻辑变量是 3 盏灯 R、Y、G 的亮、暗状态，规定灯亮用 1 表示，灯暗用 0 表示。电路的输出逻辑变量是故障信号 F，发生故障时，F 为 1；正常工作时，F 为 0。

3 个输入信号（3 盏灯）共有 8 种可能的状态组合，其中 3 种是正常工作状态，用 0 表示；其他 5 种组合都是故障状态，用 1 表示。

第 2 步，根据以上分析，列出该逻辑问题的真值表，如表 8-9 所示。

表 8-9 真值表

R	Y	G	F
0	0	0	1
0	0	1	0
0	1	0	1
0	1	1	0
1	0	0	0
1	0	1	1
1	1	0	1
1	1	1	1

第 3 步，根据真值表，写出输出逻辑变量 F 的表达式。

在表 8-9 的第 1、3、6、7、8 行所示的逻辑变量组合中，只要有一种情况出现，就使输出逻辑变量 $F=1$，这是一种"或"逻辑关系；每一行的输入逻辑变量之间则是"与"逻辑关系。例如，在第 1 行中，当 $R=0$、$Y=0$、$G=0$ 这 3 个条件全都具备时，$F=1$。用"与"逻辑关系表达，就应该理解为，当 $\bar{R}=1$、$\bar{Y}=1$、$\bar{G}=1$ 这 3 个条件全都具备时，$F=1$。所以每一个乘积项组成的原则应该是，原变量为 1 的就写成原变量，原变量为 0 的就写成其反变量。根据上述原则，可得

$$F = \bar{R}\,\bar{Y}\,\bar{G} + \bar{R}Y\bar{G} + R\bar{Y}G + RY\bar{G} + RYG$$

第 4 步，将逻辑函数简化。根据真值表建立的逻辑函数如果不为最简形式，则应该用基本公式进行简化。

$$F = \bar{R}\,\bar{Y}\,\bar{G} + \bar{R}Y\bar{G} + R\bar{Y}G + RY\bar{G} + RYG \quad （根据公式\ A+A=A，在上式中添加\ RYG\ 项）$$
$$= \bar{R}\,\bar{G}(\bar{Y}+Y) + R\bar{Y}G + RY\bar{G} + RYG + RYG$$
$$= \bar{R}\,\bar{G} + RG(\bar{Y}+Y) + RY(\bar{G}+G)$$
$$= \bar{R}\,\bar{G} + RG + RY$$

第 5 步，根据以上表达式，可得出由与门和或门组成的逻辑电路图，如图 8-13 所示。

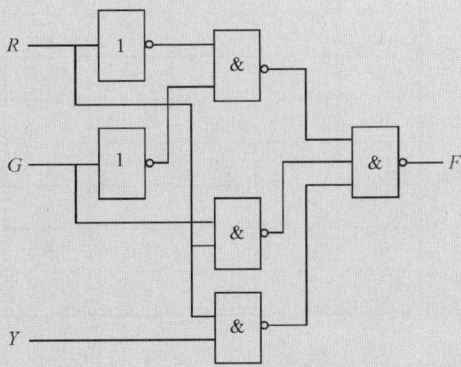

如果要求用其他特定功能的门电路组成逻辑电路，则应对逻辑函数进行变换。例如，若要求使用与非门，则有

$$F = \overline{\overline{\bar{R}\,\bar{G} + RG + RY}} = \overline{\overline{\bar{R}\,\bar{G}} \cdot \overline{RG} \cdot \overline{RY}}$$

由此可得逻辑电路图，如图 8-14 所示。

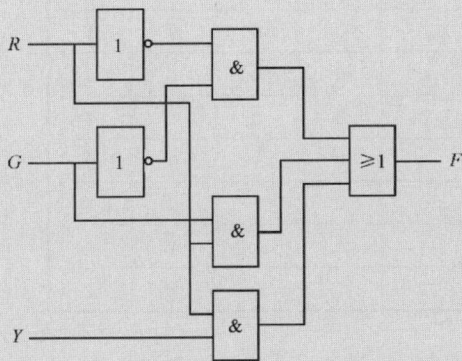

图 8-13　由与门和或门组成的逻辑电路图　　　图 8-14　由与非门组成的逻辑电路图

8.5　编码器

扫一扫看教学课件：编码器

扫一扫看课程思政：红色密码本

除了上述学到的与非门这样的小规模集成电路，还有具有特定功能的中规模集成电路，如编码器、译码器等，本节学习编码器。

编码就是用二进制代码表示特定对象的过程，其输入为被编信号，输出为二进制代码。例如，计算机的主键盘下面就连接了编码器，键盘的每个键可以输入数字、字母或其他信息，但计算机不能识别这些信息，只能识别二进制代码，所以必须将输入信息编成各自对应的二进制代码。当按下一个键时，编码器将该键所输入的信息编成对应的二进制代码。

按输出代码的种类不同，编码器可分为二进制编码器和二-十进制编码器。

8.5.1 二进制编码器

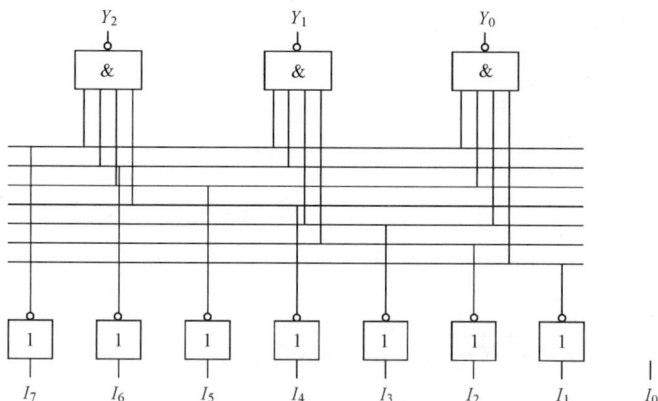

图 8-15 所示为一个 3 位二进制编码器的逻辑电路图。在图 8-15 中，编码器用 3 位二进制代码对 8 个对象（$2^3=8$）进行编码，由于输入为 8 个逻辑变量，输出为 3 个逻辑函数，所以又称 8 线-3 线编码器。

采用前述的组合逻辑电路的分析方法，首先根据逻辑电路图写出该编码器的输出函数的逻辑表达式：

$$Y_2 = I_4 + I_5 + I_6 + I_7$$
$$Y_1 = I_2 + I_3 + I_6 + I_7$$
$$Y_0 = I_1 + I_3 + I_5 + I_7$$

图 8-15　一个 3 位二进制编码器的逻辑电路图

由逻辑表达式可以列出该编码器的真值表，如表 8-10 所示。

表 8-10　3 位二进制编码器的真值表

I_0	I_1	I_2	I_3	I_4	I_5	I_6	I_7	Y_2	Y_1	Y_0
1	0	0	0	0	0	0	0	0	0	0
0	1	0	0	0	0	0	0	0	0	1
0	0	1	0	0	0	0	0	0	1	0
0	0	0	1	0	0	0	0	0	1	1
0	0	0	0	1	0	0	0	1	0	0
0	0	0	0	0	1	0	0	1	0	1
0	0	0	0	0	0	1	0	1	1	0
0	0	0	0	0	0	0	1	1	1	1

可见，以上电路确实对 8 个对象进行了编码。

提示

上面编码器的输入信号为高电平有效，其输入信号也可以为低电平有效，即信息输入端的电平为"0"，其余端的电平为"1"。编码时，也可以反码输出，若 7 号位置有信息，在输出端编成"000"；若 0 号位置有信息，在输出端编成"111"。

思考题

上面的编码器要求每次只能在一个位置有信息输入，每次只对这一条信息进行编码，若同时在几个位置输入信息怎么办？

为了解决上述问题，将电路设计成优先编码形式，允许同时有几条信息输入，但只对其中优先级别最高的信息进行编码。图 8-16 所示为中规模集成电路 8 线-3 线优先编码器 74LS748 的引脚图，表 8-11 所示为其功能真值表。

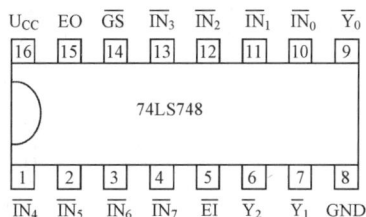

图 8-16　8 线-3 线优先编码器 74LS748 的引脚图

表 8-11　8 线-3 线优先编码器 74LS748 的功能真值表

输入（8 个对象和 1 个使能输入端）									输出				
$\overline{EI}$	$\overline{IN_0}$	$\overline{IN_1}$	$\overline{IN_2}$	$\overline{IN_3}$	$\overline{IN_4}$	$\overline{IN_5}$	$\overline{IN_6}$	$\overline{IN_7}$	$\overline{Y_2}$	$\overline{Y_1}$	$\overline{Y_0}$	$\overline{GS}$	EO
1	×	×	×	×	×	×	×	×	1	1	1	1	1
0	×	×	×	×	×	×	×	0	0	0	0	0	1
0	×	×	×	×	×	×	0	1	0	0	1	0	1
0	×	×	×	×	×	0	1	1	0	1	0	0	1
0	×	×	×	×	0	1	1	1	0	1	1	0	1
0	×	×	×	0	1	1	1	1	1	0	0	0	1
0	×	×	0	1	1	1	1	1	1	0	1	0	1
0	×	0	1	1	1	1	1	1	1	1	0	0	1
0	0	1	1	1	1	1	1	1	1	1	1	0	1
0	1	1	1	1	1	1	1	1	1	1	1	1	0

在图 8-11 中，$\overline{IN_0} \sim \overline{IN_7}$ 代表 8 位输入，$\overline{Y_2} \sim \overline{Y_0}$ 代表 3 位输出，输入和输出均为低电平有效。为了扩展功能，还增加了使能输入端 $\overline{EI}$、优先标志输出端 $\overline{GS}$ 和使能输出端 EO。

由真值表可以看出优先顺序：$\overline{IN_7}$ 为最高优先，因为只要 $\overline{IN_7} = 0$，不管其他输入端为低电平还是高电平，输出总对应着 $\overline{IN_7}$ 的编码。优先从 $\overline{IN_7}$ 起，依次为 $\overline{IN_6}$、$\overline{IN_5}$、$\overline{IN_4}$、$\overline{IN_3}$、$\overline{IN_2}$、$\overline{IN_1}$，最低优先为 $\overline{IN_0}$。该电路的功能为：当 $\overline{EI}$ 为低电平时允许编码，若有多个输入端为低电平，则只对其最高位编码，在输出端输出对应自然 3 位二进制代码的反码，此时，使能输出端 EO 为高电平，优先标志输出端 $\overline{GS}$ 为低电平；而当 $\overline{EI}$ 为高电平时，电路禁止编码工作。

8.5.2　二-十进制编码器

将十进制数 0～9 共 10 个对象用 BCD 码表示的电路称为二-十进制编码器。其中，常用的二-十进制编码器之一就是 8421 BCD 编码器，又称 10 线-4 线编码器。它的逻辑电路图如图 8-17 所示，表 8-12 所示为它的简化真值表。

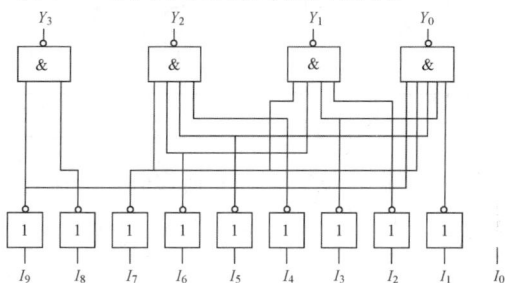

图 8-17　8421 BCD 编码器的逻辑电路图

表 8-12　8421 BCD 编码器的简化真值表

输入（十进制数）	输出（8421 BCD 码）			
	Y_3	Y_2	Y_1	Y_0
0	0	0	0	0
1	0	0	0	1
2	0	0	1	0
3	0	0	1	1
4	0	1	0	0
5	0	1	0	1
6	0	1	1	0
7	0	1	1	1
8	1	0	0	0
9	1	0	0	1

由逻辑电路图和简化真值表可得输出各端的表达式如下：

$$Y_3 = I_8 + I_9$$
$$Y_2 = I_4 + I_5 + I_6 + I_7$$
$$Y_1 = I_2 + I_3 + I_6 + I_7$$
$$Y_0 = I_1 + I_3 + I_5 + I_7 + I_9$$

二-十进制编码器也有优先编码器，常见的型号有中规模集成电路 74HCT147 等，其工作原理类似于前述二进制优先编码器的工作原理。

8.6 译码器

译码器的功能与编码器的正好相反，其将二进制代码按原意翻译出来，并转换成相应的输出信号，分为二进制译码器、二-十进制译码器；另外，还有一种显示译码器。

8.6.1 二进制译码器

最常用的二进制译码器就是中规模集成电路 74LS138，它是一个 3 线-8 线译码器，其引脚图如图 8-18 所示，其功能真值表如表 8-13 所示。

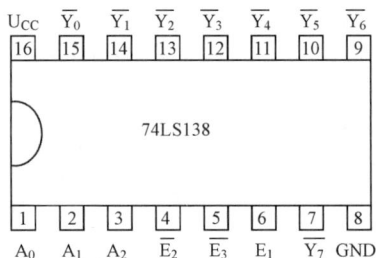

图 8-18 3 线-8 线译码器 74LS138 的引脚图

表 8-13 3 线-8 线译码器 74LS138 的功能真值表

输入						输出（8 个）							
控制端			代码输入端			（低电平有效）							
E_1	$\overline{E_2}$	$\overline{E_3}$	A_2	A_1	A_0	$\overline{Y_7}$	$\overline{Y_6}$	$\overline{Y_5}$	$\overline{Y_4}$	$\overline{Y_3}$	$\overline{Y_2}$	$\overline{Y_1}$	$\overline{Y_0}$
×	1	×	×	×	×	1	1	1	1	1	1	1	1
×	×	1	×	×	×	1	1	1	1	1	1	1	1
0	×	×	×	×	×	1	1	1	1	1	1	1	1
1	0	0	0	0	0	1	1	1	1	1	1	1	0
1	0	0	0	0	1	1	1	1	1	1	1	0	1
1	0	0	0	1	0	1	1	1	1	1	0	1	1
1	0	0	0	1	1	1	1	1	1	0	1	1	1
1	0	0	1	0	0	1	1	1	0	1	1	1	1
1	0	0	1	0	1	1	1	0	1	1	1	1	1
1	0	0	1	1	0	1	0	1	1	1	1	1	1
1	0	0	1	1	1	0	1	1	1	1	1	1	1

由引脚图和功能真值表可知，该译码器有 3 个输入端，为 3 位二进制代码；有 8 个输出端，为一组互相排斥的低电平有效输出。当使能端 $E_1 = 1$、$\overline{E_2} = \overline{E_3} = 0$ 时，译码器工作，输入 $A_2 \sim A_0$ 的取值组合，使 $\overline{Y_7} \sim \overline{Y_0}$ 的某一位输出为低电平。

8.6.2　二-十进制译码器

典型的二-十进制译码器有多种型号。其中，4 线-10 线译码器 74HC42 的引脚图如图 8-19 所示，其功能真值表如表 8-14 所示。

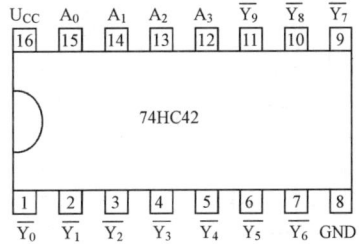

图 8-19　4 线-10 线译码器 74HC42 的引脚图

表 8-14　4 线-10 线译码器 74HC42 的功能真值表

序号	输入				输出（10 个）									
	A_3	A_2	A_1	A_0	$\overline{Y_9}$	$\overline{Y_8}$	$\overline{Y_7}$	$\overline{Y_6}$	$\overline{Y_5}$	$\overline{Y_4}$	$\overline{Y_3}$	$\overline{Y_2}$	$\overline{Y_1}$	$\overline{Y_0}$
0	0	0	0	0	1	1	1	1	1	1	1	1	1	0
1	0	0	0	1	1	1	1	1	1	1	1	1	0	1
2	0	0	1	0	1	1	1	1	1	1	1	0	1	1
3	0	0	1	1	1	1	1	1	1	1	0	1	1	1
4	0	1	0	0	1	1	1	1	1	0	1	1	1	1
5	0	1	0	1	1	1	1	1	0	1	1	1	1	1
6	0	1	1	0	1	1	1	0	1	1	1	1	1	1
7	0	1	1	1	1	1	0	1	1	1	1	1	1	1
8	1	0	0	0	1	0	1	1	1	1	1	1	1	1
9	1	0	0	1	0	1	1	1	1	1	1	1	1	1
伪码	1	0	1	0	1	1	1	1	1	1	1	1	1	1
	1	0	1	1	1	1	1	1	1	1	1	1	1	1
	1	1	0	0	1	1	1	1	1	1	1	1	1	1
	1	1	0	1	1	1	1	1	1	1	1	1	1	1
	1	1	1	0	1	1	1	1	1	1	1	1	1	1
	1	1	1	1	1	1	1	1	1	1	1	1	1	1

该译码器有 4 个输入端（输入 4 位 8421 BCD 码）和 10 个输出端（输出 10 个十进制数 0～9），所以又称 4 线-10 线译码器。对于 8421 BCD 码以外的 4 位代码（无效码或伪码），输出端全为高电平"1"，而该电路为输出低电平"0"有效，所以它拒绝"翻译"6 个伪码。

8.6.3　显示译码器

1. 数码显示器

显示器的作用是显示数字或符号，一般应用于数字式测量仪表、电子表及电子钟等，常用的显示器件有荧光数码管、液晶数码管和半导体数码管等。下面以七段字形数码显示器为例，介绍显示器的显示原理。

将 7 个发光二极管排列成一个"8"字形，各发光段分别用 a、b、c、d、e、f、g 表示，如图 8-20（a）所示。按照不同的组合使不同的发光段发光，就可以显示 0～9 这 10 个不同的数字，如图 8-20（b）所示，也可以显示其他字符。

???思考题

在显示 0~9 这 10 个不同的数字时，分别应控制哪些二极管发光？

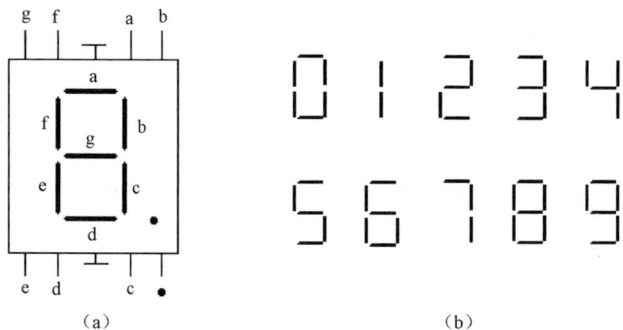

图 8-20 七段字形数码显示器

七段字形数码显示器有两种连接方式：共阴极连接和共阳极连接，如图 8-21 所示。

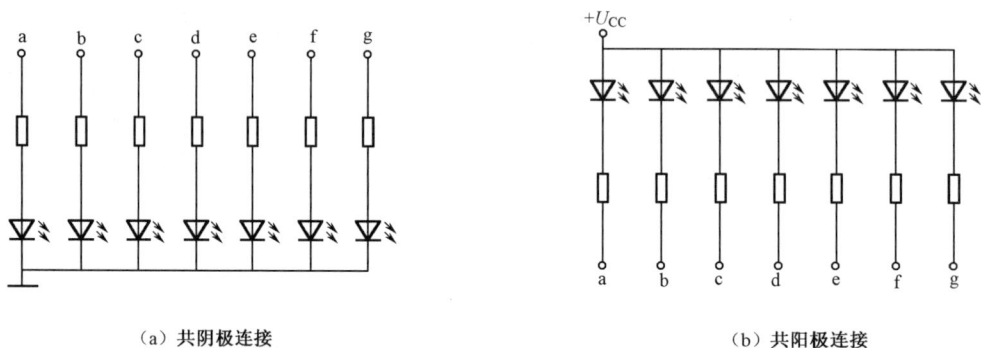

（a）共阴极连接　　　　　　　　　　　　　　（b）共阳极连接

图 8-21 七段字形数码显示器的两种连接方式

???思考题

当采用共阴极连接方式时，若需要显示数字"6"，则应给 a、c、d、e、f、g 二极管加高电平。当采用共阳极连接方式时，若需要显示数字"6"，则应加什么样的电平？

2. 集成七段字形显示译码器

显示器应与计算器、译码器、驱动器等配合使用。

图 8-22 所示为集成七段字形显示译码器 T337 的引脚图，表 8-15 所示为它的功能真值表。在表 8-15 中，"0"指低电平，"1"指高电平，"×"指任意电平。I_B 为消隐输入端，高电平有效，即 $I_B=1$，译码器可以正常工作；$I_B=0$，显示器熄灭，译码器不工作。U_{CC} 通常取+5 V。

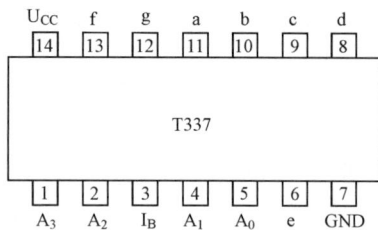

图 8-22 集成七段字形显示译码器 T337 的引脚图

表 8-15 七段字形显示译码器 T337 的功能真值表

输入					输出							显示
I_B	A_3	A_2	A_1	A_0	a	b	c	d	e	f	g	数字
0	×	×	×	×	0	0	0	0	0	0	0	
1	0	0	0	0	1	1	1	1	1	1	0	0

续表

输入					输出							显示
I_B	A_3	A_2	A_1	A_0	a	b	c	d	e	f	g	数字
1	0	0	0	1	0	1	1	0	0	0	0	1
1	0	0	1	0	1	1	0	1	1	0	1	2
1	0	0	1	1	1	1	1	1	0	0	1	3
1	0	1	0	0	0	1	1	0	0	1	1	4
1	0	1	0	1	1	0	1	1	0	1	1	5
1	0	1	1	0	1	0	1	1	1	1	1	6
1	0	1	1	1	1	1	1	0	0	0	0	7
1	1	0	0	0	1	1	1	1	1	1	1	8
1	1	0	0	1	1	1	1	1	0	1	1	9

疑难汇总、学习随笔、小结 ....

....

....

....

....

知识梳理与总结

1. 与门电路、或门电路、非门电路、与非门电路是最基本的逻辑门电路，由它们可以组成各种组合逻辑电路。它们的逻辑功能、逻辑函数、电路逻辑符号及真值表是非常重要的基础知识。

2. 由于数字电子电路的输入、输出信号只有两种状态（高电平、低电平），分别用"0"和"1"表示，因此，二进制数制是数字电子电路采用的数值表示方式，但"0"和"1"只表示两种相反的状态，并没有实际的数值意义，这是逻辑代数的特点。逻辑代数在表示意义及运算方式上与普通代数有一些区别，逻辑代数有其专用的运算公式，它们可以用来对逻辑函数进行简化。

3. 组合逻辑电路的分析步骤如下。

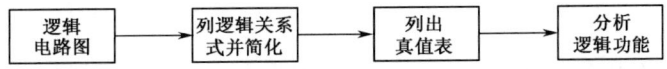

逻辑电路图 → 列逻辑关系式并简化 → 列出真值表 → 分析逻辑功能

组合逻辑电路的设计步骤如下。

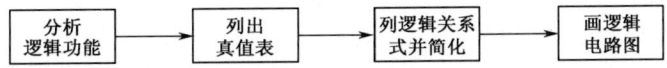

分析逻辑功能 → 列出真值表 → 列逻辑关系式并简化 → 画逻辑电路图

4. 常用的组合逻辑电路有编码器、译码器、加法器等。

编码器的功能是用二进制代码表示特定对象，有二进制编码器、二-十进制编码器。

译码器的功能与编码器的相反，是将特定代码翻译成原来表示的信息，也有二进制、二-十进制两种形式。

数码显示器可以显示各种信息，目前常用的是半导体数码管显示器。它通过发光二极管的导通和截止控制发光状态，以显示信息。

自测题 8

扫一扫看
自测题 8
答案

1. 将下列二进制数转换成等值的十进制数。

（1）$(10010111)_2$　　　　　（2）$(1101101)_2$　　　　（3）$(0.01011111)_2$　　　（4）$(11.001)_2$

2. 利用逻辑代数的基本公式简化下列各式。

（1）$AA\bar{B}$

（2）$A\bar{B}(A+B)$

（3）$ABD + A\bar{B}C\bar{D} + A\bar{C}DE + A$

（4）$AC + B\bar{C} + \bar{A}B$

（5）$\bar{A}BC + (A+\bar{B})C$

（6）$\overline{EF} + \bar{E}F + E\bar{F} + EF$

3. 证明下列各式。

（1）$A + BC = (A+B)(A+C)$

（2）$A + \bar{A}B = A + B$

（3）$\overline{A\bar{B} + \bar{A}B} = AB + \overline{AB}$

（4）$AB + \bar{A}C + BC = AB + \bar{A}C$

4. 与门和或门的输入信号如图 8-23 所示，试分别画出对应与门和或门的输出波形。

5. 与非门和或非门的输入信号如图 8-23 所示，试分别画出对应与非门和或非门的输出波形。

6. 已知逻辑电路如图 8-24 所示，试分析其逻辑功能。

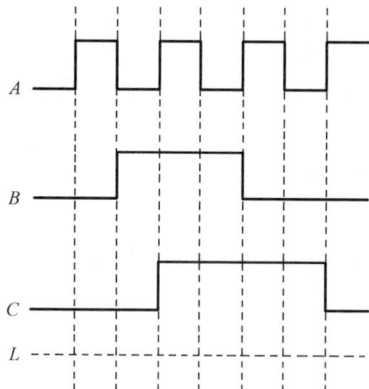

图 8-23

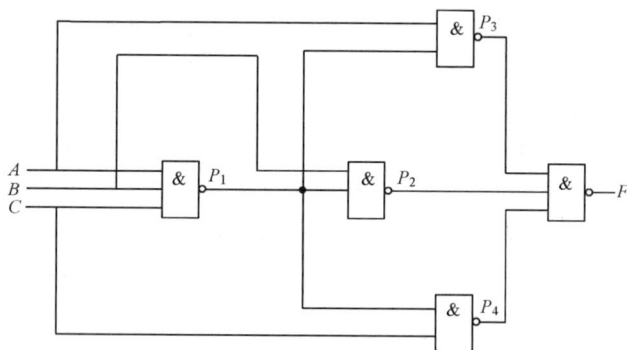

图 8-24

7. 某组合逻辑电路如图 8-25 所示。

（1）写出 Y 的逻辑表达式。

（2）将 Y 化为最简"与-或"表达式。

（3）分析其逻辑功能。

8. 试用与非门设计一个组合逻辑电路，其输入为 3 位二进制数，当输入中有奇数个 1 时，输出为 1，否则输出为 0。要求列出真值表，写出逻辑函数，画出逻辑图。

9. 3 个裁判员评判 1 个举重运动员举重是否成功时，若 2 个以上的裁判员判成功，则为成功，否则为

不成功。试设计一个组合逻辑电路实现上述评判功能。

10. 8 线-3 线二进制编码器的逻辑电路如图 8-26 所示，$I_0 \sim I_7$ 为 8 个输入信号，高电平有效，输出为 3 位二进制代码 $Y_2Y_1Y_0$。试分别写出 Y_2、Y_1、Y_0 的逻辑函数，分析当 I_4 或 I_6 端有信号输入时，输出的二进制代码 $Y_2Y_1Y_0$ 为何值。

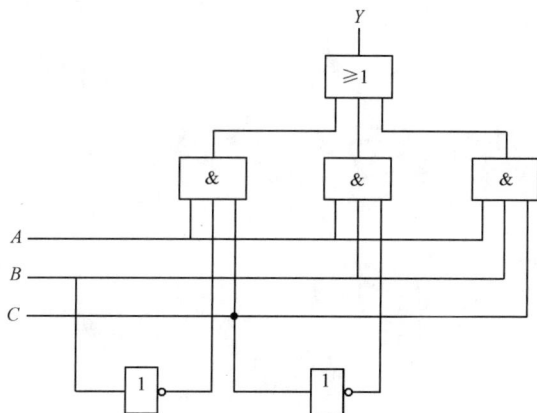

图 8-25

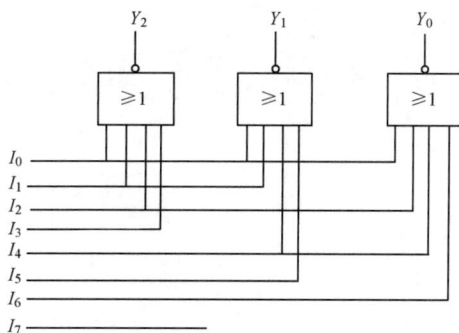

图 8-26

11. 8 线-3 线普通编码器如图 8-27 所示，输入高电平有效，试分析当 I_6 端输入高电平时，输出的原码和反码分别是什么？若改为优先编码器，当 I_6、I_5、I_2 端均输入高电平时，输出的原码是什么？

图 8-27

项目 9

时序逻辑电路的制作、调试与分析

知识重点	1. 各种触发器的功能；2. 边沿触发的概念；3. 555 定时器的电路及功能
知识难点	1. 移位寄存器、寄存数码的原理；2. 同步计数器的原理；3. 数码集成十进制计数器改制成其他进制计数器的方法；4. 单稳态触发器、多谐振荡器、施密特触发器的功能分析
教学设计	本项目主要围绕时序逻辑电路的制作、调试与分析开展教学活动，以数码抢答器的制作、电子门铃的制作两个任务为载体，以工作过程为导向，以教学目标为引领，充分利用信息化教学手段，采用"教、学、做、评"一体化模式，突出对学生实践能力和创新能力的培养。整个教学过程依托教学平台、仿真设计软件等信息化技术手段，将实际应用项目转换为典型教学项目，创造一个同时具备工程体验功能、教学实施功能、学习效果评测功能和实时互动交流功能的多功能信息化教学环境，力求做到"学做合一"，实现"做中教、做中学"，调动学生的积极性和主动性，促进学生自主学习和主动学习，实现建构性学习
推荐教学方式	1. 采用翻转课堂模式，充分利用教学资源库和网络课程学习平台里的教学资源，开展"课前导预习、课上导学习、课后导拓展"的教学活动。 2. 依托网络课程学习平台有效地整合本书提供的视频、图文、动画、仿真等教学资源，为学生创设虚实结合、情景交融的学习环境，为课堂的顺利进行提供保障。 3. 充分利用本书提供的视频、图文、动画、仿真等教学资源，把难点知识变得直观易懂。 4. 通过仿真与实操相结合的方式，使学习场景更贴近实际工作场景，为学生进入工作岗位打好坚实基础
推荐学习方式	1. 课前充分利用本书提供的视频、图文、动画、仿真等教学资源自主学习，并将学习疑难问题记录在活页笔记上。 2. 课中依靠学习小组的协作性进行知识与能力的学习与训练，在老师的指导下内化知识、培养技能、提升素质，在执行任务过程中，分析任务、研究任务、制定方案，在方案实施过程中研究问题、解决问题，学习与训练系统性地完成任务的方法与能力。 3. 课后主动拓展，提升应用实践能力

任务 16　数码抢答器的制作

1. 任务目标

任务载体	数码抢答器的制作	学　时	8	任务成绩	
学生姓名		日　期		班　级	
实训场所				组　号	
相关器材	D 触发器集成块（74LS175），与门集成块（7408），电阻 $R_1 \sim R_5$（1 kΩ），电阻 $R_6 \sim R_9$（100 Ω），脉冲发生器（1 kHz），按钮，发光二极管（红，BT111-X），直流电源（5 V），万能电路板，连接导线				
知识目标	1. 理解各种触发器的功能、表示符号；2. 理解各种寄存器、计数器的功能				
能力目标	1. 能识别各种触发器；2. 会焊接、组装集成数字逻辑器件；3. 会调试电路				
职业素养	培养学生爱岗敬业、勤奋上进的品格				
立德树人	培育学生的集体主义观念，学会适时放下，做更有价值的事情，实现自我超越，努力为国争光				

2. 任务准备（课前）

学习背景知识：

（1）扫一扫下面二维码学习触发器、寄存器、计数器等知识，同时培养学生不计个人得失、努力为集体和为国家争光的精神。

扫一扫看微课视频：RS 触发器　　扫一扫看微课视频：JK、D、T 触发器　　扫一扫看微课视频：寄存器

扫一扫看微课视频：计数器

（2）扫一扫下面二维码完成参考题。

扫一扫看触发器参考题　　扫一扫看触发器参考题答案　　扫一扫看寄存器参考题　　扫一扫看寄存器参考题答案

扫一扫看计数器参考题　　扫一扫看计数器参考题答案

（3）扫一扫下面二维码学习任务操作指导。

扫一扫看任务操作指导：抢答器电路的制作

3. 计划与实施（课中、课后）

知识内化	（1）分析触发器的输出状态，画输出波形；（2）分析寄存器的应用电路；（3）分析计数器的应用电路，进行计数器进制的改制

续表

任务实施	根据作业要求制定作业计划与方案	
	根据作业要求制定作业步骤，明确各项操作规程和安全注意事项，进行人员分工等	
	明确任务要求：数码抢答器电路的制作、调试	
	完成任务内容：（1）检测各个元件；（2）安装元件；（3）电子焊接；（4）调试	
	撰写任务实施报告：任务实施的方案、过程、收获、问题、改进措施等	

4. 任务评价

项目	评价要素	评价标准	自评 0.2	互评 0.3	师评 0.5	权重	小计
知识考核	（1）课前在线测试、在线讨论；（2）课中、课后分析与计算	（1）会分析触发器的输出状态，画输出波形；（2）会分析寄存器的应用电路；（3）会分析计数器的应用电路，能进行计数器进制改制				0.4	
职业素养	（1）出勤；（2）工作态度；（3）劳动纪律；（4）团队协作精神	（1）遵守企业规章制度、劳动纪律；（2）按时、按质完成工作任务；（3）积极主动承担工作任务，勤学好问；（4）保证人身安全与设备安全；（5）工作岗位7S管理				0.1	
专业能力	（1）检测各个元件；（2）安装元件；（3）电子焊接；（4）调试	（1）正确清点、检测及调换元件；（2）正确安装元件，焊接点美观、走线合理、布局漂亮，接线正确；（3）调试成功，实现抢答功能；（4）严格遵守电工安全操作规程，工作台用具、元件摆放整齐，按规定进行操作，安全文明生产				0.5	
创新能力	（1）独特见解；（2）创新建议	（1）方案的可行性及意义；（2）建议的可行性				附加	
思政培养	（1）外在表现；（2）内在提升	认识事物正反两面的辩证关系，正确看待得与失、成与败				附加	
合计							

5. 课后拓展提高

1. 任务实施报告：任务实施的方案、过程、收获、问题、改进措施等（可另附页）。

2. 任务拓展：

（1）能力提升：用寄存器设计一个循环彩灯的控制电路；

（2）思政深化：由触发器、计数器进行引申，分析个人与集体的关系，思考如何树立集体主义大局观，保持健康向上、心系国家的精神状态。

前面我们学习的是组合逻辑电路，在数字电子电路系统中还有另外一类电路，被称为**时序逻辑电路**，这种电路在电路结构上有反馈环节，具有记忆功能，常见的有计数器和寄存器。触发器是时序逻辑电路的基本单元，本项目将学习各种触发器及由它们组成的时序逻辑电路。

9.1　触发器

触发器是时序逻辑电路的基本单元，它可以存储或记忆一位二进制数码。在其电路结构中，从输出端返回输入端的反馈线使它的输出状态既与外部输入信号有关，又与电路的原输出状态有关，具有记忆功能，其工作特点如下。

（1）有两个锁定的状态"0"和"1"。

（2）在适当的信号作用下，两种锁定状态可以相互转换。

（3）输入信号消失后，能将获得的新状态保存下来。

触发器的种类很多，RS 触发器是最基本的一种。

9.1.1　RS 触发器

1. 基本 RS 触发器

扫一扫看教学课件：RS触发器　　扫一扫看课程思政：集体主义精神

1）电路组成和逻辑符号

基本 RS 触发器如图 9-1 所示，它有两个输入端（$\overline{R}_D$、$\overline{S}_D$）和两个输出端（Q、$\overline{Q}$）。Q、$\overline{Q}$ 的有效状态总是相反的，即 $Q=0$，$\overline{Q}=1$；$Q=1$，$\overline{Q}=0$，用于存储或记忆一位二进制数码。

2）逻辑功能

当 $\overline{R}_D=0$、$\overline{S}_D=1$ 时，无论另一个输入是什么，G_1 门的输出为 $\overline{Q}=1$，G_2 门的两个输入全为"1"，$Q=0$。

当 $\overline{R}_D=1$、$\overline{S}_D=0$ 时，无论另一个输入是什么，G_2 门的输出为 $Q=1$，G_1 门的两个输入全为"1"，$\overline{Q}=0$。

当 $\overline{R}_D=\overline{S}_D=1$ 时，若触发器的原状态为 $Q=0$、$\overline{Q}=1$，则触发器的输出状态与原状态相同，被称为保持原态；若触发器的原状态为 $Q=1$、$\overline{Q}=0$，也可得出相同的结论。

当 $\overline{R}_D=\overline{S}_D=0$ 时，无论触发器的原状态是什么，其输出为 $Q=\overline{Q}=1$，其输出状态不能确定，禁止使用。

基本 RS 触发器的逻辑功能可用功能真值表表示，如表 9-1 所示。

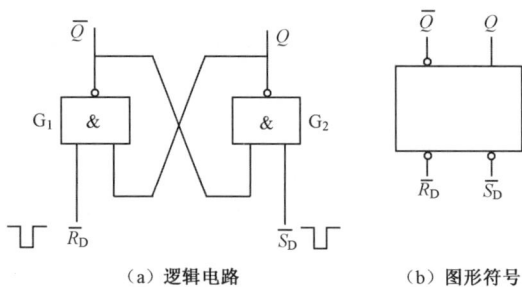

（a）逻辑电路　　　　　（b）图形符号

图 9-1　基本 RS 触发器

表 9-1　基本 RS 触发器的功能真值表

输入		输出		功能
$\overline{R}_D$	$\overline{S}_D$	Q^n（原状态）	Q^{n+1}（新状态）	
0	1	0	0	置0
		1	0	
1	0	0	1	置1
		1	1	
1	1	0	0	保持
		1	1	
0	0	0	1	不可用
		1	1	

🔊 **提示**

（1）由功能真值表可以看出，基本 RS 触发器的置 0、置 1 功能分别是在 $\overline{R}_D = 0$ 和 $\overline{S}_D = 0$ 时触发的，称之为低电平有效，所以两个输入端用 $\overline{R}_D$、$\overline{S}_D$ 表示，而且在图形符号中，在输入、输出靠近方框处画两个圆圈。输出端有圆圈的代表 $\overline{Q}$ 端，无圆圈的代表 Q 端。

（2）$\overline{R}_D = \overline{S}_D = 0$ 时是不可用状态，有以下两个原因。

当 $\overline{R}_D = \overline{S}_D = 0$ 时，$Q = \overline{Q} = 1$ 是无效状态。另外，当输入信号撤销时，相当于 $\overline{R}_D = \overline{S}_D = 1$ 时，$\overline{R}_D$ 和 $\overline{S}_D$ 一般不会同时撤销，若 $\overline{R}_D$ 先撤销，则 $\overline{Q} = 0$，$Q = 1$；若 $\overline{S}_D$ 先撤销，则 $Q = 0$，$\overline{Q} = 1$。由此可以看出，触发器的输出状态难以确定，即使 $\overline{R}_D$ 和 $\overline{S}_D$ 同时撤销，由于一些偶然因素，两个与非门哪个先开启都有一定的偶然性，也使触发器的输出状态不能确定，故当 $\overline{R}_D = \overline{S}_D = 0$ 时是不可用状态，禁止使用。

【**实例 9-1**】基本 RS 触发器的初始状态是 0（$Q = 0$，$\overline{Q} = 1$），当 $\overline{R}_D$ 和 $\overline{S}_D$ 的波形图如图 9-2 所示时，画出对应的 Q 和 $\overline{Q}$ 的波形图。

根据题意画出 Q 和 $\overline{Q}$ 的波形图如图 9-2 所示。

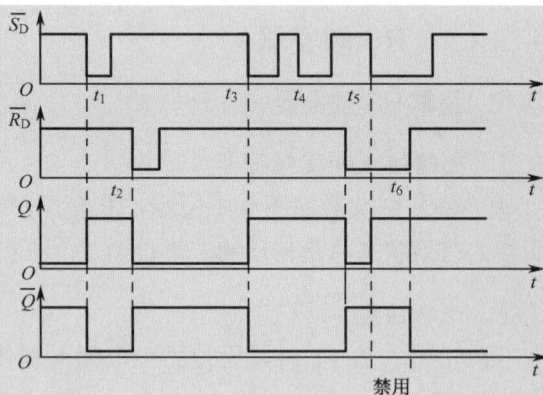

图 9-2　实例 9-1 的波形图

2. 同步 RS 触发器

时序逻辑电路往往是由多个触发器组成的，要求各个触发器按统一的节拍动作。同步 RS 触发器在基本 RS 触发器的基础上引入一个时钟脉冲，以实现同步控制，时钟脉冲用 CP 表示。

1）电路组成和逻辑符号

从图 9-3 中的电路可以看出，同步 RS 触发器实际上是由基本 RS 触发器和两个控制与非

门构成的,两个控制门的输出端相当于基本 RS 触发器的两个输入端。

2)逻辑功能

当 CP=0 时,无论 R、S 输入端为何种状态,G_3 和 G_4 门的输出均为 1,触发器保持原态。当 CP=1 时,G_3 和 G_4 门的输出取决于输入信号 R 和 S。当 R、S 取不同信号时,触发器实现不同的功能,其功能真值表如表 9-2 所示。

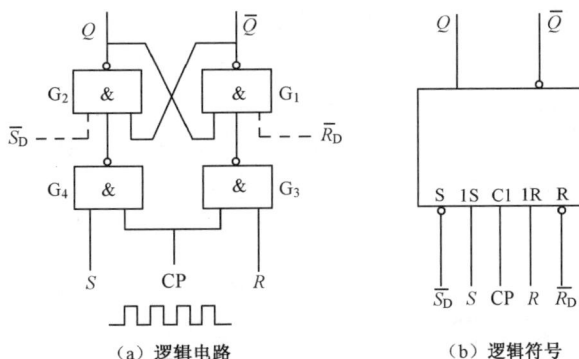

图 9-3 同步 RS 触发器

表 9-2 同步 RS 触发器的功能真值表

输入			输出		功能
CP(时钟脉冲)	R	S	Q^n(原状态)	Q^{n+1}(新状态)	
0	×	×	0 / 1	0 / 1	保持
1	0	1	0 / 1	1 / 1	置1
1	1	0	0 / 1	0 / 0	置0
1	0	0	0 / 1	0 / 1	保持
1	1	1	0 / 1	不可用	不可用

提示

在同步 RS 触发器中,$\overline{R_D}$ 和 $\overline{S_D}$ 为直接置位端,$\overline{R_D}$ 为直接置 0 端,当 $\overline{R_D}$=0 时,触发器将直接置 0,或者直接复位;$\overline{S_D}$ 为直接置 1 端,当 $\overline{S_D}$=0 时,触发器将直接置 1。它们用于给触发器预先设定一个状态,或在时钟脉冲工作的过程中,不受时钟脉冲的控制,直接使触发器置 0 或置 1,所以又称异步复位端。

【实例 9-2】根据图 9-4 所示的时钟脉冲 CP 和 R、S 端的输入波形,画出同步 RS 触发器 Q 和 $\overline{Q}$ 端的波形。设触发器的初始状态为 0。

根据题意画出 Q 和 $\overline{Q}$ 端的波形图,如图 9-4 所示。

图 9-4 输入和输出的波形图

9.1.2 边沿触发器

在基本 RS 触发器和同步 RS 触发器的基础上增加一些门

扫一扫看教学课件:JK、D、T 触发器

电路和连线，可以构成其他类型的触发器，并且大都采用边沿触发。

前面所介绍的触发器在 CP=1 期间内，如果输入信号变化，那么触发器的输出状态，随之变化，称之为**电平触发**。这种触发方式的缺点在于，触发期间内的输出状态容易受干扰信号影响，为了避免这个问题发生，采用**边沿触发**，即在 CP 的上升沿或下降沿瞬时触发，可以极大地提高触发器的抗干扰能力。

其他几种触发器的逻辑符号及功能真值表如表 9-3 所示。

表 9-3 常见 JK、D、T 触发器的逻辑符号及功能真值表

触发器的名称	逻辑符号	逻辑功能				
JK 触发器	$\overline{S}_D$—S, J—1J, CP—C1, K—1K, $\overline{R}_D$—R, —Q, —$\overline{Q}$	CP	J	K	Q^{n+1}	功能
		$\downarrow$	0	0	Q^n	保持
		$\downarrow$	0	1	0	置0
		$\downarrow$	1	0	1	置1
		$\downarrow$	1	1	$\overline{Q}^n$	翻转
D 触发器	$\overline{R}_D$—R, D—1D, CP—C1, $\overline{S}_D$—S, —Q, —$\overline{Q}$	CP	D		Q^{n+1}	功能
		$\uparrow$	0		0	置0
		$\uparrow$	1		1	置1
T 触发器	T—1T, CP—C, —Q, —$\overline{Q}$	CP	T		Q^{n+1}	功能
		$\downarrow$	0		Q^n	保持
		$\downarrow$	1		$\overline{Q}^n$	翻转

提示

（1）上述各种触发器除在 CP 的上升沿或下降沿触发外，在 CP 的其他时刻均保持原态。

（2）JK 触发器具备新功能，当 $J=K=0$ 时，每来一个时钟脉冲，输出状态就翻转为与原来相反的状态，这可以用来记录时钟脉冲的个数，即触发器的计数功能。

【**实例 9-3**】根据图 9-5 所示的 CP 和 J、K 的输入波形，画出下降沿触发的 JK 触发器 Q 端的波形图如下，设 Q 的初始状态为 0。

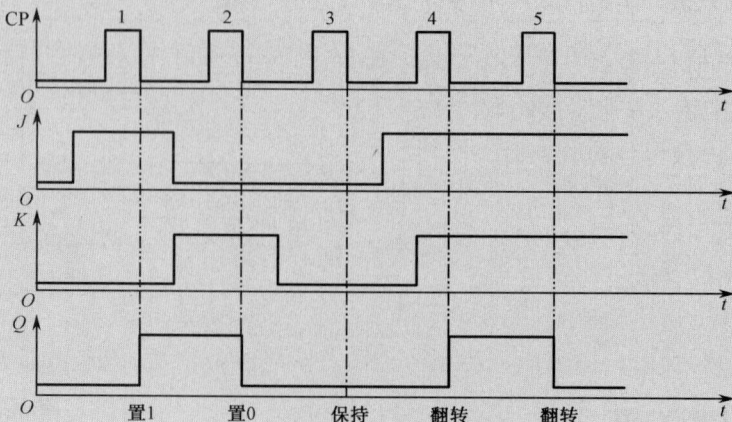

图 9-5 实例 9-3 的波形图

【**实例 9-4**】根据图 9-6 所示的 CP 和 D 端的输入波形，画出上升沿触发的 D 触发器 Q 端的波形图如下，设 Q 的初始状态为 0。

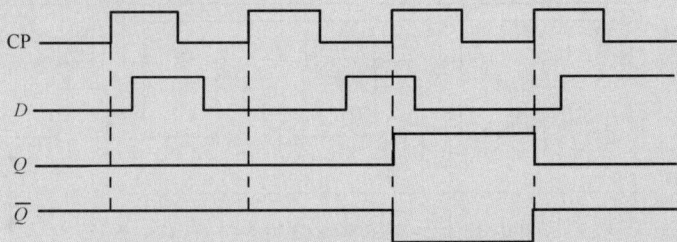

图 9-6　实例 9-4 的波形图

【**实例 9-5**】根据图 9-7 所示的 CP 和 T 触发器的输入波形，画出下降沿触发的 T 触发器 Q 端的波形如下，设 Q 的初始状态为 0。

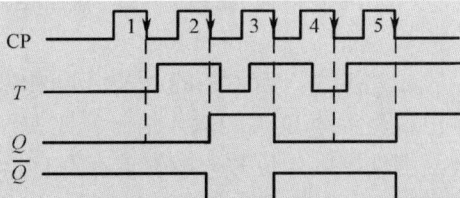

图 9-7　实例 9-5 波形图

提示

　　直接置位端 $\overline{R}_D$、$\overline{S}_D$ 的作用与基本 RS 触发器的相同。

9.1.3　集成触发器

　　与集成门电路一样，触发器也有 TTL 和 CMOS 两种，图 9-8 所示为集成边沿 D 触发器 74HC74 的引脚图，其中包含两个功能完全相同的 D 触发器，它们的逻辑功能与前述 D 触发器的完全一样，在此不再赘述。

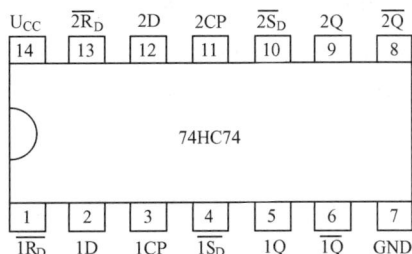

图 9-8　集成边沿 D 触发器 74HC74 的引脚图

9.2　数码寄存器和移位寄存器

　　以触发器为基本单元，配合其他逻辑部件构成的数字电子电路被称为**时序逻辑电路**，寄存器是其中的一种。寄存器用来存放数据的逻辑部件，在数字系统中常常将数码、运算结果或指令信号暂时存放起来，再根据需要进行处理或运算，触发器可以用来保存或存放一位二进制数码。若要存放 N 位二进制数码，须用 N 个触发器，寄存器按有无移位功能分为数码寄存器和移位寄存器。

9.2.1　数码寄存器

扫一扫看教学课件：寄存器

　　用来存放二进制数码的寄存器被称为**数码寄存器**，图 9-9 所示为由 D 触发器构成的 4 位数码寄存器的逻辑电路图，$A_0 \sim A_3$ 为 4 位数码寄存器的输入信号，$Q_0 \sim Q_3$ 为 4 位输出信号。此外，每个触发器中的直接复位端连在一起作为清零端 $\overline{R}_D$，各个触发器的时钟脉冲端连在一起作为接收数码的控制端，使各个触发器同步动作。

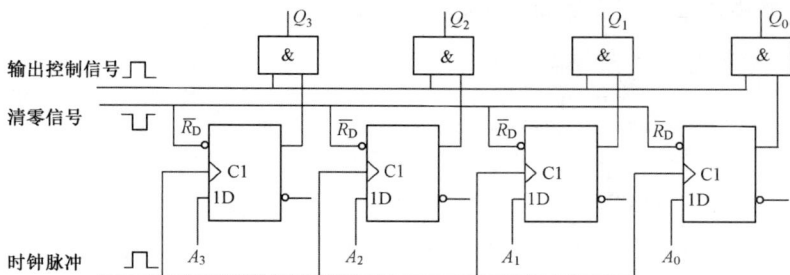

图 9-9   4 位数码寄存器的逻辑电路图

该电路的工作原理如下。

（1）清零。使 $\overline{R}_D=0$，这时输出信号 Q_3、Q_2、Q_1、Q_0 均为 0，然后使 $\overline{R}_D=1$，输出信号保持 0。

（2）接收。当 CP 的上升沿到来时，各个触发器的输出信号与输入信号相同，寄存器的输出就是各个 D 端的输入信号。比如，若 $D_3D_2D_1D_0=1001$，则 $Q_3Q_2Q_1Q_0=1001$。若 CP 的上升沿消失，则 4 位数码就存放在寄存器中。

该寄存器的 4 位数码同时输入、4 位数码同时输出，这种方法被称为并行输入、并行输出。

9.2.2 移位寄存器

存放数码时，在时钟脉冲 CP 的作用下，逐位向左或向右寄存数码的寄存器被称为**移位寄存器**，它分为单向移位寄存器和双向移位寄存器。

1. 单向移位寄存器

在时钟脉冲的作用下，所存数码只能向某一方向（左或右）移动的寄存器被称为单向移位寄存器。图 9-10 所示为右移寄存器的逻辑电路图，设输入数码为 1011，该寄存器的工作过程如下。

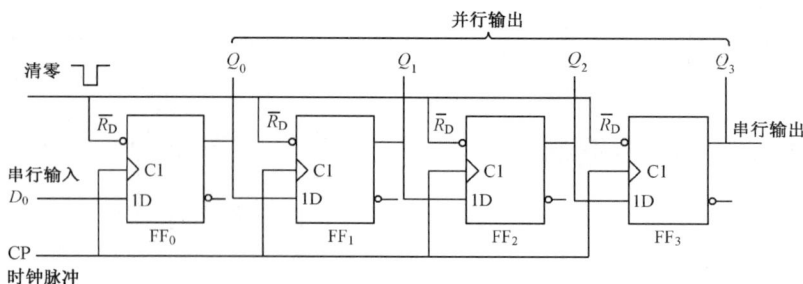

图 9-10   右移寄存器的逻辑电路图

> **提示**
>
> 右移寄存器也可以改成左移寄存器，只要输入数码从最高位的触发器输入，输出数码从最低位的触发器输出即可。

1）清零

清零，即设 $\overline{R}_D=0$，使 $Q_3Q_2Q_1Q_0=0000$，然后使 $\overline{R}_D=1$，输出信号保持 0。

2）寄存器寄存数据

在第一个 CP 的上升沿到来之前，FF_0 触发器的输入 $D_0=1$，其余 3 个触发器的输入均为刚才保持的数据 $D_1=Q_0=0$，$D_2=Q_1=0$，$D_3=Q_2=0$，当第一个 CP 的上升沿过去后，4 位输出为 $Q_3Q_2Q_1Q_0=0001$；在第二个 CP 的上升沿到来之前，FF_0 触发器的输入 $D_0=0$，其余 3 个触发器

的输入分别为 $D_1=Q_0=1$，$D_2=Q_1=0$，$D_3=Q_2=0$，当第二个 CP 的上升沿过去后，4 位输出为 $Q_3Q_2Q_1Q_0=0010$，依次类推。最后，当第 4 个 CP 的上升沿过去后，4 位输出为 $Q_3Q_2Q_1Q_0=1011$。

2. 双向移位寄存器

双向移位寄存器同时具有左移与右移功能，它除了左移和右移两个串行输入端，还应有左移、右移控制端，用于控制它完成左移或右移操作。

集成双向移位寄存器 74LS194 的引脚图如图 9-11 所示，其功能真值表如表 9-4 所示。

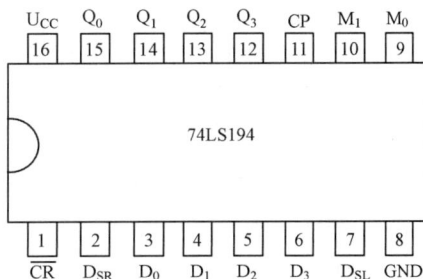

图 9-11　集成双向移位寄存器 74LS194 的引脚图

表 9-4　集成双向移位寄存器 74LS194 的功能真值表

功能	输入												输出			
	清零	控制信号		串行输入		时钟	并行输入				Q_0^{n+1}	Q_1^{n+1}	Q_2^{n+1}	Q_3^{n+1}		
	$\overline{CR}$	M_1	M_0	D_{SR}	D_{SL}		D_0	D_1	D_2	D_3						
清零	0	×	×	×	×	×	×	×	×	×	0	0	0	0		
保持	1	×	×	×	×	0	×	×	×	×	Q_0^n	Q_1^n	Q_2^n	Q_3^n		
送数	1	1	1	×	×	↑	d_0	d_1	d_2	d_3	d_0	d_1	d_2	d_3		
保持	1	0	0	×	×	↑	×	×	×	×	Q_0^n	Q_1^n	Q_2^n	Q_3^n		
右移	1	0	1	1	×	↑	×	×	×	×	1	Q_0^n	Q_1^n	Q_2^n		
右移	1	0	1	0	×	↑	×	×	×	×	0	Q_0^n	Q_1^n	Q_2^n		
左移	1	1	0	×	1	↑	×	×	×	×	Q_0^n	Q_1^n	Q_2^n	1		
左移	1	1	0	×	0	↑	×	×	×	×	Q_0^n	Q_1^n	Q_2^n	0		

> **??? 思考题**
>
> 根据表 9-4，总结集成双向移位寄存器 74LS194 共有哪些逻辑功能？

9.3　计数器

扫一扫看教学课件：计数器

扫一扫看课程思政：懂得放下

计数器是一种由触发器和门电路组成的时序电路，应用非常广泛，在所有数字系统中几乎都要用到计数器，它可以用来统计输入脉冲的个数，即计数；另外，还可以用于分频、定时或数字运算。

（1）按进位制的不同，计数器可分为二进制计数器、十进制计数器、N 进制计数器。

（2）按计数变化趋势是增加还是减少，计数器可分为加法计数器、减法计数器。

（3）按各个触发器的时钟脉冲引入方式，计数器可分为异步计数器、同步计数器。

9.3.1　异步二进制加法计数器

由 JK 触发器构成的异步二进制加法计数器的逻辑电路图如图 9-12 所示。

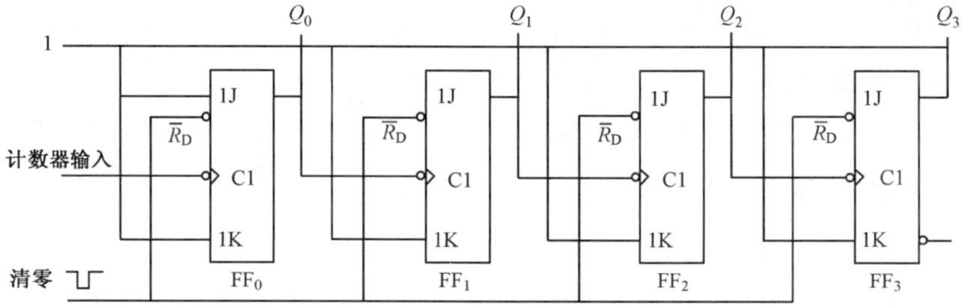

图 9-12　异步二进制加法计数器的逻辑电路图

1. 电路特征

4 个触发器除第 0 号接时钟脉冲外，其余 3 个触发器的时钟脉冲输入端均为前级触发器的 Q 输出，由于同一瞬间各个触发器的 Q 输出不可能一致，因此 4 个触发器的动作时刻不相同，即"异步"名称的由来。$\overline{R_D}$ 为清零输入信号，由于在各个触发器中 $J=K=1$，因此每个触发器均有"翻转"功能。

2. 计数原理

图 9-13 所示的波形图可体现该计数器的计数原理。

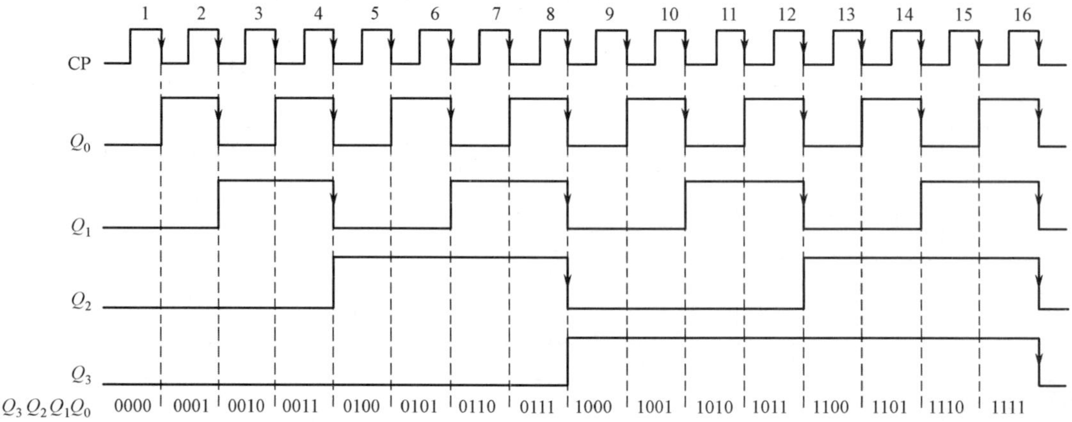

图 9-13　波形图

由波形图可以看出，每当一个时钟脉冲的下降沿过后，计数器的输出端就会体现脉冲个数。例如，当第 4 个脉冲的下降沿过后，$Q_3Q_2Q_1Q_0 = 0100$，即对应十进制数"4"。

提示　计数器的容量和分频

（1）由图 9-13 所示的波形图可以看出，该计数器输入第 16 个时钟脉冲后，输出回到原来的初始状态，$Q_3Q_2Q_1Q_0 = 0000$，该计数器的容量为 2^4-1，若计数器由 N 个触发器构成，则其计数器的容量为 2^N-1，被称为模数为 2^N 的计数器。

（2）波形图表明，各个触发器的输出波形的频率均小于时钟脉冲的频率，且为整数倍关系，此即计数器的分频作用。例如，Q_1 端输出波形的频率为时钟脉冲频率的 1/4，称之为四分频器。

（3）异步计数器的后阶要保证前阶翻转后才能翻转，所以计数速度较慢，这是异步计数器的不足之处。

若在图 9-12 所示的逻辑电路图中，将低位触发器的 $\overline{Q}$ 端接高位触发器的时钟脉冲端，则计数器将按减法进行计数，你能考虑出其计数方式吗？

9.3.2 同步十进制加法计数器

二进制计数器的电路简单、计数原理简单，易于掌握，但在日常生活中人们习惯使用十进制计数，所以在数字系统中大多采用十进制计数。

在进行十进制计数时，采用二进制数表示十进制数，即二-十进制，常用 8421 BCD 码表示。图 9-14 所示为由 JK 触发器组成的同步十进制加法计数器。

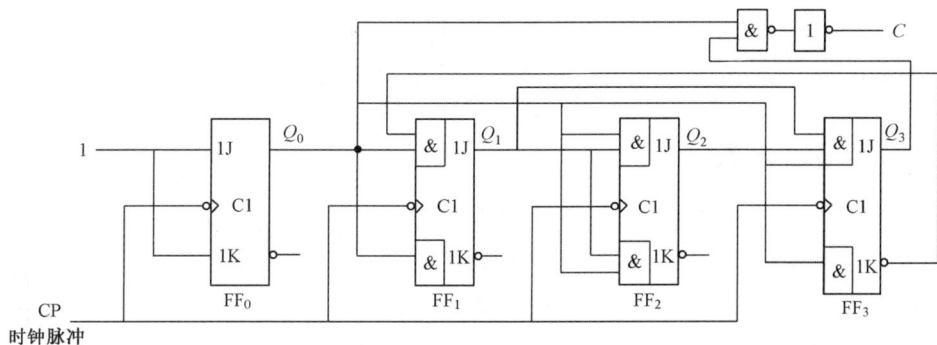

图 9-14　同步十进制加法计数器

1. 电路特征

各个触发器的时钟信号为相同的时钟脉冲信号，所以各个触发器在同一瞬间动作，此即"同步"的含义。各个触发器的输入信号如下。

FF$_0$ 触发器：$J_0 = K_0 = 1$。

FF$_1$ 触发器：$J_1 = Q_0^n \cdot \overline{Q}_3^n$，$K_1 = Q_0^n$。

FF$_2$ 触发器：$J_2 = K_2 = Q_0^n \cdot Q_1^n$。

FF$_3$ 触发器：$J_3 = Q_0^n \cdot Q_1^n \cdot Q_2^n$，$K_3 = Q_0^n$。

进位信号：$C = Q_0^n \cdot Q_3^n$。

2. 计数原理

根据每个触发器在时钟脉冲的下降沿过后的输出状态，计算出各个触发器的输入状态，由此可分析出该计数器的计数过程，如表 9-5 所示。

表 9-5　计数过程

CP	J_0	K_0	J_1	K_1	J_2	K_2	J_3	K_3	Q_3	Q_2	Q_1	Q_0	进位信号 C
1	1	1	0	0	0	0	0	0	0	0	0	1	0
2	1	1	1	1	0	0	0	0	0	0	1	0	0
3	1	1	0	0	0	0	0	0	0	0	1	1	0
4	1	1	1	1	1	1	0	1	0	1	0	0	0

续表

CP	J_0	K_0	J_1	K_1	J_2	K_2	J_3	K_3	Q_3	Q_2	Q_1	Q_0	进位信号 C
5	1	1	0	0	0	0	0	0	0	1	0	1	0
6	1	1	1	1	0	0	0	1	0	1	1	0	0
7	1	1	0	0	0	0	0	0	0	1	1	1	0
8	1	1	1	1	1	1	1	1	1	0	0	0	0
9	1	1	0	0	0	0	0	0	1	0	0	1	1
10	1	1	0	1	0	0	0	1	0	0	0	0	0

提示

由表 9-5 可以看出，第 10 个时钟脉冲过后，输出状态回到初始状态 0000，第 11 个时钟脉冲到来，计数器又从 0 开始计数，直至第 20 个时钟脉冲过后，又完成一个计数循环，在每一个循环开始之前发出一个进位信号，所以是十进制计数。

9.3.3 集成计数器

随着电子工艺技术的发展，人们已制作出了集成计数器，有很多型号的集成计数器可供人们直接选用，也可以根据自己的需要将现有集成计数器改成任意进制的计数器。例如，可用集成计数器 74LS160 将同步十进制计数器改制成其他进制的计数器，既可改成高于十进制的计数器，又可改成低于十进制的计数器。

图 9-15 所示为集成计数器 74LS160 的引脚图，其功能真值表如表 9-6 所示。

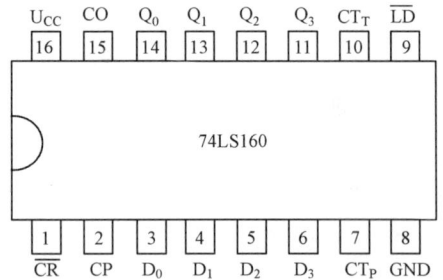

图 9-15 集成计数器 74LS160 的引脚图

表 9-6 集成计数器 74LS160 的功能真值表

输　入									输　　出			
$\overline{CR}$	$\overline{LD}$	CT_P	CT_T	CP	D_3	D_2	D_1	D_0	Q_3	Q_2	Q_1	Q_0
0	×	×	×	×	×	×	×	×	0	0	0	0
1	0	×	×	↑	d_3	d_2	d_1	d_0	d_3	d_2	d_1	d_0
1	1	1	1	↑	×	×	×	×	计数			
1	1	0	×	×	×	×	×	×	保持			
1	1	×	0	×	×	×	×	×	保持			

$\overline{CR}$ 为清零端，当 $\overline{CR}=0$ 时，输出为 0000；当 $\overline{CR}=1$、$\overline{LD}=0$ 时，实现送数功能，当 CP 的上升沿到来时，并行输入端数据 $d_3d_2d_1d_0$ 同步加入相应的触发器，并行输出 $Q_3Q_2Q_1Q_0=d_3d_2d_1d_0$。当 $\overline{CR}=\overline{LD}=1$、$CT_P=CT_T=1$ 时，实现计数功能，计数器按十进制加法计数，进位端 $CO=CT_T \cdot Q_3Q_0$。当 $\overline{CR}=\overline{LD}=1$ 时，只要 CT_P、CT_T 中有一个是 0，计数器就保持原功能。

图 9-16 所示为用两个集成计数器 74LS160 组成的二十四进制计数器。

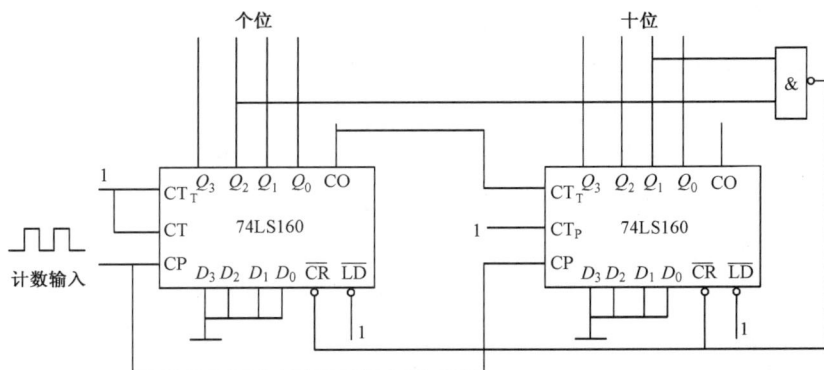

思考题

你能分析出二十四进制计数器的计数原理吗？

图 9-16　二十四进制计数器

图 9-17 所示为用集成计数器 74LS160 改制成的七进制计数器。

设触发器的初始状态为 $Q_3Q_2Q_1Q_0$ = 0000，开始计数后，当输入第 7 个时钟脉冲时，输出为 $Q_3Q_2Q_1Q_0$ =0111，与非门的输出为 0，加至异步清零端 $\overline{CR}$，使计数器清零，$Q_3Q_2Q_1Q_0$ =0000。计数器再从初始状态开始下一个计数循环，每过 7 个时钟脉冲经历一个计数循环，为七进制计数器，这种改制方法为反馈置零法。

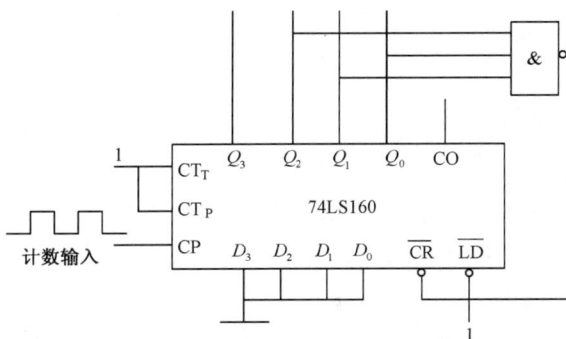

图 9-17　七进制计数器（反馈置零法）

图 9-18 所示为用另外一种方法将一片集成计数器 74LS160 改制成的七进制计数器，这种方法被称为并行预置位法。

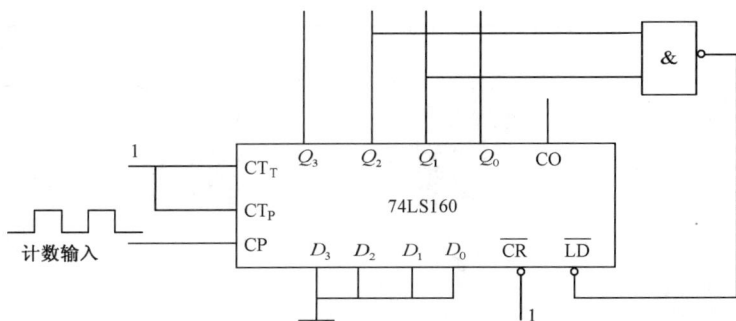

图 9-18　七进制计数器（并行预置位法）

思考题

反馈置零法和并行预置位法都将与非门的输出作为控制信号，两种方法在使用时各有什么规律？你能用这两种方法将十进制计数器改制成五进制计数器吗？

假定该计数器的初始状态为 $Q_3Q_2Q_1Q_0 = 0000$，此时 $\overline{CR} = \overline{LD} = CT_T = CT_P = 1$，计数器工作在计数状态，当第 6 个时钟脉冲过后，输出为 0110，与非门的输出为 0，使 $\overline{LD} = 0$，计数器工作在预置数状态，下一个即第 7 个时钟脉冲过后，输出为 $Q_3Q_2Q_1Q_0 = 0000$，开始新的计数循环，计数进制为七进制。

任务 17　电子门铃的制作

1. 任务目标

任务载体	电子门铃的制作	学　时	8	任务成绩	
学生姓名		日　期		班　级	
实训场所				组　号	
相关器材	555 定时器（NE555），电阻 R_1（47 kΩ）、R_2（30 kΩ）、R_3（22 kΩ）、R_4（20 kΩ），电容 C_1（47 μF）、C_2（0.05 μF）、C_3（50 μF），二极管 VD1、VD2（2AP10），按钮，喇叭（16 Ω），万能电路板，连接导线，直流电源（6 V）				
知识目标	1. 理解集成 555 定时器的原理与功能，2. 理解 3 种定时器的应用电路、原理与功能				
能力目标	1. 会分析 555 定时器的应用电路；2. 认识集成芯片、识别管脚；3. 会焊接、组装集成数字逻辑器件；4. 会调试电路				
职业素养	1. 培养自我控制与管理能力、评价（自我、他人）能力、时间管理能力；2. 培养交流与表达能力、讨论与辩论能力、演讲与演示能力				
立德树人	激发科技研发热情，为国家科技实力提升贡献力量				

2. 任务准备（课前）

学习背景知识：

（1）扫一扫下面二维码学习定时器、触发器、振荡器等知识，同时培育学生为国家进步和富强贡献力量的观念。

扫一扫看微课视频：555定时器　　扫一扫看微课视频：单稳态触发器　　扫一扫看微课视频：多谐振荡器　　扫一扫看微课视频：施密特触发器

（2）扫一扫下面二维码完成参考题。

扫一扫看555定时器参考题　　扫一扫看555定时器参考题答案

（3）扫一扫下面二维码看任务操作指导。

扫一扫看任务操作指导：电子门铃的制作

3. 计划与实施（课中、课后）

知识内化	（1）分析 555 定时器的应用电路；（2）分析数模、模数转换电路的应用	
任务实施	根据作业要求制定作业计划与方案	
	根据作业要求制定作业步骤，明确各项操作规程和安全注意事项，进行人员分工等	
	明确任务要求：电子门铃电路的制作、调试	
	完成任务内容：（1）检测各个元件；（2）安装元件；（3）电子焊接；（4）调试	
	撰写任务实施报告：任务实施的方案、过程、收获、问题、改进措施等	

4. 任务评价

项目	评价要素	评价标准	自评 0.2	互评 0.3	师评 0.5	权重	小计
知识考核	（1）课前在线测试、在线讨论；（2）课中、课后分析与计算	（1）会分析 555 定时器的应用电路；（2）会分析数模、模数转换电路的应用				0.4	
职业素养	（1）出勤；（2）工作态度；（3）劳动纪律；（4）团队协作精神	（1）遵守企业规章制度、劳动纪律；（2）按时、按质完成工作任务；（3）积极主动承担工作任务，勤学好问；（4）保证人身安全与设备安全；（5）工作岗位 7S 管理				0.1	
专业能力	（1）检测各个元件；（2）安装元件；（3）电子焊接；（4）调试	（1）正确清点、检测及调换元件；（2）元件按要求整形，正确安装元件，焊接点美观、走线合理、布局漂亮，接线正确；（3）调试成功，实现门铃功能；（4）严格遵守电工安全操作规程，工作台用具、元件摆放整齐，按规定进行操作，安全文明生产				0.5	
创新能力	（1）独特见解；（2）创新建议	（1）方案的可行性及意义；（2）建议的可行性				附加	
思政培养	（1）外在表现；（2）内在提升	培养奋斗精神				附加	
合计							

5. 课后拓展提高

1. 任务实施报告：任务实施的方案、过程、收获、问题、改进措施等（可另附页）。

2. 任务拓展：

（1）能力提升：利用555定时器设计一个雨滴催眠电路；

（2）思政深化：在电路设计与制作中体会成功感，不断培植专业兴趣，强化专业参与的热情，树立专业信念。

集成555定时器是一种常用的中规模集成电路，其最早的用途是定时，故称之为定时器。现在其用途非常广泛，可用于调光、调温、调压、调速等多种控制，使用时一般需要与少量的电阻、电容配合。

目前市场上有不同厂家生产的集成555定时器，它们的型号命名是相同的，其中TTL单定时器型号的后3位数字是555，双定时器型号的后3位数字是556；CMOS单定时器型号的后4位数字是7555，双定时器型号的后4位数字是7556。它们的外部引线排列与逻辑功能是完全相同的。

9.4 集成555定时器

扫一扫看教学课件：555定时器

9.4.1 集成555定时器的电路构成和功能

集成555定时器的电路图和引脚图如图9-19和图9-20所示。

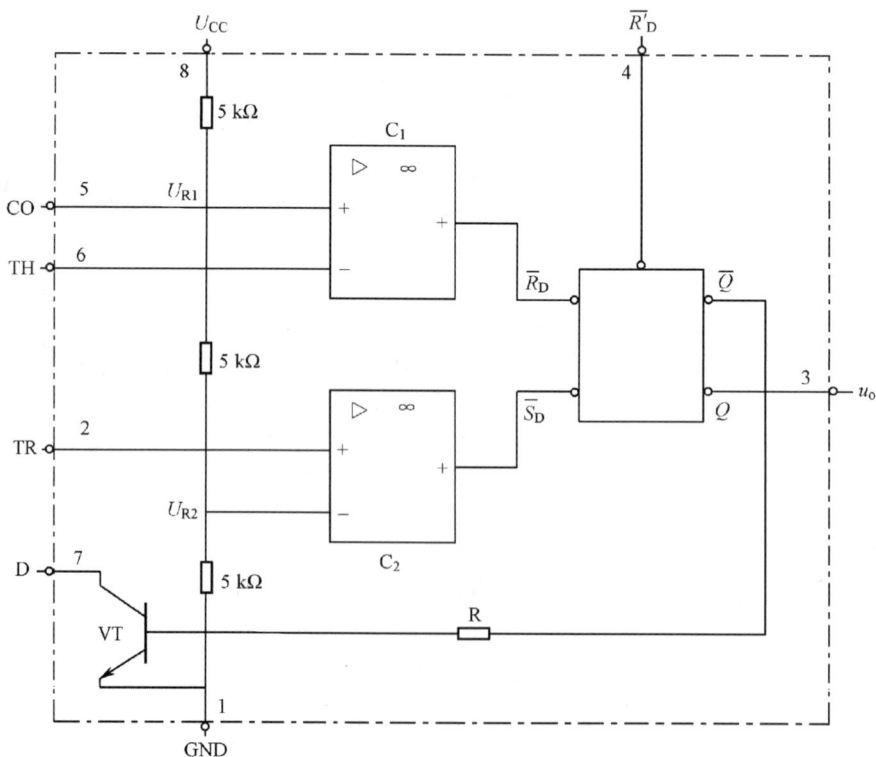

图 9-19 集成 555 定时器的电路图

集成 555 定时器的组成元件如表 9-7 所示。

1—接地；　2—低电平触发；
3—输出；　4—直接置 0；
5—电压控制；6—高电平触发；
7—放电；　8—电源

图 9-20　集成 555 定时器的引脚图

表 9-7　集成 555 定时器的组成元件

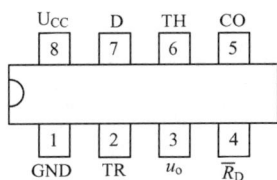

	功　能
电压比较器 C_1、C_2	当输入端 $U_+ > U_-$ 时，$U_o = 1$，为高电平； 当输入端 $U_+ < U_-$ 时，$U_o = 0$，为低电平
基本 RS 触发器	当 $\overline{R}_D = 0$，$\overline{S}_D = 1$ 时，$Q = 0$，$\overline{Q} = 1$； 当 $\overline{R}_D = 1$，$\overline{S}_D = 0$ 时，$Q = 1$，$\overline{Q} = 0$； 当 $\overline{R}_D = 1$，$\overline{S}_D = 1$ 时，保持原状态
三极管 VT	当 $\overline{Q} = 1$ 时，饱和导通； 当 $\overline{Q} = 0$ 时，截止
电阻分压器 （由 3 个 5 kΩ 电阻构成）	近似为串联 $U_{R1} = \frac{2}{3}U_{CC}$，$U_{R2} = \frac{1}{3}U_{CC}$ U_{R1}、U_{R2} 为比较器 C_1、C_2 提供基准电压

集成 555 定时器的功能真值表如表 9-8 所示。

表 9-8　集成 555 定时器的功能真值表

TH	TR	$\overline{R}'_D$	u_o	三极管 VT 的工作状态
×	×	0	0	饱和导通
$> \frac{2}{3}U_{CC}$	$> \frac{1}{3}U_{CC}$	1	0	饱和导通
$< \frac{2}{3}U_{CC}$	$> \frac{1}{3}U_{CC}$	1	保持原状态	保持原状态
$< \frac{2}{3}U_{CC}$	$< \frac{1}{3}U_{CC}$	1	1	截止

??? 思考题

参考前面对定时器功能的分析，你能分析出功能真值表中的其他几项吗？

🔊 提示

当 TH > $2/3 U_{CC}$、TR > $\frac{1}{3}U_{CC}$ 时，比较器 C_1 的输出为低电平，$\overline{R}_D = 0$，比较器 C_2 的输出为高电平，$\overline{S}_D = 1$，基本 RS 触发器置 0，$u_o = 0$，$Q = 0$，$\overline{Q} = 1$，三极管 VT 饱和导通。

9.4.2　集成 555 定时器的应用电路

扫一扫看教学课件：555 定时器应用

集成 555 定时器的应用范围很广，其最基本的应用有 3 种电路，如表 9-9 所示。

表 9-9　集成 555 定时器的应用电路

	单稳态触发器	多谐振荡器	施密特触发器
电路			

	单稳态触发器	多谐振荡器	施密特触发器
波形			
工作状态	一个为稳态，一个为暂稳态： 稳态时，输出低电平； 暂稳态时，输出高电平； 暂稳态持续时间 $T_w \approx 1.1RC$	两个暂稳态： 一个为电容充电，输出高电平； 一个为电容放电，输出低电平； 输出矩形波一个周期的时间为 $T = T_1 + T_2 \approx 0.7(R_1 + 2R_2)C$	u_i 上升时，若 $u_i \geqslant 2U_{CC}/3$，u_o 由 1 变为 0； u_i 下降时，若 $u_i \leqslant U_{CC}/3$，u_o 由 0 变为 1
主要应用	（1）定时； （2）将不规则信号整形为确定宽度、确定幅度的正脉冲信号	无须输入信号，自行产生矩形脉冲信号	将连续变化的信号波形（正弦波、三角波等）整形为矩形脉冲

1）单稳态触发器的电路构成

单稳态触发器的电路图如图 9-21 所示。

2）单稳态触发器的工作原理分析

单稳态触发器的波形图如图 9-22 所示，分析其工作原理。

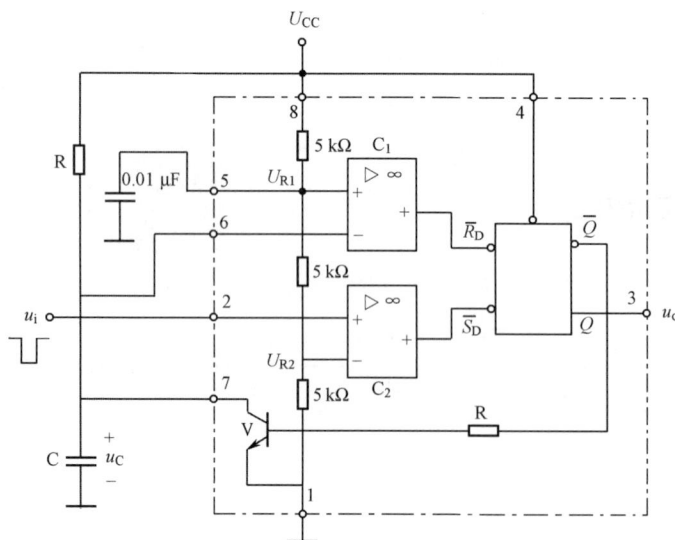

图 9-21 单稳态触发器的电路图

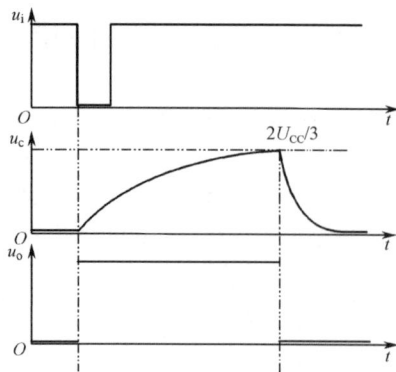

图 9-22 单稳态触发器的波形图

1）稳态

接通电源前，u_i 为高电平；接通电源后，电容 C 充电。电容上的电压 $u_C \geq 2U_{CC}/3$ 时，比较器 C_1 的输出为低电平，$\overline{R}_D=0$；由于 u_i 为高电平，比较器 C_2 的输出为高电平，$\overline{S}_D=1$。触发器置 0，$Q=u_o=0$，$\overline{Q}=1$，三极管 VT 饱和导通，电容 C 迅速放电至 $u_C=0$，比较器 C_1 的输出为高电平，$\overline{R}_D=1$，触发器保持原状态 $Q=u_o=0$ 不变，是稳态，$u_C=0$，$u_o=0$。

2）暂稳态

当输入信号加入负脉冲时，$u_i=0$，比较器 C_2 输出低电平，$\overline{S}_D=0$，此时 $\overline{R}_D$ 仍为 1，触发器置 1，$Q=u_o=1$，$\overline{Q}=0$，三极管 VT 截止，电容 C 又充电，电路进入暂稳态，此时 $u_o=1$。

3）自动返回稳态

当电容电压充电至 $u_C \geq 2U_{CC}/3$ 时，比较器 C_1 的输出变为低电平，$\overline{R}_D=0$。由于 u_i 已恢复高电平状态，比较器 C_2 的输出为高电平，$\overline{S}_D=1$，触发器置 0，$u_o=0$，$Q=0$，电路返回稳态，三极管饱和导通，电容迅速放电至 $u_C=0$，直到下一个输入负脉冲出现，又重复上述过程。

3. 单稳态触发器的定时作用

当图 9-23 所示的电路通过单稳态触发器的输出为 1 时，即暂稳态时，定时开启与门，使被测信号 u_A 通过与门，然后通过对输出脉冲 u_o 计数测知 u_A 的频率。

> **🔊提示　集成 555 定时器的定时作用**
>
> 单稳态触发器的稳定状态为 $u_o=0$，暂稳态为 $u_o=1$，暂稳态的持续时间取决于电容电压从 0 上升至 $2U_{CC}/3$ 所需的时间，可按下式近似计算：
>
> $$T_w=1.1RC$$
>
> 调整 R 或 C 的大小即可改变暂稳态的持续时间，这就是集成 555 定时器的定时作用。

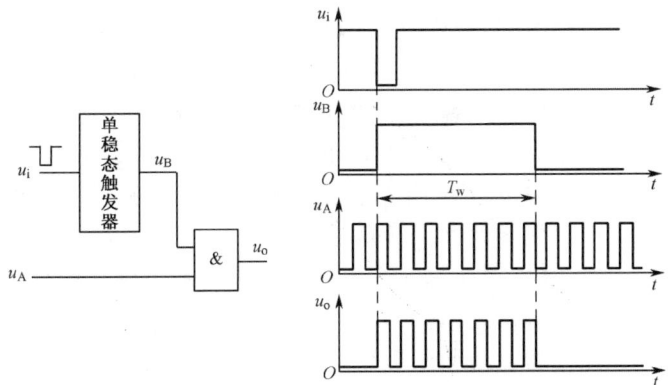

图 9-23　单稳态触发器的定时作用

> **❓❓思考题**
>
> 图 9-24 所示的电路是由多谐振荡器构成的光电报警器的电路，其应用多谐振荡器功能，是否可以分析出该电路的工作原理？

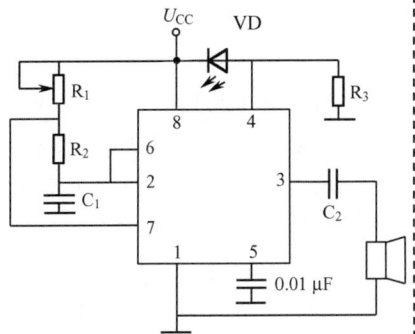

图 9-24　光电报警器的电路图

知识梳理与总结

1. 时序逻辑电路具有记忆功能，常用的时序逻辑电路有寄存器和计数器。

2. 触发器是时序逻辑电路的基本单元。

   RS 触发器具有置 0、置 1、保持功能。

   同步 RS 触发器由于引入时钟脉冲，可使 n 个触发器同步动作。

   JK 触发器具有置 0、置 1、保持、翻转功能。

   D 触发器具有置 0、置 1 功能。

   T 触发器具有保持、翻转功能。

3. 边沿触发可以避免将干扰信号引入电路而造成误动作，所以得到广泛应用。

4. 寄存器用来暂时存放数据的逻辑部件。

   数码寄存器在时钟脉冲的作用下同时接收二进制数码并寄存。

   移位寄存器通过逐位移入的方式寄存数码。目前集成寄存器已有广泛应用。

5. 计数器的基本功能是统计脉冲个数，也可用于分频、定时等。异步计数器在计数时，各个触发器的动作不同步；同步计数器计数时，各个触发器同步动作。

   集成计数器目前有很多型号，可将十进制计数器改制成其他进制的计数器，改制方法有反馈置零法和并行预置位法。

6. 用集成 555 定时器外接少量元件可构成 3 种应用电路：单稳态触发器、多谐振荡器、施密特触发器。单稳态触发器可用于定时或整形，多谐振荡器可用于产生振荡信号，施密特触发器可用于波形变换和整形。

自测题 9

扫一扫看
自测题 9
答案

一、判断题

1. 触发器具有记忆功能。 （　　）

2. 同步 RS 触发器所有的输入状态都是有效状态。 （　　）

3. 直接置位端不受其他输入信号的影响，可以将触发器直接置位。 （　　）

4. JK 触发器的两个输入都为 1 时为禁用状态。 （　　）

5. D 触发器具有翻转功能。 （　　）

6. 边沿触发容易引入干扰信号。 （　　）

7. 寄存器中的每个触发器只能寄存一位数据，寄存 N 位数据需要 N 个触发器。 （　　）

8. 计数器只能用于统计脉冲个数。 （　　）

二、计算题

1. 由与非门组成的基本 RS 触发器的初始状态为 $Q=0$、$\overline{Q}=1$，$\overline{R}_D$ 和 $\overline{S}_D$ 的波形图如图 9-25 所示，画出对应的 Q 的波形图。

2. 由与非门电路构成的基本 RS 触发器的输入波形图如图 9-26 所示，电路原来处于"0"状态，试画出输出端 Q 的波形图。

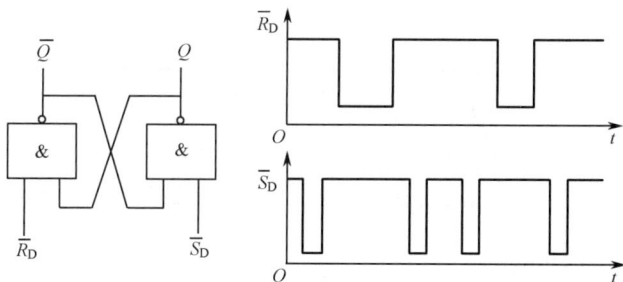

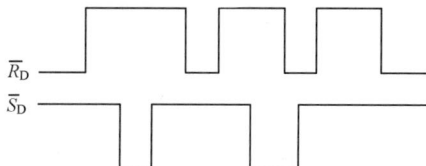

图 9-25　　　　　　　　　　　　图 9-26

3. 同步 RS 触发器的初始状态为 $Q=0$、$\overline{Q}=1$，R、S 的信号波形图和 CP 波形图如图 9-27 所示，画出对应的 Q、$\overline{Q}$ 的波形图，指出哪种输入情况是不可用的，为什么？

4. 边沿触发器中 JK 触发器（下降沿触发）的初始状态为 $Q=0$，其输入信号和 CP 的波形图如图 9-28 所示，画出对应的 Q、$\overline{Q}$ 的波形图。

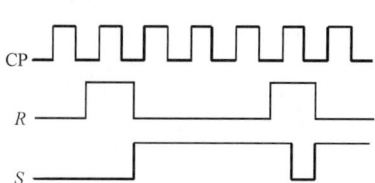

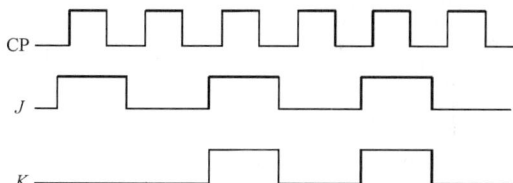

图 9-27　　　　　　　　　　　　图 9-28

5. D 触发器的输入信号的波形图如图 9-29 所示（上升沿触发），初始状态为 $Q=0$，画出其输出信号的波形图。

6. 图 9-30 所示的电路为用集成双向移位寄存器和发光二极管构成的循环灯饰电路，试分析其工作原理。

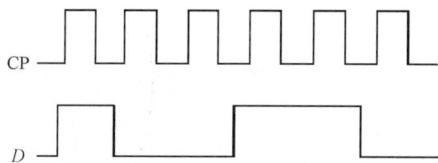

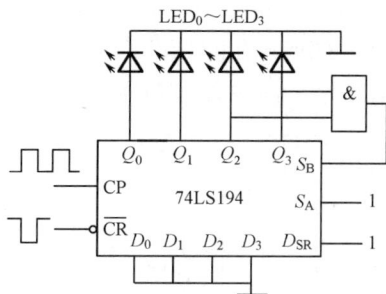

图 9-29　　　　　　　　　　　　图 9-30

7. 将集成计数器 74LS160 通过并行预置位法构成五进制计数器。

8. 将集成计数器 74LS160 通过反馈置零法构成八进制计数器。

9. 集成 555 定时器的电路图如图 9-31 所示，$R=100\,\text{k}\Omega$、$C=10\,\mu\text{F}$，输入信号 u_i 的波形图如图 9-31

所示，画出对应的 u_c、u_o 的波形图。

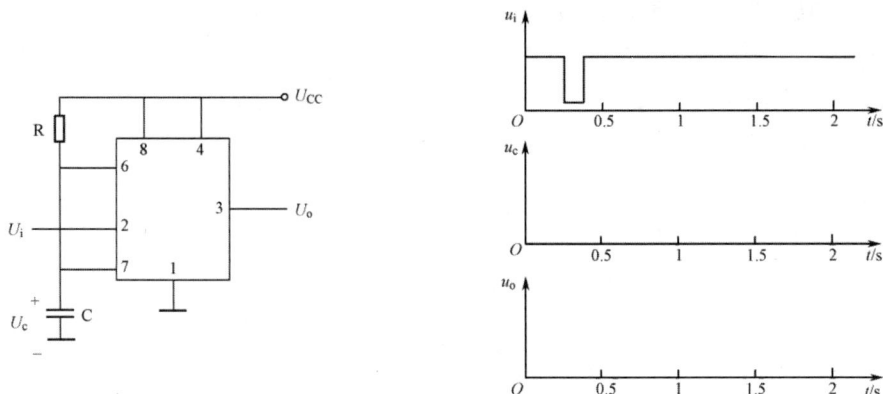

图 9-31

10．在图 9-32 所示的由集成 555 定时器组成的多谐振荡器中，$R_1 = 20\ \text{k}\Omega$，$R_2 = 2\ \text{k}\Omega$，$C = 0.01\ \mu\text{F}$，$R_P = 100\ \text{k}\Omega$。当调节电位器 R_P 时，输出脉冲频率的变化范围是多少？

11．图 9-33 所示为一个防盗报警电路，a、b 两端连接了一段细铜丝，放于盗贼必经之处。盗贼进入碰断细铜丝，扬声器立即发出报警。（1）将集成 555 定时器接成何种电路？（2）说明电路的工作原理。

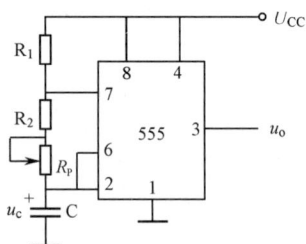

图 9-32

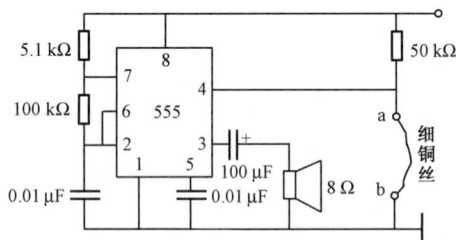

图 9-33

12．施密特触发器的输入信号为正弦波形，其最大值为 9 V，已知电源电压 $U_{CC} = 9$ V，画出输出电压 u_o 的波形图（输出电压的高电平为 9 V，低电平为 0 V）。

13．图 9-34 所示的电路是一个简易触摸开关，手触摸金属片时，发光二极管亮，过一会儿熄灭。说明电路的工作原理，并说明二极管亮的时间。

14．图 9-35 所示的电路是一个光控自动开关，灯泡白天自动熄灭，夜晚自动点亮。R 是光敏电阻，受光照时阻值变小，弱光或无光时阻值变大，说明电路的控制原理。

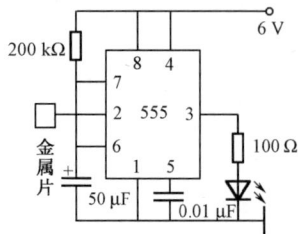

图 9-34

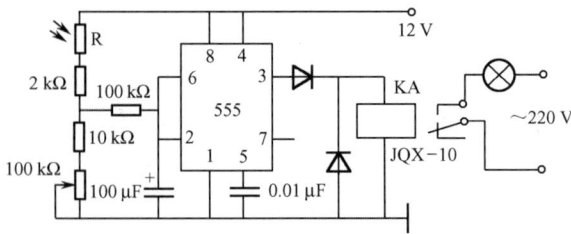

图 9-35